湖南省农村建筑工匠培训用书

农房建造管理与综合

湖南省住房和城乡建设厅
湖南城建职业技术学院　主编

U0293853

湘潭大學 出版社

湖南省农村建筑工匠培训用书编委会

前　言

　　随城乡一体化发展,实施农村安居工程、改善农村人居环境、规范农村建房管理、建设美丽乡村等工作的推进,农村建筑工匠在科学、合理、实用、安全、经济、美观地开展农村房屋及相关配套设施建设中发挥出越来越大的作用。为进一步建立健全农村建筑工匠管理制度,大力推进农村建筑工匠队伍建设,积极开展农村建筑工匠技术培训,湖南省住房和城乡建设厅制定了全省农村建筑工匠3年培训计划,到2016年,全省共完成不少于4.2万名农村建筑工匠的培训,平均1个行政村至少有1名农村建筑工匠,帮助农民兄弟科学建房,改善居住生产条件。为配合此项工作,特组织湖南城建职业技术学院编写了这套农村建筑工匠培训用书,共包括《农房建造管理与综合》和《农房建造施工技术》两册,旨在规范农村建筑工匠的管理,提高农村建筑工匠的整体素质,更好地发挥农村建筑工匠的作用。

　　全书共分为五章,前面四章为农村建筑工匠必须掌握的基本知识与技能:与农房建设相关的法律法规、主要结构形式与抗震构造、建筑制图与识图、农房建造管理、农房建造质量与安全施工技术等;第五章简单介绍了村镇道路、危房修缮、园林绿化、水利等农村常见工程的建造技术。本书定位于农村地区从事独立或合伙承包规定范围内的农村建设工程的建筑工匠必备的专业基本知识与技能,内容力求与实际应用紧密结合,是湖南省农村建筑工匠从业培训配套用书。涉及到的工程建设法律法规、技术标准和规范,一般均以2014年1月1日前实施为截止时间。参与本书编写的主要人员有刘旭灵、钟少云、肖欣荣、姬栋宇、方磊等,刘旭灵同志负责全书的统稿。

　　本书在全省住建系统广泛征集意见,并特别得到了省建工集团、湖南省城乡规划学会、省建设人力资源协会、长沙市住建委、郴州市住建局、湘潭县住建局、浏阳市住建局和沙坪建筑公司等单位及有关专家的大力支持,在此一并表示感谢。由于时间仓促,加之编者水平有限,难免存在缺陷与错误,希望各位读者多提宝贵意见,以便今后不断修改完善。

编　者

2014 年 8 月

目　录

第一章　农房建造基本常识

第一节　农房建设应遵守的法律法规

一、农房的特点

1. 有利生产、方便生活，使用功能的双重性

（1）有利于生产

可以说，农房不仅是农民的生活载体，同时也是重要的生产资料。生产与生活功能的兼容性是农房的重要特点之一。

近年来，农村中从事个体经营的家庭日益增多，个体经营收入已经成为很多农民家庭收入的重要来源。因此，在农房建设中应为农村居民创造从事生产经营的平台，即按照农民家庭所从事的不同产业需求，提供与之相适应的生产空间和储藏空间，以引导、促进家庭经济单位的健康发展，使农房不仅仅满足居住的需求，同时也能成为重要的家庭生产经营场所。

（2）方便生活

农房建设应充分考虑传承历史文化传统，延续民风习俗，注意保留和发扬传统农村住宅中那些符合农民生活习惯、生产规律的平面布局和空间组合，建设真正属于农民自己既实用，又美观的住宅。

2. 多代同堂，持续发展的适应性

农村的家庭结构具有较强的延续性，人口构成上具有多辈分和多元、多级的特点。多代同堂的现象十分普遍，家庭养老模式也非常稳固。亲朋好友数量较多并且交往频繁。因此，农村住宅建设既要立足当前需求，又要着眼未来家庭结构的变化，在设计建设之初就留有余地和灵活性，令其具备可持续发展的潜能。

（1）室内空间组织具有一定灵活性，可分可合，可变通。室内空间组织对不同时期家庭结构的变化具有较强的适用性，避免住宅短期内的频繁拆改。

（2）农房建设要考虑多代同堂、一户多套的居住需求，以对应农村传统而稳固的家庭养老模式。在条件允许的地区，农房可以采取一户两套（水平分户或者垂直分户）、可分可合的灵活户型布置模式，既方便父母与成年子女相互照顾，又相对独立自由。

（3）提倡"弹性设计"，即考虑预留一定可变空间，为将来农房的局部扩展，水电等配套设备更新改造以及新技术的应用提供便利。

3. 类型多样，建造技术的复杂性

农房的建造技术主要受民族习惯、地理环境、经济条件和设计施工水平等因素的影响。

类型多样,有单层、多层之分;有带庭院和敞开式之分;有建在平地、坡地、滨水等不同地理环境的;有用木材、石材、砖和钢筋砼等不同材料建造的差异;还有联排与独栋之分等。

在功能齐全、布局合理、结构安全的基础上,还要求所有空间都有好的通风采光,力求节省材料、节约能源、降低造价并富有乡土文化特色,这就使得面积小、层数低,看似简单的农房显现出了包括设计工作和施工工艺方面的建造技术的复杂性。

4. 风俗不同,各地风貌的独特性

农房建设不仅受到乡土文化、地域文化、历史文化的影响,还因其生产生活的需求,每个区域都有其独特的个性。比如湖南省有汉、苗、瑶、侗、土家等多个民族,湖南传统民居有许多至今还保存着自己的原生文化。这些都或多或少的反应在农房建筑上。

湖南农房的平面布局形式,可归纳为:一字式、丁字式、凹字形、自由院落式和吊脚楼。这些农房形式,由于受到的约束比较少,又与自然景观结合得密切,建筑风格上朴素大方、色调素雅,完全适合于湖南地区大山大川的自然风物。农房布局因地制宜灵活多变,不拘泥于中轴对称和严格的合院形制,呈现出形态各异的民居形象。

一字式:这是最普通、最常用的形式,普通农宅一般为"一"字形,如图1-1所示,平面上常见的是一列三开间或五开间。中间堂屋用作祭奉祖先、起居和会亲友。堂屋后有过道房。左右间是卧室或灶房,左右间又分为前后两室,前室作为卧室,后室为灶房。

图1-1 一字式普通农房

丁字式(一横一顺式):它是在一字式基础上发展起来的。规模较一字式的建筑大一些,主要是在正房的一侧接出耳房三两间,进深小于正房,作为卧室或灶房兼贮藏之用,也叫"曲尺形",如图1-2所示。

图1-2 丁字式普通农房

凹字形:又称为"双头吊"或"撮箕口"。在正房两侧都伸出耳房,三面围合成"凹"字,如图1-3所示,形成一个比较整齐的前庭。前庭在农村是很重要的工作场所,可以打晒谷物和临时堆放农作物。布局可对称也可不对称,主要看经济条件和家庭需要而定。一般家庭人口较多或经济条件较好，多采用此种形式。

图 1-3　凹字式普通农房

自由院落式：富裕人家的住宅多为四合院式，即围着天井四面造房。豪绅大地主的房子更加气派，常是几层四合院拼在一起的自由院落，还配有花厅、戏台、廊榭等。湖南场镇的民居或依山就势，或临水而建，院落布局灵活，因此保持基本的合院形式，而没有严格的轴线关系和固定的格局，如图 1-4 所示，正体现了湖南人民淳朴、洒脱的性格特点。

图 1-4　自由院落式普通农房

吊脚楼：湖南场镇随处可见"一条石路穿心店,三面临江吊脚楼"的建筑景象。筑台为基,吊脚为楼,多为木材、竹子或石头结构,形式上分两种:一种是在一层平房的基础上,在一边或两边同时挑出吊脚楼;另一种是在河岸或山壁上凌空而建的木结构楼房,楼下用一排排架空的木柱,斜撑在壁上,支撑上面的房屋结构,如图1—5所示。

图1-5　吊脚楼式农房

农房具有不同于城市的乡村特色美,简单、大方、朴素、不落俗套的自然美,而不是纷繁复杂的堆砌美,应达到自然与传统兼容的美观。

(1)借景自然、延续文脉

① 农村社区规划中应将农田、山川、河流、树林等自然景观元素纳入规划范畴,使农村社区与自然环境有机融合,借自然景观要素丰富农村社区田园之美。

② 规划设计中还应尽量保留原有的地形地势、道路系统格局、景观节点廊道、历史遗迹等要素,要充分挖掘并体现当地历史、文化、心理与社会生活等地域文化和文脉,实现人文与自然的和谐共生之美。

(2)体现地域特色、民族特色

① 在农房建筑单体设计中,要充分挖掘当地民居的地方特色,在建筑形式、细部设计及装饰装修上均应充分吸取借鉴地方的、民族的传统建筑风格。

② 应充分采用当地的建筑材料和传统做法。地方材料大多适用、质朴、典雅,结合传统做法能使建筑周围的景观和环境彼此融合,浑然一体,自然天成。这样做,能赋予农村社区农房立面造型以浓郁乡土气息和生活气息,从而形成具有地域文化特色的建筑风格。因此,在农房建设中,应尽可能挖掘和使用地方材料,逐步探索出适合地方材料的建筑艺术造型和表现方法,从而形成独特的、具有时代特色、地域特色和民族特色的农房建筑风貌。

二、农房建设的一般程序

村民建住宅应当集约、节约用地,充分利用旧宅基地、空闲地和非耕地,严格控制占用耕地。确需占用耕地的,由所在地国土资源管理机构报县市区国土资源(分)局申请现场踏勘、审核,严格实施耕地"占一补一"、"先补后占",确保耕地占补平衡。宅基地涉及占用农用地的,应当依法办理农用地转用手续。

1. 提出申请

符合条件的建房户按国家和当地规定的用地标准,提出农村村民建房申请,向当地村民委员会或村级集体经济组织提出用地申请,并提交身份证、户口簿等材料。

各地的申请程序根据各自具体情况略有差异,农村村民建房申请一般涉及的部门有:村民小组、村委会或社区委员会、乡(镇)人民政府或办事处、国土、规划、林业、公路、水利、计生等相关部门,并需要各部门签署意见。

2. 审查报批

经过村民小组或村民委员会根据年度用地控制指标和申请条件审查通过的,按村镇规划要求办理报批手续。建房占用非农用地的,由乡镇人民政府批准;占用农用地的,由乡镇人民政府审查,报县级人民政府批准。详细步骤如下:

① 村民委员会或村级集体经济组织应当及时组织召开会议,对建房资格进行初审。

② 建房资格初审合格的,由村民委员会或村级集体经济组织报乡镇人民政府(办事处),乡镇人民政府(办事处)再进行建房资格审查,资格审查结果在本村、组张榜公示,公示内容包括:申请人姓名、年龄、家庭成员、户籍所在地等。

③ 公示期满无异议的,再填报由集体经济组织(村民委员会)签述同意意见的书面申请、审批表和相关材料。

④ 由乡镇人民政府(办事处)组织规划所[*]、国土资源(中心)所(站)进行联合踏勘、选址,报县(区)规划和国土资源主管部门审查、审批,通常提交以下相关材料:经村民会议三分之二以上成员或者三分之二以上村民代表签字同意的书面申请;村民建房申请审批表;申请人的身份证及全家成员的户口簿复印件;申请人原房屋土地使用证(改建房屋提供);新选址照片;拟划定的住房用地宗地图;村民会议结果情况和公示结果的书面材料、说明等。

⑤ 宅基地申请分别报县(区)规划和国土资源主管部门审批。县(区)规划主管部门核发《建设用地规划许可证》或《乡村建设规划许可证》后(图1—6至图1—9),县(区)国土资源主管部门再核发《个人建房用地批准书》或相关村民住宅建设用地许可文书(各地叫法有所不同)。宅基地经审批后,再由乡镇人民政府、乡镇规划所及国土资源所联合张榜公布审

---

[*] 注:规划所在各地方的称呼有所不同,如有些乡(镇)是"规划建设所(站)"或"规划建设环保所(站)"。

批结果。

建设用地规划许可证发放程序如下：

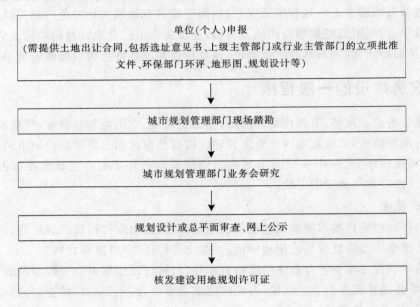

乡村建设规划许可证发放程序如下：

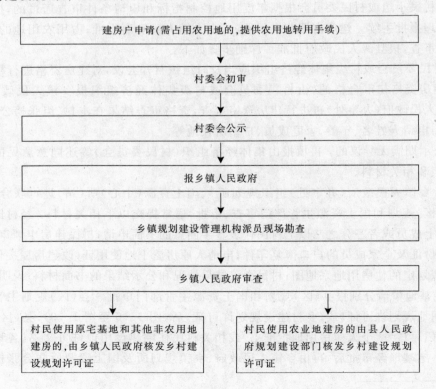

中华人民共和国

建设用地
规划许可证

中华人民共和国住房和城乡建设部监制

图 1-6 建设用地规划许可证封面

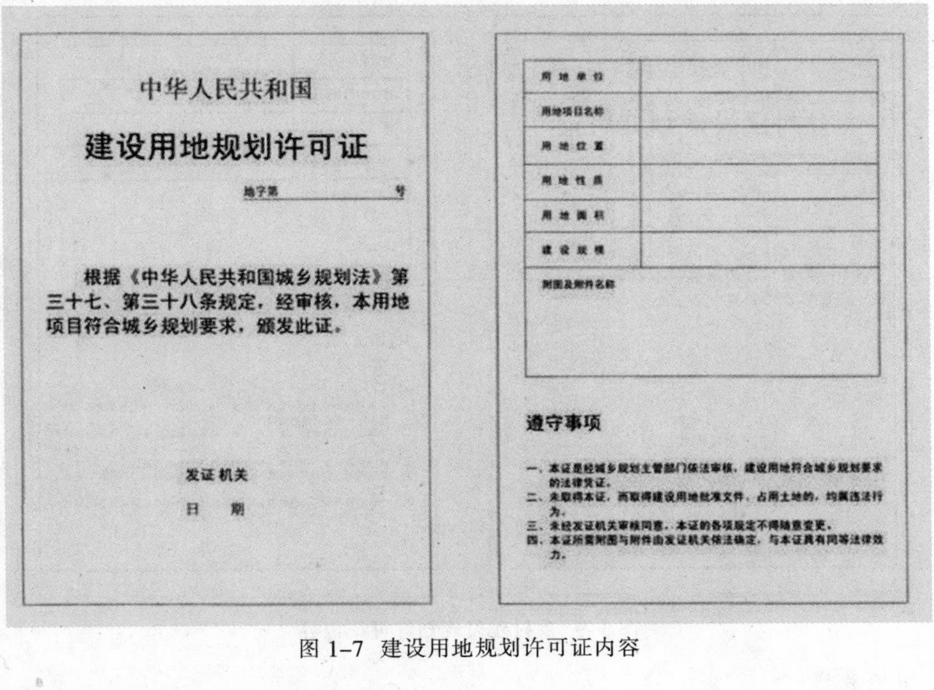

中华人民共和国

建设用地规划许可证

地字第 号

根据《中华人民共和国城乡规划法》第三十七、第三十八条规定，经审核，本用地项目符合城乡规划要求，颁发此证。

发证机关
日 期

用地单位	
用地项目名称	
用地位置	
用地性质	
用地面积	
建设规模	
附图及附件名称	

遵守事项

一、本证是经城乡规划主管部门依法审核，建设用地符合城乡规划要求的法律凭证。

二、未取得本证，而取得建设用地批准文件，占用土地的，均属违法行为。

三、未经发证机关审核同意，本证的各项规定不得随意变更。

四、本证所附图与附件由发证机关依法确定，与本证具有同等法律效力。

图 1-7 建设用地规划许可证内容

图 1-8 乡村建设规划许可证封面

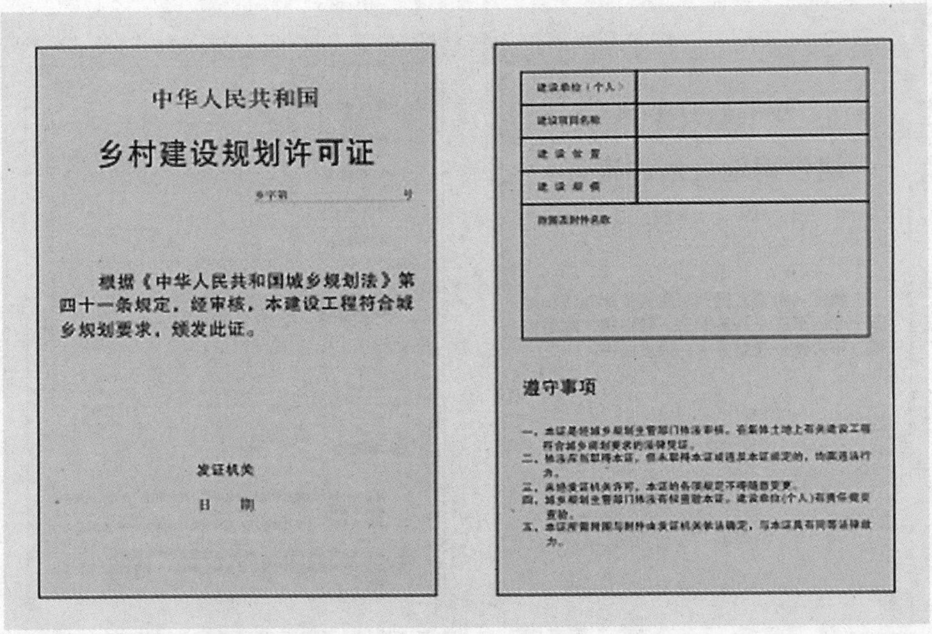

图 1-9 乡村建设规划许可证内容

3. 用地放线

政府批准后,发给建房户相关证书,乡镇土地管理人员机构配合有关人员划拨土地,由建房户持规划设计条件委托有设计资质的设计单位设计施工图并报规划部门审查,审查通过后,再由乡镇人民政府、乡镇规划所及国土资源所共同实施放线。

4. 发证确权

村民建设住宅必须同时持有国土部门颁发的《个人建房用地批准书》或相关村民住宅建设用地许可文书和规划部门颁发的《建设用地规划许可证》或《乡村建设规划许可证》,方可施工。房屋建设竣工验收之后,应依法向县(区)土地登记机关申请办理土地初始登记手续,领取《集体土地建设用地使用证》,再持土地使用权证书、《乡村建设规划许可证》等相关资料向县(区)房产登记机关申请房屋产权登记手续,领取房屋所有权证书。

农村村民依法取得的原有住房需要原址改建,且符合土地利用总体规划、城市建设规划和村庄、乡镇建设规划的,由乡镇人民政府(办事处)组织规划所、国土资源(中心)所(站)联合踏勘后,报县(区)规划和国土资源主管部门审批,由县(区)规划主管部门核发《建设用地规划许可证》或《乡村建设规划许可证》后,县(区)国土资源主管部门核发《个人建房用地批准书》或相关村民住宅建设用地许可文书(各地叫法有所不同)。

以下是某乡镇农房建设办事程序:

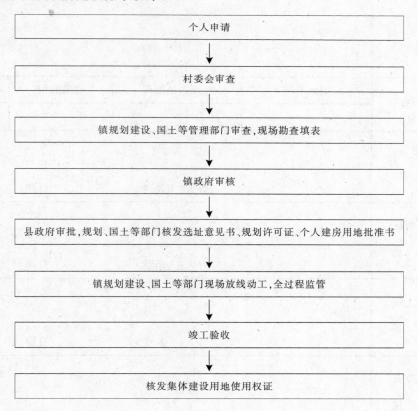

表1-1是湖南省湘潭县村民建房申请表。

表 1-1　湘潭县城乡规划建设用地规划申请表(私建)

湘潭县城乡规划局制

申 请 人		电　话		
住　　址				
家 庭 成 员 构 成				
称　谓	姓　名	工　作　单　位		
申请理由				
申请内容	用地面积	底层占地面积	建筑面积	层数
当地村组意见	经办人:(盖章)　　　　　　　日期:			
当地规划站意见	经办人:(盖章)　　　　　　　日期:			
当地国土所意见	经办人:(盖章)　　　　　　　日期:			
当地镇政府意见	经办人:(盖章)　　　　　　　日期:			
相关邻里意见				

表 1—2 湘潭县农村村(居)民建房呈报审批表

湘潭县国土资源局制

姓名			住址						
基本情况	人口		现有房屋						
	合计	其中:非农业人口	性质	面积	批准文号	建房时间	占地类别	备注	

建设地点		建设时间		联系电话	
身份证号码		用地类别			合计
		面积			

四至范围	东至		南至	
	西至		北至	

拟建、构筑物情况	层次/总层次				合计	其中低层(分摊)占地
	建筑面积					

老屋和宅基地处理	
相关部门意见	
村民小组意见	(公 章) 负责人签名： 年 月 日

村（居）委会意见	负责人签名：（公章） 年　月　日	
国土所勘查人意见	勘查人签名： 年　月　日	
国土资源所意见	负责人签字：（公章） 年　月　日	镇人民政府意见 （公章） 年　月　日
县国土局审批意见	经办人审核意见： 签名：　　　年　月　日	
	审核人意见： 签名：　　　年　月　日	领导意见： （公章） 签名：　　　年　月　日
县人民政府审批意见	（公章） 年　月　日	

三、农房建设相关法律法规主要条文

（1）国家对土地管理有哪些规定

① 严格依照法定权限审批土地。农用地转用和土地征收的审批权在国务院和省、自治区、直辖市人民政府，各省、自治区、直辖市人民政府不得违反法律和行政法规的规定下放土地审批权，严禁规避法定审批权限，将单个建设项目用地拆分审批。

② 严格执行占用耕地补偿制度。

③ 禁止非法压低地价招商。违反规定出让土地造成国有土地资产流失的，要依法追究责任，情节严重的，以非法低价出让国有土地使用权罪追究刑事责任。

④ 严格依法查处违反土地管理法律法规的行为。对非法批准占用土地、征收土地和非法低价出让国有土地使用权的国家机关工作人员，给予行政处分；构成犯罪的，追究刑事责任，对非法批准征收、使用土地，给当事人造成损失的还必须依法承担赔偿责任。

（2）我国对土地的所有权和使用权的规定

① 中华人民共和国实行土地的社会主义公有制，即全民所有制和劳动群众集体所有制。农村和城市郊区的土地，除由法律规定属于国家所有的以外，属于农民集体所有；宅基地和自留地，属于农民集体所有。

② 农民集体所有的土地依法属于村农民集体所有的，由村集体经济组织或者村民委员会经营、管理；已经分别属于村内两个以上农村集体经济组织的农民集体所有的，由村内各该农村集体经济组织或者村民小组经营、管理；已经属于乡（镇）农民集体所有的，由乡（镇）农村集体经济组织经营、管理。

③ 农民集体所有的土地，由县级人民政府登记造册，核发证书，确认所有权。农民集体所有的土地依法用于非农业建设的，由县级人民政府登记造册，核发证书，确认建设用地使用权。单位和个人依法使用的国有土地，由县级以上人民政府登记造册，核发证书，确认使用权；其中中央国家机关使用的国有土地的具体登记发证机关，由国务院确定。

④ 依法改变土地权属和用途的，应当办理土地变更登记手续。依法登记的土地的所有权和使用权受法律保护，任何单位和个人不得侵犯。

⑤ 土地所有权和使用权争议，由当事人协商解决；协商不成的，由人民政府处理。单位之间的争议，由县级以上人民政府处理；个人之间、个人与单位之间的争议，由乡级人民政府或者县级以上人民政府处理。当事人对有关人民政府的处理不服的，可以自接到处理决定通知之日起三十日内，向人民法院起诉。在土地所有权和使用权争议解决前，任何一方不得改变土地利用现状。

（3）任何单位和个人不得侵占、买卖或者以其他形式非法转让土地，土地使用权可以依法转让；农村村民出卖、出租住房后，再申请宅基地的，不予批准。

（中华人民共和国土地管理法第二条、第六十二条）

（4）农民建房必须节约使用土地，可以利用荒地的，不得占用耕地；可以利用劣地的，不得占用好地；禁止占用耕地建窑、建坟或者擅自在耕地上建房、挖砂、采石、采矿、取土等。确实需要使用农用地的，应依照法律规定和程序办理审批手续，未经批准或者采取欺骗手段骗取批准、非法占用土地建住宅的，均属违法行为。

（中华人民共和国土地管理法第三十六条、第七十六条）

（5）农户依法使用宅基地应遵守的义务：保护、管理和合理利用宅基地，不得擅自改变

宅基地的用途,不得妨害相邻权,不得妨害公共利益。

(中华人民共和国土地管理法第六十五条)

(6)农村村民一户只能拥有一处宅基地,农村村民建住宅应当符合乡(镇)土地利用总体规划,其宅基地的面积不得超过省、自治区、直辖市规定的标准,如《湖南省实施〈中华人民共和国土地管理法〉办法》规定每一户用地面积使用耕地不超过一百三十平方米,使用荒山荒地不超过二百一十平方米,使用其他土地不超过一百八十平方米。

(中华人民共和国土地管理法第六十二条)

(7)在规划撤并的村庄范围内,除危房改造外,不得新建、重建、改扩建住宅。

(《国务院关于深化改革严格土地管理的决定》(国发〔2004〕28号),第一点第(二)条)

(8)三层(含三层)以上的农民住房建设管理要严格执行《建筑法》、《建筑工程质量管理条例》等法律法规的有关规定。

(建村【2006】303号《关于加强农民住房建设技术服务和管理的通知》第六条)

(9)对于建制镇、集镇规划区内的居民自建两层(不含两层)以上农房,应严格按照国家有关法律、法规和工程建设强制性标准实施监督管理。所有加层的扩建工程必须委托有资质的设计单位进行设计,并由有资质的施工单位承建。对于建制镇、集镇规划区内居民自建两层(含两层)以下住宅和村庄建设规划范围内的农民自建两层(不含两层)以上住宅的建设活动由各省、自治区、直辖市结合本地区的实际。其建设活动,县级建设行政主管部门的管理以为农民提供技术服务和指导作为主要工作方式。

(建质【2004】216号《关于加强村镇建设工程质量安全管理的若干意见》第三点)

(10)距离国道、省道、县道、乡道等公路边沟外缘分别在20米、15米、10米、5米内为农村村民建房禁止批准区。(《公路安全保护条例》第11条)

(11)强化管理,按照先规划、后许可、再建设的要求,依法加强管理,规范乡村建设秩序,维护村民公共利益,保持乡村风貌。

(《乡村建设规划许可实施意见》第一点第(一)条)

第二节　农房建设基本原则

一、依法依规、符合规划、合理选址

农村村民住房用地,必须符合城乡建设规划、土地利用总体规划,并且注意相对集中建设,能按规划、有计划地逐步向小城镇、中心村和农村住宅小区集中,建房应与新农村建设、农村土地综合整治相结合。

农村建房应该严守"一户一宅"的规定。农村村民住房用地应节约和合理利用土地,积极引导村民尽量利用原有宅基地、村内空闲地和荒山荒地建房,严格控制使用耕地,禁止使用基本农田。

农村村民建房,必须严格审查建房资格,按照城乡规划管理、土地管理法律法规规定的程序、权限报批。严禁农村村民未批先建或者违反规划乱占滥用土地建房。

用地选址必须符合规划、有利生产、方便生活,具有适宜的卫生条件和建设条件。用地应布置在大气污染源的常年最小风向频率的下风侧以及水污染源的上游。用地应与生产劳动地点联系方便,又互不干扰。用地位于丘陵和山区时,应优先选用向阳坡、通风良好的地段,并避开风口和窝风地段。用地应具有适合建设的工程地质与水文地质条件。

二、农房设计应满足功能要求

1. 农房功能布局要合理

农房具有较强的综合性,生活、生产多功能混合,其建设要在提升居住品质的同时,还应注意保留和延续传统农村住宅的特色和风貌,应尽可能保留传统的院落格局,一定要避免盲目抄袭城市住宅模式。为了真正满足村民自身不同的需求,可以采用垂直分户和水平分户两种不同的分户方法:

(1)垂直分户,适用于从事农业和发展庭院经济的农户。可以使每家每户拥有自己的庭院空间,作为发展庭院经济之用。尽量照顾到农户对庭院空间的需求。同时,农房层数可以增加到 2～3 层,一定程度上提高土地利用率。

(2)水平分户,适用于部分脱离农业生产等家庭经营模式的农户。他们的生活方式发生了一定的变化,但还不等同于城市的生活模式,这就要求在保留原有的一些农村生活习惯的基础上,为其提供适应新的生活方式的住宅设计。水平分户农房多为 4～5 层,集约程度较高,可较大幅度提高土地利用率。

2. 功能布局要符合宜居需求

(1)户内功能分区合理,干与湿、内与外、动与静、洁与污互不干扰。

房间形状方正,长宽比例合宜,尤其是起居和主要卧室要避免设计长条形以及刀把型、梯形等异型房间。

(2)卫生间、厨房位置相对独立,并沿住宅外侧布置,能够自然通风采光,避免对居室干扰的同时又方便使用,符合农村传统生活习惯。

(3)主要居室要有好的朝向,争取好的日照通风条件。

(4)要提供足够的储藏空间以供粮食、日常生活用品以及生产工具储藏之用。

(5)功能组织包括室内家具的形式、色彩和摆放的位置,要照顾到农民的传统风俗习惯,避免与农村传统禁忌冲突。

3. 要考虑生产的功能需求

(1)农房设计需考虑实现直接提供生产经营空间,可以采用下店上宅、前店后宅、室内外连通使用等多种方式。适用于大多数家庭庭院经济类型,如针织、刺绣、缝纫、手工制作、小商铺、小型特色餐饮、农家乐旅游接待等。

(2)农房设计应为生产经营提供必要的辅助空间,包括为农林种植、禽畜及水产养殖等专业户提供生产工具、农机具、材料、物资的储存空间。

(3)农房设计需充分利用庭院空间,发展庭院经济。传统民居中,院落空间是住宅的中心,农房庭院作为居室空间的扩大延伸,不仅用于聊天会友、晾晒衣物,在管理到位的情况下,尚可视条件种植蔬菜瓜果、饲养家禽家畜,以满足日常生活所需。

农房设计在考虑方便生产的同时,一定要注意协调好生产与生活的关系,既要方便生产,又要尽量避免生产活动对生活环境的不利影响。

规范农房建设管理,引导村民依法依规有序建房,特别是按规划集中建房,有利于节约用地,节省建设成本。同时前瞻考虑配套基础设施建设,改善民生事业。

节约资源是我国的基本国策,城乡建设可持续发展也对农房建设提出更高的要求,把握好功能适用、面积适宜、不贪高图大、不相互攀比的原则,不仅从舒适度、方便性和安全性考虑,而且也要从环境、生态和能源等方面综合考虑。

三、因地制宜、就地取材、满足环保节能要求

因地制宜是我国农村长期坚持的一种兼容大众智慧及创造力的建设哲学,比如在农房建设中要尽量顺应地形地貌来进行设计,以减少土方量,节约成本。顺应了自然,也会取得和谐的整体效果。还比如在节能技术的应用上,选择当地的一些生态技术:泉水的利用、利用植物遮阳挡风、沼气技术的应用等,比昂贵的现代技能技术做法要经济得多。

建筑材料的选用是建筑建造过程中非常重要的一个环节,材料往往能决定建筑的建造技术、外观造型及建筑的舒适性等,对建筑造价甚至起决定性作用,建筑材料往往质量重、数量多,就地取材能大大降低运输费用,节约成本。而且,使用当地材料还具有很好的稳定性、生态节能、体现建筑地域性等多方面的积极意义。

四、规范施工,保证质量,安全第一

建筑是百年大计,2008年的汶川地震给我们以惨痛的教训,农村建筑如何最大限度地减轻地震等自然灾害造成的损失,保障人民群众生命财产安全,始终是我们经济建设和社会发展必须面对的重要问题。

对于农村建房,国务院早在1993年就颁布实施了《村庄和集镇规划建设管理条例》,建设部也于2004年发布了《关于加强村镇建设工程质量安全管理的若干意见》(建质[2004]216号),上述法规和文件明确将农村规划区内修建的二层(含二层)以上住宅纳入建设管理范围,规定农村修建二层(含二层)以上的住宅,必须由取得相应资质的单位进行设计、施工,从事施工的个体工匠,除承担房屋修缮外,也必须按相关规定办理施工资质审批手续,并明确规定,有关部门要对农村建筑施工进行监督、检查。

强调农房建设质量问题,一方面要注重培养乡土建设管理人才。要先从施工队伍技术素质培训着手,通过对农村建筑工匠的专业技术培训,达到提高从业人员的整体技术素质,从而提高施工质量水平,消除质量隐患的最终目的;另一方面对看似很平常的质量问题,要有高层次的认识,及时处理住宅质量隐患,减少工程质量事故的发生率。总之,农房建设中的质量、安全问题,值得各相关部门共同关注,强化农村建设市场管理,从源头控制无证设计、无证施工等不规范行为,并加强农房建设的指导,采取"防、控、帮"并举的措施,逐步减少和消除工程质量隐患,整体提高农房质量水平,让农民实现真正意义上的安居乐业。

第三节　农房选址与规划

一、村庄规划的原则

(1) 合理布置原则。调整现有农村居民点布局结构,减少村庄数量,壮大村庄规模,提

高公共服务设施水平,鼓励适度合村并点。

（2）节约用地原则,通过清理村内闲置宅基地、充分利用原有村庄用地进行旧村改造,新建用地要尽量选择非耕地进行建设,集中紧凑布局,保护耕地,节约用地,已搬迁合并村庄要尽快进行土地复垦,实现退房还田或还林。

（3）因地制宜、远近期结合的原则。村庄规划建设要密切结合当地自然条件、人文特征、经济社会发展水平、产业特点等实际状况,因地制宜,全面综合协调、合理安排村庄各类用地,部署村庄各项建设;村庄建设用地原则上应集中紧凑布置,尽量避免大拆大建,正确处理近期建设与远期发展、旧村改造与新村建设的关系,统一规划,分步实施。

（4）保护文化、注重特色的原则。规划布局要结合当地自然条件,合理继承原有街巷格局、空间形态,保护具有历史和文化价值的建（构）筑物、标志物和古树名木等环境要素,体现地域民俗风情,突出地方特色。风景名胜区、历史文化保护区、各类资源保护范围内及其他有特殊要求区域内的村庄,要同时符合相应法律、法规、规范规定及规划要求。

（5）保障公共安全的原则。根据当地灾害情况,有针对性地建立防洪、消防、抗震防灾、防风减灾、防疫、防污染的综合公共安全体系。

二、村庄建设的几种形式

1. 整治型村庄

不聚集或基本不聚集周边其他地区村民的村庄。在调查建筑质量和村民建房需求的基础上,合理确定保留、整治、拆除的建筑,注意保护原有村庄、社会网络和空间格局,合理提高基础设施和公共服务设施配套水平,加强村庄绿化和环境建设,提高村民居住环境。对具有重要历史文化保护价值的村庄,应按照有关历史文化保护法律法规的规定,编制专项保护规划。现存比较完好的传统和特色村落,要严格保护,并整治影响和破坏传统特色风貌的建、构筑物,妥善处理好新建住宅与传统村落之间的关系。

2. 整治扩建型村庄

在镇村布局规划的指导下,以现状村庄为基础,适度集聚周边地区村民的村庄。在整治现有旧村的同时,扩建部分与现有村庄在道路系统、空间形态、社会关系等方面应注意良好的衔接,在建筑风格、景观环境等方面有机协调;在现有村庄基础上沿 1～2 个方向集中建设（选择发展方向应考虑交通条件、土地供给、农业生产等因素）,避免无序蔓延,形成紧凑布局形态;统筹安排新旧村公共设施与基础设施配套建设。

3. 新建型村庄

指根据经济和社会发展需要,如因基础设施建设存在安全隐患等因素而整体迁址新建的村庄。新建型村庄的规划应与自然环境相和谐;用地布局合理,设施配套完善,环境清新优美,充分体现浓郁乡风民俗和时代特征。

三、村庄和集镇规划的规定内容

1. 村庄、集镇规划由乡级人民政府负责组织编制,并监督实施。

2. 村庄、集镇规划的编制,应当以县城规划、农业区划、土地利用总体规划为依据,并同有关部门的专业规划相协调。县级人民政府组织编制的县城规划,一般只包括建制镇建设规划,乡镇总体规划应当包括村庄和集镇规划。

3．编制村庄和集镇规划一般分为村庄、集镇总体规划和村庄、集镇建设规划两个阶段进行。

4．村庄、集镇总体规划是乡级行政区域内村庄和集镇布点规划及相应的各项建设的整体部署，主要内容包括：乡级行政区域的村庄、集镇布点，村庄和集镇的位置、性质、规模和发展方向，村庄和集镇的交通、供水、供电、商业、绿化等生产和生活设施的配置。

5．村庄、集镇建设规划，应当在村庄、集镇总体规划指导下，具体安排村庄、集镇的各项建设，其主要内容包括：住宅、乡（镇）村企业、乡（镇）村公共设施、公益事业等各项建设的用地布局，用地规划，有关的技术经济指标，近期建设工程以及重点地段建设具体安排。

6．村庄、集镇总体规划和集镇建设规划，须经乡级人民代表大会审查同意，由乡级人民政府报县级人民政府批准。村庄建设规划，须经村民会议讨论同意，由乡级人民政府报县级人民政府批准。村庄、集镇规划经批准后，由乡级人民政府公布。

7．编制规划内容包括：

（1）总则

① 规划原则；

② 村庄建设类型；

③ 村庄建设要求。

（2）村庄布局

① 建设用地范围；

② 布局结构。

（3）公共服务设施

① 布局；

② 配置规模及内容。

（4）住宅建设

① 住宅建设类型；

② 住宅建设要求；

③ 住宅选型。

（5）基础设施规划

① 道路交通工程：道路等级及宽度、停车场地；

② 给水与消防工程：水源、管网、消防设施；

③ 排水工程：排水体制、污水处理、管网；

④ 供电工程：变电所、供电线路、路灯；

⑤ 通信工程：局所设置、线路；

⑥ 燃气工程：供气方式、线路；

⑦ 环卫工程：垃圾收集点、公厕。

（6）绿化景观规划

绿化布局、绿化配置、村口景观、水体景观、建筑景观、道路景观、其他重点地区景观。

（7）主要技术经济指标及投资指标

（8）规划图纸

① 现状图（标示村庄位置）：图纸比例 1∶1 000～1∶2 000，标明地形地貌、道路、绿化、工程管线及建筑物的性质、层数、质量等。

② 规划总平面图:比例尺同上,标明规划建筑、绿地、道路、广场、停车场、河湖水面等的位置和范围。

③ 基础设施规划图:道路交通规划,比例尺同上,标明道路的走向、红线位置、横断面、道路交叉点坐标,车站、停车场等交通设施用地界线。市政管网规划,比例尺同上,标明各类市政公用设施、环境卫生设施及管线的走向、管径、主要控制点标高,以及有关设施和构筑物位置、规模。

④ 附图:住宅选型图,可配公共建筑选型图,部分效果图。

四、影响农房建设选址的因素

建造农房是农民生活中的一件大事,而选宅基地是造房子首先要碰到的问题。从前农民为了造好房子,不惜重金请人相地、相宅、定方位。传统选择宅基的经验要求地势高燥、水源流畅,建筑向阳等。俗话说晨曦入室,这是人们按规起床劳动的信号。这些都是符合居住用地要求的,是可取的,其中主要是定向,如子午向为正南向,丑未向为南偏西30°的东南向等均为农居常用朝向。实践表明,传统住宅的朝向是人们长期生活中总结的"冬暖夏凉"的好朝向。

要建造好新宅,必须首先选择好宅基地,考虑地形、地势、土壤、地基、朝向、水源、交通及生产联系等各个方面,做到"有利生产,方便生活"。

1. 地形地质水文等自然因素

农房选址首先应该特别注意冲沟、滑坡、崩塌、泥石流,以及地面塌陷、地裂缝、地面沉降等地质灾害。其次是地形坡度大、起伏大、有岩洞和岩溶的地段,以上这些都是不适宜修建房屋的用地。其三是注意易被洪水淹没、地下水位较高、地基承载力差,土层软弱、土层膨胀、湿陷性黄土等不良土质区域,还要注意池塘、河道回填土场地。这些是基本上可以修建房屋的用地,在这类用地上建房时,必须采取一定工程加固措施和降水、排水措施。农房选址应选地势高缓,地基坚实,一般不需或者进行简单地基处理即可进行房屋修建的场地。选定的用地,按规划布置的要求对自然条件等方面进行具体分析,结合地形、河湖水面、小气候状况、绿化基础等进行规划设计。

2. 交通、资源保护、生态保护要求等因素

选址对交通主要有两点要求:一是进出方便;二要保持安静。因此,宅基应选在与公路相近或与主要机耕路相通的地方。水网地区应选取靠近船舶出入方便的地方。车辆进出频繁的道路:汽车专用公路和一般公路中的二、三级公路,应避免从村内部穿过,而应绕着村子外边缘而过;已经在公路两侧形成的村庄,应进行调整。农房建设边缘与公路边沟外缘的间距为:国道不少于 20 m,省道不少于 15 m,县道不少于 10 m,乡道不少于 5 m。禁止在高速路两侧边沟外缘 30 m 和立交桥通道边缘 50 m 内修建永久性住房。

如遇到具有开采价值的矿区,自然保护区,给水水源防护地带,现有铁路、机场用地、军事用地及高压输电线路所穿越的地段,为限制建设区。

高压线附近不宜建新房,无法避免时应保证有足够的安全距离。

农房选址时,应与外界有便捷的对外交通道路,保障水、电等基础设施的供给。

3. 不同地区农房选址要点

(1)平原、水网地区的农房选址要点

① 在平原、水网地区建造农房,按农业生产要求,除自然村自发形成外,新开发的村庄,一般都靠机耕路和重要河道布置,以便于交通运输。

② 妥善地组织居民点,规划布置应集中紧凑。按照其规模的大小,考虑农村的组织结构方式;按农民生产与生活的不同要求,分级配置各级公共服务设施,使新村功能明确,有利生产,方便生活。

③ 有效而经济地组织交通,注意环境保护。着重点在于新村通向耕作工作地点和各级公共中心的交通及与对外交通、站场之间的便捷联系;处理好居民点与社队工业的相对关系,防止工业污染,注意保护新村的居住环境。

(2) 山地、丘陵地带选址要点

① 坡地的地形、地质复杂,自然坡度变化较大,选址时要注意地形变化的特点和有无滑坡、风化危岩、断层冲沟、溶洞等不良的地质现象。

② 自然坡度在 25% 以内的地段,其地形即使复杂,经过一定的组织和局部改造,是可以合理布置居住建筑的。自然坡度在 25%～50% 的地段,建设困难较多,土石方量也大,群体布置及设计受到很大限制。自然坡度在 50% 以上的地段,最好不选址,可用作园林绿地。

③ 充分利用适宜建设的山坡薄地、瘦地、荒地作为宅地,尽可能不占或少占耕田。

④ 两丘之间的水田不仅是不应占用的高产用地,也因地形低洼,通风、日照和卫生条件不好,工程地质条件又差,会增加基础工程费。

山地的坡向变化复杂,一般习惯分为东、南、西、北、东南、东北、西南与西北 8 个坡向。从日照来分析,南、东南及西南向坡为全阳坡,东、西向坡为半阳坡,北、东北及西北坡为背阳坡。从卫生角度看,以全阳坡为最好,半向阳坡次之,背阳坡不好。

山地建筑的布置,受到自然地形、地貌的影响,通常采用行列式、点式和自由式。这几种形式均随地形陡缓曲直而灵活变换排列,其布置手法能使多数建筑的朝向与地形坡向一致。一般在坡度均匀平缓,等高线基本平行的迎风向阳坡上采用平列式或交错行列式,当坡度增大或等高线变化时,其地形坡向并不在最好的朝向,则分别采用斜行列或曲折形布置方式,如遇上地形变化无一定规律的坡地,而且对其改造的技术和经济上的可能性都不大时,则常采用更为灵活的点式和自由式布置的方式。

五、村庄规划布局类型

村庄布局通常分为集中式布局、组团式布局、分散式布局。

(1) 集中式布局

以现状村庄为基础或重新选址集中建设的布局形式。

布局特点:组织结构简单,内部用地和设施联系使用方便,节约土地,便于基础设施建设,节省投资。

适用范围:平原地区特别是人均耕地面积较少的村庄,现状建设比较集中的村庄,中等或中等以下规模村庄。

集中式布局常用形式见图 1—10。

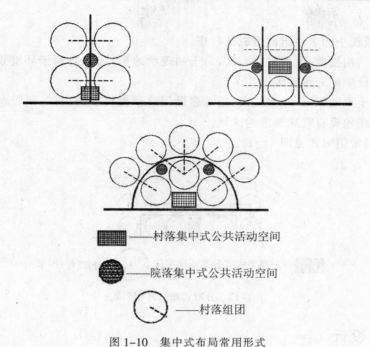

图 1-10　集中式布局常用形式

（2）组团式布局

由两片或两片以上相对独立的建设用地组成的村庄,多采用自由式布局形式。

布局特点:因地制宜,与现状地形或村庄形态结合,较好地保持原有社会组织结构,减少拆迁和搬迁村民数量,减少对自然环境的破坏;土地利用率较低,公共设施、基础设施配套费用较高,使用不方便。

适用范围:地形相对复杂的山地丘陵、滨水地区;现状建设比较分散或由多个自然村组成的村庄;村庄规模较大或多个行政村联成一体的区域。

组团式布局常用形式见图 1-11。

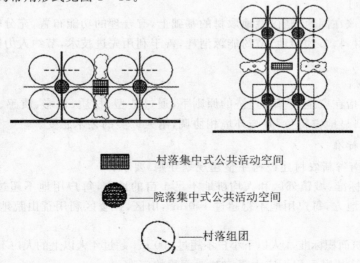

图 1-11　组团式布局常用形式

（3）分散式布局

由若干规模较小的居住组群组成的村庄。

布局特点：结构松散，无明显中心区，易于和现状地形结合，有利于环境景观保护；土地利用率低，基础设施配套难度大。

适用范围：土地面积大，地形复杂、适宜建设用地规模较小的山区；风景名胜区、历史文化保护区、对村庄建设有特殊要求的区域。

分散式布局常用形式见图1—12。

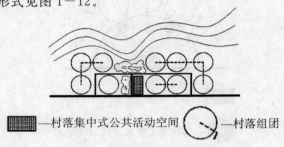

▓—村落集中式公共活动空间　　◯—村落组团

图1—12　分散式布局常用形式

六、农房设计

1. 农房设计的基本原则

（1）安全原则

农房须坚固耐久，具有足够的强度、刚度、稳定性和抗震安全性，满足防火、抗风要求，以保证安全，结构选型是重点。

（2）适用原则

方便生活，有利生产，适应不同地区、不同民族的生活习惯需要，考虑家庭人口组成、从事副业生产情况需求，包括房屋层数、房间大小、院落各组成部分的相互关系，以及采光、通风、保温隔热和卫生等设施是否满足需要。

（3）经济原则

农房建设应该在因地制宜、就地取材的基础上，有合理的功能布置，充分利用室内、室外空间，节约建筑材料，节约用地，节约能源消耗，善于利用先进技术，节约人力财力物力，降低建房造价。

（4）美观原则

美观原则是指在安全、适用、经济的原则下，通过造型、材质、色彩、质感、装饰等创造良好的视觉效果，凸显地方特色，并与环境相协调，给人以美的艺术感受。

2. 农房建设标准

据2006《湖南省新农村建设村庄整建规划导则》要求：

（1）宅基地标准：城镇郊区和人均耕地不足1亩的地方，每户用地不超过120 m^2；人均耕地超过1亩的地方，每户用地不得超过140 m^2，山区、丘陵区利用荒山荒地每户用地不得超过180 m^2。

（2）住宅建筑面积标准，4人以下小户不超过200 m^2，超过4人以上的大户不超过300 m^2。

（3）住宅建筑基底面积不应大于宅基地面积的75％。

（4）住宅日照间距标准参照《城市居住区规划设计规范（GB50180－93）》的要求和当地城镇住宅日照间距标准执行。

（5）住宅层高不宜超过 3 m，其中，低层层高可酌情增加，但不应超过 3.3 m。

（6）住宅建筑密度与容积率：低层住宅建筑密度不低于 28%，容积率不高于 0.6；多层住宅建筑密度不低于 24%，容积率不高于 1.1。

3. 农房平面设计的原则

（1）平面功能应尊重当地传统风俗习惯，布局合理，方便农民生活和生产。

（2）新建农房在平面功能满足当前使用的条件下，并为今后发展变化（如改、扩建）留有余地。

（3）各功能空间应减少干扰，厨、卫、房、厅、堂分区明确，有机结合，实现寝居分离、食寝分离、洁污分离。

（4）应为住户提供适当的室外生活空间。

（5）尽可能减少交通辅助面积或其他无用空间。

4. 农房的户型设计

影响户型设计的因素有家庭人口构成：老人的个数，是一代户、两代户还是三代户，人口规模等。

家庭的生活模式和生产方式如下：

① 自生产和生活活动，指农户为繁衍后代、承延历史文明所必须进行的活动，包括吃饭、就寝、栽种自给自足的蔬果等。

② 农业生产活动，传统农业中主要包括农播、农耕、农收、农田管理等。自 20 世纪 80 年代中期改革开放以来，农业活动逐渐演变为"副业化"、"兼业化"，农户大多"亦农亦工"。

③ 其他活动，包括农户从事工业、商业、服务业等内容的活动。工业活动包括手工业、运输业、采掘业、加工业、建筑业等。近年，"农家乐"等休闲商业服务在农村兴起迅速。

5. 农宅各个功能空间的设计

农村住宅主要由住房（包括堂屋、卧房、厨房、杂屋）及院落（包括厕所、禽畜圈舍、沼气池、晒场、柴堆及绿化用地等）两部分组成（图 1-13 至图 1-15）。

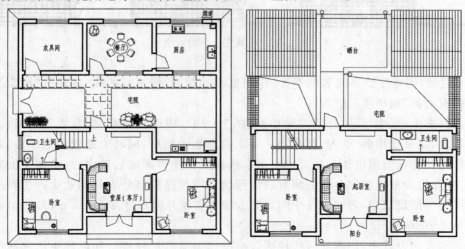

图 1-13　中南地区农宅示例 1

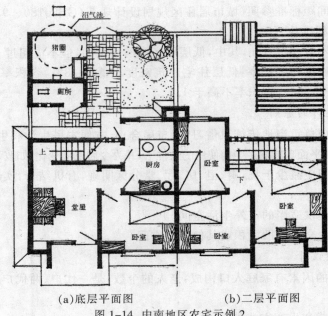

(a)底层平面图　　　(b)二层平面图

图 1-14　中南地区农宅示例 2

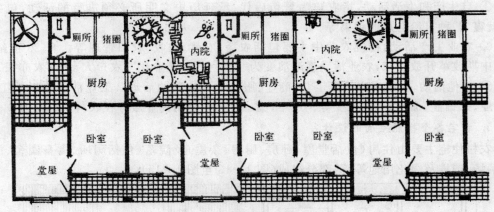

图 1-15　湖南宁乡一处农宅

（1）堂屋，即客厅。各地名称不一，作用也不尽相同，传统有的称"客堂"、"厅堂"或"堂屋"，现代有的称"起居室"或"客厅"。

堂屋具有生产、生活、贮存等多种功能（图 1-16），用来接待亲友、节假日团聚，办理从丧喜庆活动，是平日用餐、学习、休息和从事家庭副业的场所，同时也是农房的中心，起着交通枢纽作用。传统堂屋也作为敬天、地、祖宗的场所。作为家庭活动中心，堂屋平面布局要求宽敞，除陈设少量桌椅家具外应留有较大活动空间及存放部分农具副业生产工具所需空间。堂屋门一般设双扇，习惯开在中间。南方住宅堂屋开间尺寸多为3.6 m、3.9 m，进深为4.8 m、5.4 m、6.6 m。

在新的农房设计中，仍遵守传统民居以堂屋作为家庭对外接待和内部生活起居中心的原则布置堂屋的位置（图 1-18），且要考虑好户内的通道、楼梯应与堂屋有便捷的联系。

多层农房中,可根据建筑面积大小,分层设置两个堂屋,底层的堂屋作为对外接待和老年人起居活动用,二层的堂屋可作为青年人起居活动用(图1-17),以满足各自不同要求。

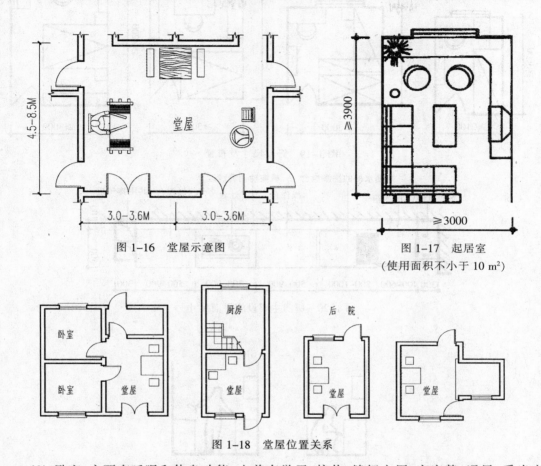

图1-16　堂屋示意图

图1-17　起居室
(使用面积不小于10 m²)

图1-18　堂屋位置关系

　　(2)卧室,主要有睡眠和休息功能,也兼有学习、梳妆、缝纫之用,宜安静、通风、采光良好。农房卧室常围绕堂屋布置,平面布局紧凑,避免穿套;卧室之间,卧室与客厅之间,不应设窗,以保持私密。卧室大小应适应使用需要,节约面积,以能满足一家人合理分居需要为宜。不同年龄的人,生活规律和睡眠的时间不同,辈分不同和异性子女等,要求分设房间。三代人就有老人房、成人房、子女房等。两代四口之家,有一子一女时,至少要有3间卧室。既要住得下,又要分得开,以求分配灵活,减少干扰。卧室面宽不宜小于3.0 m,进深不宜小于4.5 m,也不宜大于6.0 m。单人卧室使用面积不应小于5 m²,双人卧室使用面积不应小于9 m²,兼起居室的卧室使用面积不应小于12 m²。家具布置参见图1-19。

　　(3)厨房,布置应便于操作,考虑洗、切、炒等操作流程,有足够的案台长度,足够的交通空间,如图1-20、图1-21所示,可布置于农房内,也可置于庭院的一角,其使用面积以10 m²为宜,最小不能小于4 m²。设备布置及尺度要符合人体工学要求。交通关系做到流线简洁,减少体力消耗,并有直接采光、排烟通风窗口。

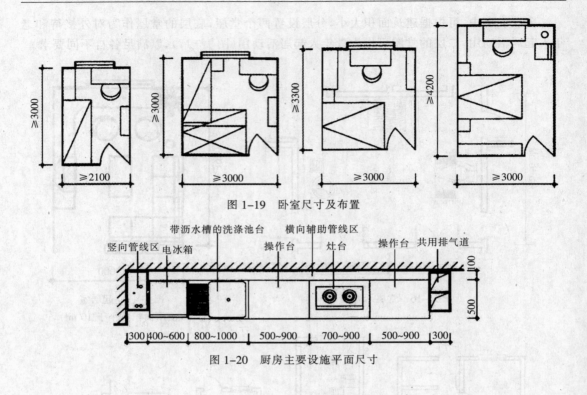

图 1-19　卧室尺寸及布置

图 1-20　厨房主要设施平面尺寸

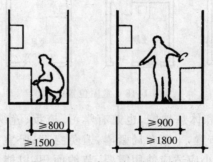

图 1-21　厨房活动空间尺寸

厨房布置形式大致分三类：

①与其他房间组合。布置在住房内，使用方便。

②与住宅相毗连。布置在住房外与住房毗连，与住房联系方便，不受雨雪天气影响，亦可因陋就简，利用旧料修建。

③在院落中独立建造。厨房布置在住房外与居室脱开，可避免烟气影响居室，卫生条件较好，亦便于利用小料和旧料。缺点是雨雪天使用不便（图1-22）。

与其他房间组合的厨房，要把厨房的位置、灶台、烟囱及通风的技术设计做好，解决排烟气问题，要根据需要加设机械排烟通风设备或预留位置，避免出现在室外又另搭锅灶的现象。

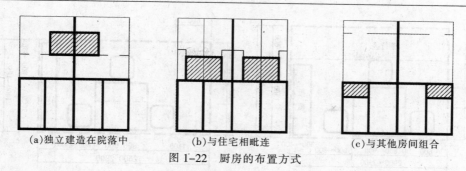

(a)独立建造在院落中　　　　(b)与住宅相毗连　　　　(c)与其他房间组合

图 1-22　厨房的布置方式

　　一些以农、牧业为主的地区,在住宅的厨房中要进行饲料加工,所以还需考虑厨房与圈舍有方便的联系。同时,应注意加工饲料的气味对居室的影响,独立式厨房在农村住宅中是较常见的布置方式。

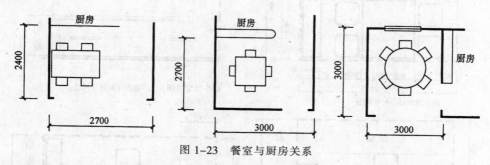

图 1-23　餐室与厨房关系

　　(4) 餐厅,一般应独立设置,也有附设于起居室或厨房一角的。进餐的尺度和座位设置,按进餐人数多少而定,见图 1-23、图 1-24;座位设置有单面坐、折角坐、对面坐、三面坐、四面坐等,见图 1-25。

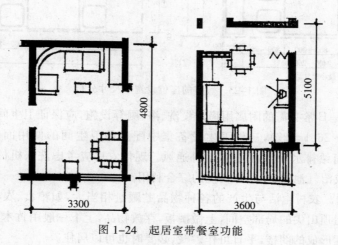

图 1-24　起居室带餐室功能

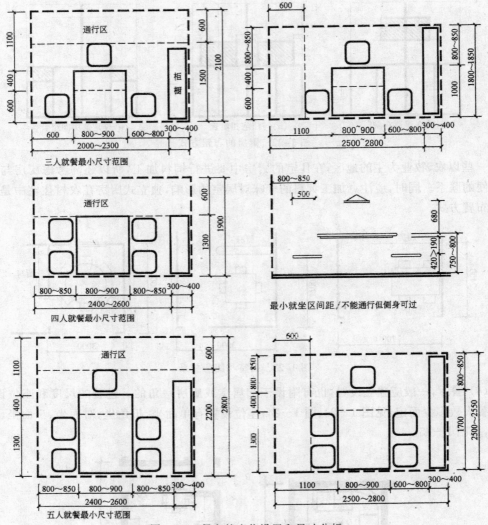

图 1–25　餐室的座位设置和尺寸分析

（5）卫生间，是日常必需的附属用房。设洗、浴、厕等设施，应保证卫生间各种活动使用功能空间尺寸（图 1−26、1−27），三件卫生设备集中配置的卫生间的使用面积不应小于 2.50 m²。设于室内应有给排水条件，宜直接对外通风。现代农房应考虑洗衣机位置。卫生间设于室外可结合畜舍或沼气池建设，搞好粪便的综合利用。

（6）贮藏空间。农村生活与生产的各种物品贮藏量相当大，如粮食、农具、杂物、车辆等。传统农居利用坡屋顶山尖的局部空间，上做搁板，存放物品，上下一般用竹木活动梯子；或通过增加房屋一定高度形成的阁楼，平日可作贮藏，必要时也可以居住。

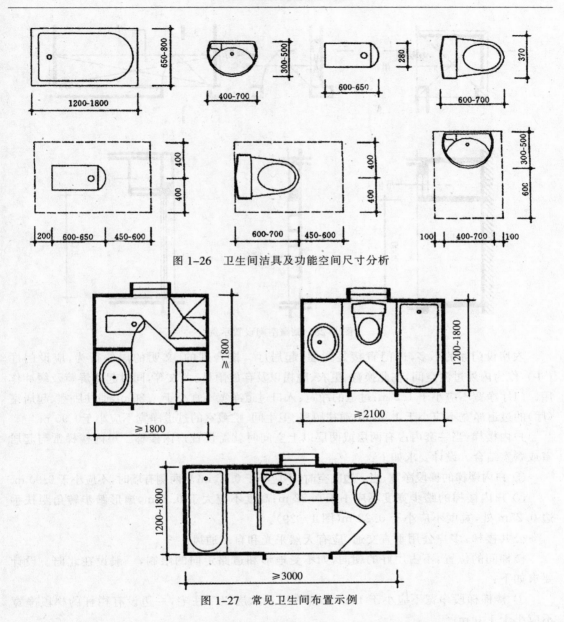

图1-26　卫生间洁具及功能空间尺寸分析

图1-27　常见卫生间布置示例

现代农居除设独立的储藏间外,还应合理利用空间进行储藏,比如利用楼梯间空间作贮藏室,利用门斗、过道、居室等的上部空间设置吊柜,利用房间组合边角部分和内墙厚度空间设置壁柜、壁龛,如图1-28所示。储存要注意防潮、通风、防鼠、防虫、防盗等。

(7) 交通空间。一般分户内交通和室外交通部分。户内交通有走道、过厅、楼梯等,室外交通有联系畜舍、杂屋的院子通道和出路。

户内交通,以走道将户内各室联成整体的称走道式。若不设走道,房间相互穿套,占用房间的部分面积作交通联系,称为穿套式;以过厅为交通枢纽与户内房间作放射式联系,称之为过厅式。

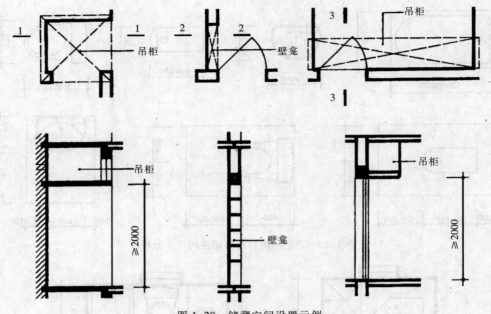

图 1-28　储藏空间设置示例

农房设门厅的不多,进门直接是堂屋、起居厅。按合理的、文明的居住行为,应设门厅(斗),作为内外过渡空间,在此换鞋、更衣、脱帽以及存放雨具、大衣等,同时起到屏障及缓冲作用。门厅净宽不应小于 1.2 m;过道的净宽:入口过道净宽不宜小于 1.20 m,通往卧室、起居室(厅)的过道净宽不应小于 1.00 m;通往厨房、卫生间、贮藏室的过道净宽不应小于 0.90 m。

户内楼梯:当一套内占有两层或两层以上空间时就需设置户内楼梯。户内楼梯常与起居室或餐室结合。设计要求如下:

① 户内楼梯的梯段净宽,当一边临空时,不应小于 0.75 m;当两侧有墙时,不应小于 0.90 m。

② 户内楼梯的踏步宽度不应小于 0.22 m;高度不应大于 0.20m,扇形踏步转角距扶手边 0.25m 处,宽度不应小于 0.22 m(图 1-29)。

公共楼梯:多户公用垂直交通,应有天然采光和自然通风。

楼梯间的位置:不占用好的朝向,如不受地形和道路走向的限制,一般设在北向。设计要求如下:

① 楼梯梯段净宽不应小于 1.10 m。六层及六层以下住宅,一边设有栏杆的梯段净宽不应小于 1.0 m。

② 楼梯踏步宽度不应小于 0.26 m,踏步高度不应大于 0.175 m。扶手高度不应小于 0.90m。楼梯水平段栏杆长度大于 0.50 m 时,其扶手高度不应小于 1.05 m。楼梯栏杆垂直杆件净空不应大于 0.11 m。

③ 楼梯平台净宽不应小于楼梯梯段净宽,且不得小于 1.20 m。楼梯平台的结构下缘至人行通道的垂直高度不应低于 2 m。入口处地坪与室外地面应有高差,并不应小于 0.10 m。

④ 楼梯井净宽大于 0.11 m 时,必须采取防止儿童攀滑的措施。

(8)院落,是农房的重要组成部分。院落中可饲养畜禽,堆放柴草,晾晒衣物,存放农具、杂物等。有的院落还可搭瓜棚、栽葡萄、种植蔬菜或房前屋后植树栽花、改善居住环境的小气候。常见的院落形式有:① 前院式;② 前院带侧院式;③ 后院式;④ 前庭后院式;⑤ 天井院。形式和面积大小要根据经济状况、自然条件特点及当地风俗习惯等确定。南方炎热潮湿地区,需要开敞的环境,常不筑围墙;而北方常砌筑围墙,但围墙应注意尺度适宜、与环境协调。避免过高过大的门楼和完全封闭的围墙。

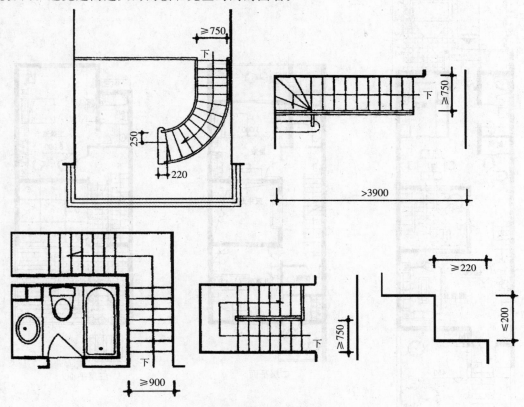

图 1—29　户内楼梯尺寸要求

(9) 美化环境。宅旁绿化,可美化环境,减少噪音,吸附毒气、烟尘、阻挡寒风;夏天还可遮阳避暑。农房宅周绿化要注意:

① 结合生产,因地制宜,多种植有经济价值的植物,也为集体和个人增加收益。

② 植树要疏密适中,过疏则不能充分达到绿化效果,过密则通风不畅。

③ 树木枝叶离房屋应有一定距离,以防大风时扫着房顶瓦片,防止过多树叶掉到房顶,造成排水不畅。

6. 农房的常见形式

(1) 一开间或一开间半农房

这是一种小户形式,适用于三口以下家庭。在土地紧张的地区采用。优点是大进深,占地小。缺点是屋前的场地小,农业生产活动局促。开间尺度以 4.0~4.2 m 为宜。进深大,导致很多功能空间的采光通风受到影响,宜多采用一两个天井内庭院来解决功能空间的采光通风问题(图 1—30)。

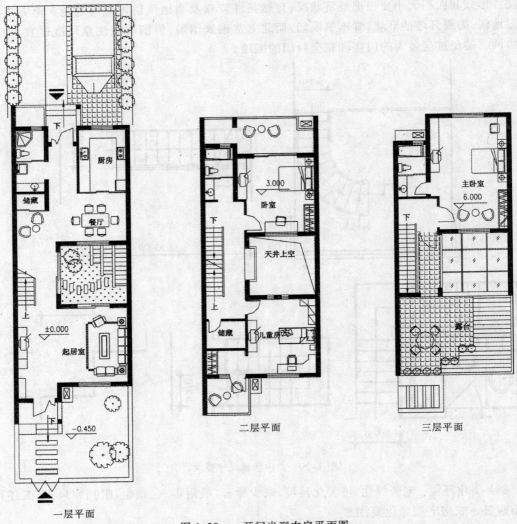

一层平面　　　　　二层平面　　　　　三层平面

图 1-30　一开间半型农房平面图

　　（2）两开间的农房

　　新农村住宅平面紧凑，基本可保证各功能空间采光通风，但面积较大时，进深也随之加大，也会出现采光问题，如图 1-31 所示。此时，也可利用内天井解决其采光通风问题，还可提供内部露天活动空间，如果封闭天井顶部，采用可开启的活动天窗，还能起到调节住宅内部气温之作用。

　　（3）三开间或多开间的农房

　　三开间及多开间农房，进深方向布置两个功能空间即能满足使用要求，且各功能空间都有直接对外的采光通风，平面布置也较为紧凑。为了提高环境质量和生活情趣，也有不少三开间及多开间农房采用内天井，如图 1-32、1-33 所示。

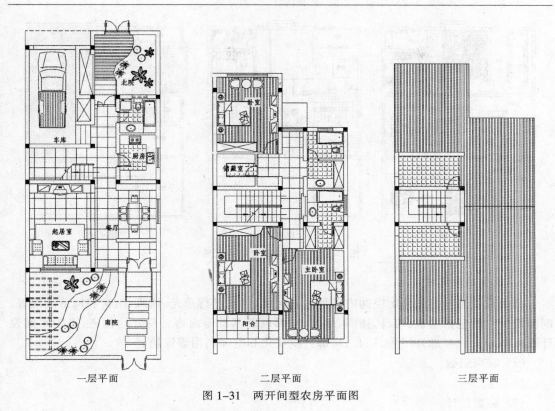

一层平面　　　　　二层平面　　　　　三层平面

图 1-31　两开间型农房平面图

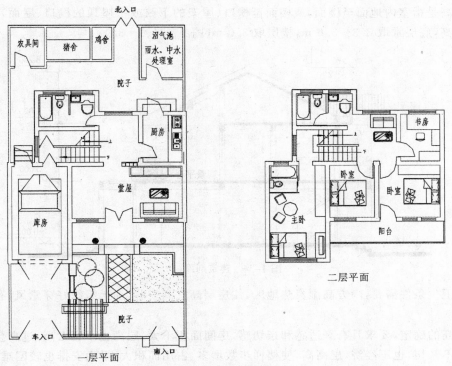

一层平面　　　　　　　　二层平面

图 1-32　三开间型农房平面图

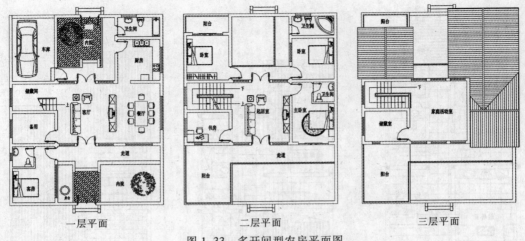

一层平面   二层平面   三层平面

图 1-33   多开间型农房平面图

7. 农房剖面设计

剖面设计的目的是确定空间内各种竖向尺度,以及进行采光、通风、结构和构造处理等。剖面设计一般包括屋顶、墙身、楼面、地面、楼梯以及基础等内容。良好的住宅,必须平面设计联系剖面设计考虑好层数、层高、局部高度变化和空间利用等问题。

(1) 农房层数

1~3 层。

(2) 层高设计

层高是指室内地面至楼面,或楼面至檐口(屋架的下弦或平屋顶的檐口、屋面)的高度。农房层高,底层常取 3.3~3.6 m,楼层取 3.0 m(图 1—34、1—35)。

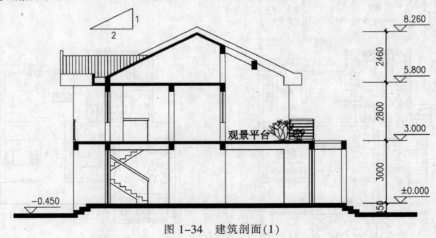

图 1-34   建筑剖面(1)

因卫生条件需要,南方高湿炎热地区,住房层高宜高一些,加上组织好穿堂风,有利于通风祛湿。

层高的确定,要求具有舒适感和亲切感,房间面积不大,层高也不宜太高,过高会使人感到空荡不亲切,也不经济,层高高,使楼梯步数增多,占用面积大,平面安排也较困难,房屋用料增加,造价增加。层高也不宜过低,过低给人以压抑感。从卫生条件看,层高应能满足人们在冬季闭门窗睡觉时所需的容积,容积过小会增加空气中二氧化碳浓度,不利健康。从心理、卫生等方面考虑,住宅层高不宜低于 2.7 m。但在坡顶的顶层,有一个坡顶结构空间,如不用吊平顶,则层高可适当降低至 2.6 m。

为了保持室内干燥和防止地面水浸入,除宅基选在地势高燥的地带外,还通常把室内地坪填高数十厘米,做成室内外高差 1～3 级踏步的台阶。台阶不宜太高,否则填土方量大,不经济。如果室内采用架空木地板,除了结构的高度之外,尚需留有一定的通风防潮空间。因此,室内外高差不宜低于 45 cm。

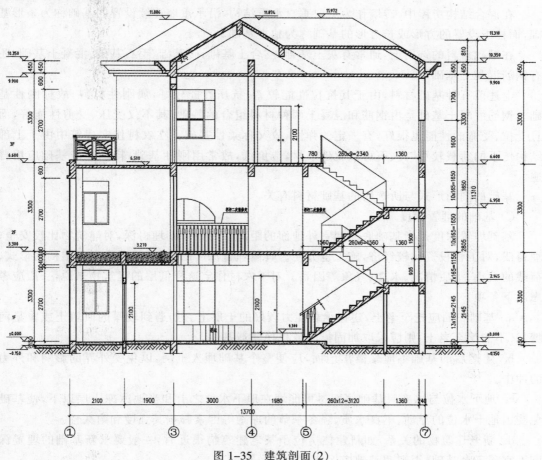

图 1-35　建筑剖面(2)

（3）基础设计

在进行剖面设计时,会遇到建筑物的基础和墙体两个相关联的重要组成部分。基础是建筑物最底部的结构部分,承受着建筑物上部的全部荷重,并由它传给地基。而墙体则既是承受作用于房屋的各种荷载和传递给基础的结构部分,又是起着抵御自然界各种不利的侵袭和区分空间、遮挡视线的围护部分,这两者都要求有足够的强度、刚度和稳定性,以保证有一个比较安全、可靠、完美的居住空间。

① 基础宽度的确定

房屋的基础总是要比墙、柱等上部结构的截面尺寸大,而且大得多。其原因在于基础下的土层一般总比上部结构的砖石、钢筋混凝土等建筑材料的承压强度小得多,而且承压后,所产生的压缩变形却大得多。因此通常要把与土层直接接触的结构支承底面积放大,使土层在承压后,地基土层在单位面积上所承受的压力不超过地基土层本身的承载能力,且减小土层的压缩变形,从而减少整个建筑物的沉降量。

在设计和建造住房时首先要搞清楚该地基的土壤结构情况,地基的容许承载能力。对于工程质量要求较高的建筑物还应要求地质勘探部门提供有关的技术资料,如土层分层情况,容许承载能力和地下水位的情况等。

② 基础的形式和材料的选用

在混合结构房屋中,砖墙作为主要垂直承重结构,沿承重墙连续设置的基础称为条形基础,而柱下设置的方形或长方形的基础称为独立基础。

在基础材料的选用上,通常有灰土基础、三合土基础、砖基础、毛石基础、混凝土基础,还有钢筋混凝土基础等。

上述前五种基础材料,由于其抗拉性能较差,抗压性能较好,属刚性材料,故称刚性基础。钢筋混凝土基础是由钢筋和混凝土两种材料组合的基础,其不仅受压、受剪性能好,而且受拉、受弯的性能也很好,有一定的弹性,故又称柔性基础。在农村住宅建筑中由于上部结构传下的荷载较小,砖、石可以就地取材,造价低,故常用刚性基础,特别是砖基础应用普遍。

基础的剖面形式与所选用的基础材料有关。

③ 基础的埋置深度

基础埋置深度是指基础底面到室外地面的距离。一般基础埋得深,对建筑物比较安全;埋得浅,对工程投资比较经济,施工也方便。具体埋置深度的确定,要考虑上部结构的形式、荷载的犬小、土质情况、水文、气象等因素。对于农村住宅这样低层的建筑物来说,一般应考虑以下各项:

a. 基础底面应挖至老土,建在承载能力较好的土层上。如遇到较厚的回填土或曾是河塘,又不能挖至老土,则应采取加固措施或更换建造基地。

b. 建造后的基础不应暴露出地面,应使整个基础埋入土层,以免受外界的影响和外力的冲击。

c. 地下水位与冰冻层基础底面尽可能埋在地下水位之上和当地冰冻土层以下,使基础免受因地下水位的浮动、不良水质、隆冬季节的冻融等因素影响其强度和耐久性。

d. 新老建筑物的关系,如新建住房位于某老建筑物很近时,一般要求新基础的埋置深度不宜深于老基础,否则两基础应保持一定的净距。

在软弱的地基上或相邻土质软硬相差悬殊的地基上建房,都可能产生地基的不均匀沉降,使建筑物遭到破坏。这对于农村住宅,虽属2~3层或单层建筑,也不可忽视。因此,在选择基地时,首先要了解地基土层分布以及各层土壤的物理性能,如含水量、压缩性、土壤的承载能力,以及是否为老土、回填土、暗浜、淤泥土等。针对实际情况采取换土法或其他技术措施,防止或减少不均匀沉降的发生。

如在上层土较好、下层土较差的地基上建住房,首先应充分利用上层土作为持力层,采用宽基础浅埋的方案,尽量保留硬壳层的厚度。如硬壳层过薄,不足以扩散上部传来的荷载时,可用石渣、砂、沙土等廉价材料夯入土层,人为加厚硬壳土层,以改善持力层的条件。

(4) 墙体设计

墙体在建筑物中起着分隔空间、抗御自然侵袭以及保温隔热、隔声等作用,是建筑物重要组成部分。墙体部位不同,其名称也不同,墙的长方向的一面称为纵墙,短方向的一面称为横墙。除此外,还有内外墙之分,靠外面的横墙又称之为外山墙。

从用材来看,有砖墙、石墙、混凝土块墙,土坯墙、版筑墙等。从墙体结构区分有承重结构墙体,即承重墙,还有仅用作分隔空间遮挡视线的隔墙。上述砖墙、石墙、混凝土块墙,土坯墙、板墙都可作为承重墙,而木板墙、板条抹灰墙、玻璃墙及块材墙可作为隔墙,由于此类墙体不能承重,通常称之为轻质隔墙。此外尚有空斗墙和实心墙之分。

（5）门窗设计

门、窗是建筑物的两种重要配件,对于不同建筑物或在建筑物的不同部位,对它们有不同的功能要求,如保温、隔声、防水、防火、通风、采光、出入交通以及美化房屋等。因此,门窗设计,既要考虑经济、坚固,还要考虑以上功能,又要考虑到它们在建筑中的造型处理。

① 窗户的设计

a. 窗的采光、通风要求

按卫生和舒适的要求,各类建筑都需要有一定的照度标准。一般来说天然光源和自然通风最适合人的需要。通常长方形的窗构造简单,而且采光均匀性和效果也最佳,但从造型要求,也不必局限于采用长方形窗。

b. 窗户的高低位置

居室窗台的高度,一般离室内地面 0.9～1.0 m。没有阳台或平台的外窗,窗台距楼面、地面的净高低于 0.90 m 时,应设置防护设施。

当设置凸窗时应符合下列规定:窗台高度低于或等于 0.45 m 时,防护高度从窗台面起算不应低于 0.90 m;可开启窗扇窗洞口底距窗台面的净高低于 0.90 m 时,窗洞口处应有防护措施。其防护高度从窗台面起算不应低于 0.90 m。

窗台位置太高,近窗处的照度不足,不便布置书桌,而且阻挡朝外的视线。有些地方出于习惯,为避免室外行人的窥视,常将窗台提高到室外视线以上。

目前,新建农房仍然有使用木窗的。为了节约木材,应逐步推广用塑钢窗、铝合金窗。在使用这些窗时,从采光的要求来说,还应对塑钢窗、铝合金窗定型产品的尺寸加以调整。塑钢窗、铝合金窗的规格一般以 300 mm 为模数（即 300 mm 进位）,常用的宽度有 600、900、1 200、1 500、1 800 mm 等,高度有 900、1 200、1 500 mm 等。高宽两向尺寸,可任意搭配选用。在确定窗户剖面位置时,还要联系到建筑立面设计的需要,两者必须统一考虑,配合默契。

设计窗户时除了采光外,还应注意风向以利自然通风。选择窗户形式与合理的位置,可以获得空气对流,组织穿堂风。

② 门的设计

门的设计,应按不同使用要求和造型要求进行设计,按开启方式分有平开门、推拉门、卷（拉）闸门、弹簧门。按用料分有木门、钢门、塑钢门、铝合金门。按设备功能分则有防盗门、防火门、保温门、隔声门。上述的各类门,基本能满足农村住宅的需要。

各部位门洞的最小尺寸应符合表 1—3 的规定。

表 1—3　门洞最小尺寸

类　别	洞口宽度（m）	洞口高度（m）
共用外门	1.20	2.00
户（套）门	1.00	2.00
起居室（厅）门	0.90	2.00
卧室门	0.90	2.00
厨房门	0.80	2.00
卫生间门	0.70	2.00
阳台门（单扇）	0.70	2.00

　　注：1. 表中门洞口高度不包括门上亮子高度，宽度以平开门为准。

　　　　2. 洞口两侧地面有高低差时，以高地面为起算高度。

　　（6）室内空间利用设计

　　室内空间利用是在有限的空间内达到扩大使用面积的目的。空间的利用有多种途径，大体可从平面的边角、墙身的壁龛、屋顶上部、楼梯的上下空间等方面挖潜。

　　① 角隅利用：一个位于室内的凹角，可利用作为既安静，又精致的学习空间。

　　② 壁柜、吊柜：可利用厨房、浴室内的小空间，做成各种壁柜、吊柜。

　　③ 屋顶层利用：在坡屋顶下设置阁楼，是农房中常见的一种空间利用的方法，如图 1—36、1—37 所示。

　　④ 楼梯空间：楼梯间底下和上部空间加以充分利用，可增加 1～1.5 倍楼梯间大小的辅助面积。

　　⑤ 附属房舍：将猪舍、鸡舍、厕所等有机组合，立体交叉布置，使空间利用紧凑合理。

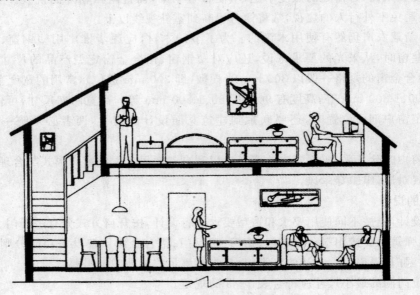

图 1-36　在坡屋顶上开"老虎窗"扩大使用空间

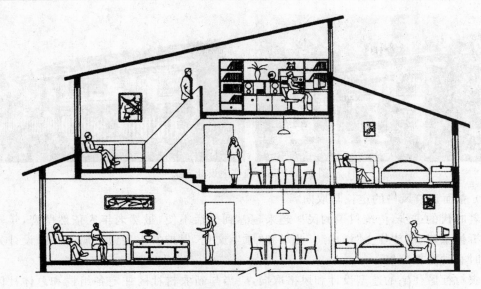

图 1-37　利用坡屋顶下空间设置阁楼

8. 农房立面设计

　　立面造型设计是农村社区房屋外在形象的具体表现,往往给人留下深刻、直观的第一印象。人们了解一个农村社区建设情况,首先就是通过对其外在立面造型形成意向,由外而内,逐步形成一个相对完整的形象。因此,农村社区房屋的立面造型设计是农村社区建设过程中必不可少的一个重要环节,如图 1—38 所示。

图 1-38　常见的农村住宅立面效果

　　农村住宅的立面造型是农村生活范围内有关历史、文化、心理与社会等方面的具体表现。影响农村住宅造型的主要因素是那一个时期农民居住需求的外在表现,其随时间的流逝,建筑造型也会产生不同的变化。

　　农村住宅的立面造型应该是简朴明快、富于变化、小巧玲珑。它的造型设计和风格取向,不能孤立地进行,应能与当地自然天际轮廓线及周围环境的景色相协调,同时还必须兼具独特性以及能与住宅组群甚至整个区域取得协调的统一性,构成一个整体氛围(图 1—39)。

图1-39　某村庄住宅设计方案

（1）立面建筑风格的定位与取向

随着时代的进步，传统村镇的民居越来越感到生活不便，虽然老年人依然留恋，年轻人却主张拆掉重建，渴望住上"洋房"。此举和"原生文化"保护发生尖锐矛盾，因此，设计人员在设计时必须把握好度。

新农村社区住宅的造型设计和风格取向，应当与新农村社区住宅各组群和总体社区取得协调的统一性，还要体现当地历史、文化、心理与社会生活等地域文化和文脉，以达到文化、艺术与自然的和谐，如图1-40所示。

图1-40　彰显地域文化和文脉的住宅设计方案

建筑风格的形成，是一个渐进演变的产物，而且不断在发展，同时各国、各民族之间，在建筑形式与风格上也常有相互吸收与渗透的现象。所以，在概括各种形式、风格特征等方面也只能是相对的。人们对建筑形式和风格的取向，也经常在变化。前些年，人们对"中而新"的建筑形式颇感兴趣，但是盖多了，大家不愿雷同，欧美之风又开始盛行（图1-41），现在又钟情于高技派了（图1-42）。

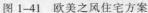

图1-41　欧美之风住宅方案　　　　图1-42　高技派住宅方案

但是,现代人大多数对建筑形式的要求还是趋于多元化、多样化和个性化,并喜欢不同风格之间的借鉴与渗透。因此,在小城镇住宅的立面造型设计中,应该努力吸取当地传统民居的精华,加以提炼、改造,并与现代的技术条件和形态构成相结合,充分利用和发挥屋顶形式、底层、顶层、尽端转角、楼梯间、阳台、露台、外廊和出入口以及门窗洞口等特殊部位的特点,吸取小别墅的立面设计手法,对建筑造型的组成元素进行精心的设计,在经济、实用的原则下,丰富农村住宅的立面造型,使其更富生活气息,并具地方特色。

(2)立面造型的组成元素

建筑造型给人的印象虽然具有很多的主观因素,但这些印象大多数是受许多组成元素影响,这些外观造型基本上是可以分析,并加以设计的。

① 建筑体形

它包括建筑功能、外形、比例等以及屋顶的形式。

② 建筑立面

建筑立面的高度与宽度、比例关系,建筑外形特征的水平及垂直分割、轴线、开口部位、凸出物、细部设计、材料、色彩及材料质感等。

③ 屋顶

屋顶的形式及坡度,屋顶的开口如天窗、阁楼等,屋面材料、色彩及细部设计。

④ 建筑材料

建筑材料的质感、纹理和色彩对立面造型的影响非常大,因此,要选择合适的建筑材料。

(3)立面造型的影响因素

① 合理的内部空间设计。造型设计的形成是取决于内部空间功能的布局与设计,最终反映在外形上的一种给人感受的结果。住宅内部有着同样的功能空间,由于布局的变化以及门窗位置和大小的不同,因而在建筑外形上所反映的体量、高度及立面也不相同。因此,造型设计不应先有外形设计,而应先设计住宅内部空间,再进行外部的造型设计。

② 住宅组群及住区的整体景观。新建住宅的设计应充分考虑住宅组群乃至住区的整体效果,应以保持小城镇住宅原有尺度的比例关系、屋顶形式和建筑体量为依据。

③ 与自然环境的和谐关系。在农村中可感受到的自然现象为:山、水、石、植物、泥土及天空等,都比城市来得鲜明。对季节变化、自然界的循环,也更有直接的感受。因此,为了使得小城镇的住宅能够融入到自然与人造环境之中,小城镇住宅所用的材料也应适应当地的环境景观、植被及生活习惯。为了展现农村独特的景象及强调自然的色彩,小城镇住宅的立面造型应避免过度的装饰及过分的雕绘,以达到清新、自然和谐的视觉景观。

④ 立面造型组成元素及细部装饰的设计。立面造型的组成元素很多,住宅的个性表现也就在这些地方,许多平面相同的住宅,由于多种不同的开窗方法,不同的大门设计,甚至小到不同的窗扇划分,均会影响到住宅的立面造型。所以要使住宅的立面造型具有独特的风格就必须在这方面多下功夫。

⑤ 地域文化、文脉的传承和创新。我国传统民居,无论是平面布局、结构构造,还是造型艺术,其风格独特,形成了一套完整的建筑文化体系,是新农村社区住宅立面造型设计取之不尽的源泉。新农村社区住宅立面造型要吸收中国传统民居精华,很好地继承地域文化,传承建筑文脉。

传承并不意味着保守,相反立面造型设计、风格取向及建筑风格的形成,是一个渐进演变的产物,而且不断在发展。新农村社区住宅的立面造型设计,应该从新农村的经济条件、技术条件、生产生活的需求出发,努力吸取当地传统民居的精华,加以提炼、改造,并与现代的技术条件和形态构成相对结合,在继承中创新,在创新中保持特色,如图1-43所示。

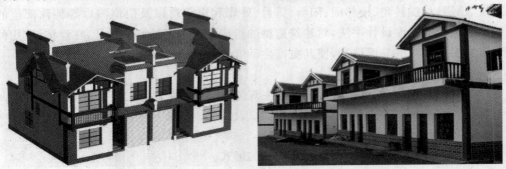

图1-43　运用传统民居符号融入农房设计

（4）立面设计手法

在住宅设计中,立面设计的主要任务是通过对墙面进行划分,利用墙面的不同材料、色彩,结合门窗洞口和阳台的位置等布置,进行统一安排和调整,使其外形简洁、明朗、朴素、大方,以取得较好的立面效果,并充分体现出住宅建筑的性格特征,如图1-44所示。

① 利用阳台的凹凸变化及其阴影与墙面产生明暗对比。住宅阳台是建筑立面设计活跃的因素。因此,它的立面形式和排列组合方式对立面设计影响很大,如图1-45所示。阳台可以是实心栏板、空心栏杆、甚至是落地玻璃窗;从平面看,可以是矩形,也可以是弧形等。阳台在立面上可以单独设置,也可以将两个阳台组合在一起布置,还可以大小阳台交错布置或上下阳台交错布置,形成有规律的变化,产生较强的韵律感,丰富建筑立面。

图1-44　简洁、朴素、大方的立面　　　　图1-45　立面形体、材质、色彩组合与变化

② 利用颜色、质感和线脚丰富立面。在住宅外装饰中,利用不同颜色、不同质感的装饰材料,形成宽窄不一,面积大小不等的面积对比,亦可起到丰富立面的作用(图1-46、1-47)。

③ 局部的装饰构件。在住宅立面设计中,为了使立面上有较多的层次变化,经常利用一些建筑构件、装饰构件等,取得良好的装饰效果,如立面上的阳台栏杆、构架、空调隔板以及女儿墙、垃圾道、通风道等的凹凸变化等丰富立面效果(图1-46、1-47)。

另外,在住宅立面设计中,还可以结合楼梯间、阁楼、檐角、腰线、勒脚以及出入口等创造出新颖的立面形式。住宅立面的颜色宜采用淡雅、明快的色调,并应考虑到地区气候特点,风俗习惯等作出不同的处理。总之,南方炎热地区宜采用浅色调以减少太阳辐射热,北方地区宜采用较淡雅的暖色调,创造温馨的住宅环境。住宅立面上的各部位和建筑构件还可以有不同的色彩和质感,但应相互协调,统一考虑。

图 1-46 利用颜色、质感对比协调丰富立面

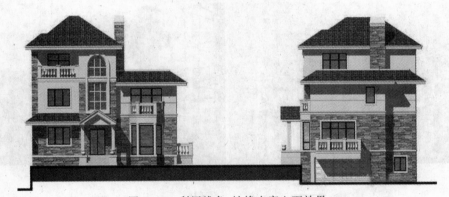

图 1-47 利用线角、坡檐丰富立面效果

（5）立面设计中地方材料与新技术材料的运用

我国地域辽阔、幅员广大,各地在经济水平、社会条件、自然资源、交通状况和民情风俗等方面都存在很大的差异,在农房设计中必须综合考虑、统筹安排。其中,因地制宜,重视地方材料的运用具有重要意义。

地方材料一般都是当地的优势资源,产量大、价格低、运输方便。地方材料的运用,有利于当地优势资源的开发和利用,发挥地域优势;同时,节约材料购置费,节省交通运输费,降低造价。

从建筑造型艺术的角度来看,地方材料大多是质朴、典雅的木、竹、砖、石、砂岩、天然混凝土等天然材料,能和建筑周围的景观和环境充分融洽,浑然一体,自然天成;能赋予新农村社区住宅立面造型浓郁的乡土气息和生活气息,从而形成具有地域文化特色的建筑风格。

同时,社会科技迅速发展下,不断涌现出新型、环保且性能更优越的建筑材料,高技派在设计中采用的新材料更体现了新时代气息。

所以,在农房建设立面造型的设计中,应尽可能挖掘和使用地方材料,逐步探索出适合地方材料的建筑艺术造型的表现途径,以形成独特的、具有地域特色的住宅风貌。同时,要大胆接受新材料,从而创造出社会主义新农村社区形象。

第四节　农房主要结构形式与抗震构造措施

一、农房主要结构形式

1. 钢筋混凝土结构

钢筋混凝土结构是指承重的主要构件，梁、板、柱是用钢筋混凝土建造的结构，其中，以梁柱体系作为承重骨架的框架结构应用于低层住宅比较合理，框架结构在结构稳定性、空间的灵活性等方面优势比较大，但造价相对较高，在农房建设中不及砖混结构应用广泛（图1—48）。

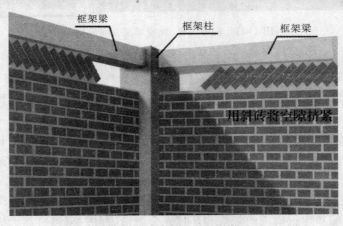

图1-48　钢筋砼框架结构

2. 砖混结构

砖混结构是指建筑物中竖向承重结构的墙、柱等采用砖或者砌块砌筑，横向承重的梁、楼板、屋面板等采用钢筋混凝土结构。砖混结构是混合结构的一种，是采用砖墙来承重，与钢筋混凝土梁柱板等构件构成的混合结构体系。适合开间进深较小，房间面积小，多层或低层的建筑。砖混结构房屋具有就地取材、施工便捷、承载力较高、耐久性好等优点，在全国各地被广泛采用（图1—49）。

由于砖、石、砌块和砂浆间粘结力较弱,因此,无筋砌体的抗拉、抗弯及抗剪强度都很低,因而抗震较差。

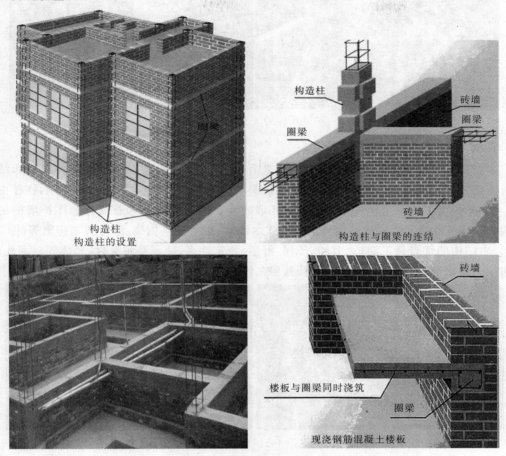

图 1-49 砖混结构

3. 砖 木 结 构

砖木结构是指砖墙承重、楼屋面采用木构件的房屋结构。砖木结构一般采用坡屋顶,以利排水,个别地区也有做平屋顶的。砖木结构由于不需要支模浇注混凝土屋盖,施工起来更为便捷;并且可在木屋架上铺草、坐泥或挂瓦,房屋保温隔热性能较好;其次,经济性也较砖混结构要好,因此,砖木结构在全国范围内的使用也非常广泛。不过,它的耐用年限短(图 1-50)。

图 1-50　砖木结构

4. 木 结 构

　　木结构是单纯由木材或主要由木材承受荷载的结构,通过各种金属连接件或榫卯结构进行连接和固定。这种结构因为是由天然材料所组成,受着材料本身条件的限制,往往由木柱、木框架作为主要承重构件,生土墙(土坯墙或夯土墙)、砌体墙和石墙作为围护墙的房屋结构(图 1-51)。主要构建形式包括穿斗式木构架、抬梁式木构架、混合式木构架等(图 1-52)。木结构的优点是工期短、节能、环保、舒适、稳定性高,缺点是耐久性、易燃等。因此,木结构应采取防腐、防虫、防火措施,保证其耐久性。

图 1-51　木结构

(a)抬梁式木结构体系　　　　　　　　(b)穿斗式木结构体系

(c)干栏式木结构

(d)井干式木结构

图 1-52 木结构体系

5. 石结构

由石砌体作为主要承重构件的房屋结构,料石、毛石或片石是石砌体的主要块材。石结构建筑最具代表性的特征是房屋的全部或部分构件(包括基础、墙体、柱、梁、楼板、门窗以及楼梯等)均采用石材加工、砌筑及安装(图 1-53)。

石材本身具有抗压强度高、耐久性好、吸水率低以及美观大方等优点,是传统建筑材料之一。农村石结构住宅多数由村匠设计和施工,其在建筑的取材、构造以及施工工艺上往往存在缺陷,容易发生基础不均匀沉降,地面沉陷,石构件倾斜、开裂、断裂或错位,以及导致屋面漏水、外墙渗水等。同样,石砌块和砂浆间粘结力较弱,属于无筋砌体,因此,抗拉、抗弯及抗剪强度都很低,抗震性较差。

图 1-53 石结构

6. 生土结构

生土结构泛指使用未经过烧制,而仅仅经过简单加工的原状土质材料建造的房屋结构,包括土坯墙结构、夯土墙结构等。改革开放以前,生土建筑在我国农村民居建设中扮演着举足轻重的角色。目前,在一些偏远地区,由于受地理、气候环境及经济不发达等因素的制约,生土结构民居在这些地区仍具有一定的生命力。

(1) 土坯墙结构

农房中的土坯常用的规格:一种是砖块形的(290 mm×140 mm×100 mm 左右),一种是薄片状的(340 mm×220 mm×60 mm 左右)。传统土坯墙采用粘土泥浆砌筑,通常泥浆中拌有麦草。屋架和檩条搁置在土坯墙上,屋盖重量由土坯墙直接承担;土坯与粘结泥浆强度较低,抗压强度一般在 0.8 MPa 之间;无其他抗震构造措施(图 1—54)。

图 1-54　土坯墙结构

(2) 夯土墙结构

夯土墙由普通粘土或含一定粘土的粗粒土夯打而成。夯土墙根据夯打时墙体两侧模具的不同又分为"板打墙"和"椽打墙";前者是将半干半湿的土料放在木夹板之间,逐层分段夯实而成;后者是采用表面光滑顺直的圆木代替木夹板,每侧 3~5 根圆木,当一层夯筑完后,将最下层的圆木翻上来固定好,用同样的方法继续夯筑,依次一根一根上翻,循序进行(图 1—55)。

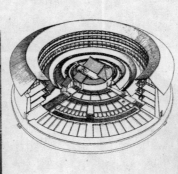

图 1-55　夯土墙结构

7. 其他结构

本书将不属于上述结构的农房都归纳到其他结构里,如钢结构、竹结构、塑木结构、窑洞等。

目前,钢结构房屋技术较为成熟。钢框架结构房屋最主要的特点是可以工厂加工成型,长距离运输和现场快速安装,低层建筑钢架进场几天便可完成框架搭建。而且,钢结构抗震性更加优越,是地震区的优质结构体系,见图1-56、1-57。但钢结构要注意构件的防火和防腐处理。

图1-56　钢框架结构　　　　　　　　图1-57　钢框架房屋完工

二、农房抗震构造措施

我国是世界上遭受地震灾害较严重的国家,大部分农村住房的抗震性差。地震造成了很大的人员伤亡以及经济损失。重视农村住宅的抗震能力,具有现实意义。

1. 低层农房的震害特征与现状

(1) 低层农房的震害现状

农房修建时建筑材料的质量问题。由于对农村选购的建筑材料砖、瓦、砂、石等地方材料缺少检测手段或判断经验,修建时一般确定了所需数量就直接采购使用。很少对进场材料进行复检,很容易购买到不合格的建筑材料,这样就形成了重大质量安全隐患。

农房修建普遍存在使用旧建筑材料和构件问题,如房屋拆迁后留下的旧砖、旧钢筋、旧预制板等。对旧材料构件的强度等级难以检验和判断,旧材料构件在使用过程或拆除过程中可能已经产生了损伤,产生了疲劳和屈服,甚至断裂等,有些损伤靠肉眼很难发现,一旦将这些受到损伤的旧钢筋、旧预制板用到新建房屋的承重结构上,极易发生工程质量事故,更别谈抗震了。

农房的钢筋混凝土圈梁、构造柱设置不规范。如有的砖混结构农房根本没有设圈梁、构造柱;有的底层、顶层未设置圈梁,中间某层却设置有圈梁;有的房屋四大角、楼梯间、错层处、大房间的四角未设构造柱,其他部位却设有构造柱。

农村房屋的屋面女儿墙(栏杆)、阳台、外走廊栏板(栏杆)设置也很不规范,如采用与主体结构无可靠连接的预制花瓶栏杆,采用未设置钢筋混凝土构造柱、钢筋混凝土压顶的砖砌12墙栏板,也未与主体结构可靠拉(连)结等。

(2) 低层农房的震害表现

经济欠发达的农村,土木、砖结构的两坡水瓦屋顶和砖平房居多。土木结构房屋由于生土建材不具备抗震能力,地震时先是外墙闪出,接着屋顶塌落。

农村的房屋纵横墙不同时砌筑;墙角处无拉接钢筋;洞口无过梁,不设圈梁、构造柱;墙体整体性差,地震时墙体不倒即裂(图1-58)。还常把划分的宅基地建满,左邻右舍靠得很近,破坏性地震时往往产生"多米诺"骨牌效应。

图 1-58　房屋开裂

农村房屋普遍未进行抗震设防或设防不足,与城镇相比相当脆弱。地震易损性高,地区分布差异大。一是受经济发展水平制约,阻碍了抗震性能好的现代结构类型房屋的推广采用;二是农村缺少抗震知识、工程建设缺乏管理,使用着传统习惯的不当施工做法,而抗震能力好的结构和方法没有应用。

2. 提高农房抗震能力的措施

(1)场地选择要恰当

① 选择地势平坦、开阔,上层密实、均匀或稳定基岩等有利的地段。

② 不宜在软弱土层、可液化土层、河岸、湖边、古河道、暗埋的滨塘或沟谷、陡坡、松软的人工填土,以及孤突的山顶或山脊等不利地段建房。

③ 不应在可能发生滑坡、崩塌、地陷、地裂、泥石流以及有活动断裂、地下溶洞等危险地段建房。在此类危险地段上,即使把房屋建得很坚固,一旦遭受地震灾害,轻则墙倒屋塌,重则会造成毁灭性灾难。

(2)地基要做牢做稳

① 在软弱土层等不利地段建房,基础沟槽必须宽厚,槽底均匀铺设灰土层并分层夯实后,用水泥浆砌砖或石料混凝土做好基础,还可用加桩等技术加固地基。对于一般的软土地基,应设置大脚,预防不均匀沉降。如果是建楼房,应设置地圈梁,以防不均匀沉降对上部结构的影响。

② 在盐碱地地区建房屋,应加强基础防潮、防碱、排水等措施,防止碱潮对用体的腐蚀作用,以避免降低强度。

(3)房屋结构布局要合理

① 房屋体形要合理

设计房屋时,要避免立面上突然变化,平面形状也宜简单、规则,墙体布置得均匀、对称些,使房屋具有良好的抗震性能。对于土坯房,房屋高度要低些,一般是一间一道横墙;楼房采用内廊式平面,纵横墙较密,加上墙体间咬砌搭接,房屋的整体性就好。

② 横墙要加密

横墙支撑着纵墙,限制纵墙的侧向变形,同时还承受屋顶、楼层和纵墙等传来的地震力,在房屋抗震上起着很大的作用。所以,在地震区建造的房屋,在满足使用要求的情况下,横墙宜布置得密一些,一般居住用房以不超过两个开间为宜。如果使用上需要有更大的空间,就要采用诸如加墙垛、圈梁等来增强纵墙的强度和稳定性。

③ 墙壁上开洞要恰当

墙壁上开洞,削弱了墙的强度和整体性。应尽量少开洞或开小洞。开洞要均匀,不要在靠近山墙的纵墙上或靠近外纵墙的横墙上开大洞。

(4) 房屋自重要轻

① 屋顶要轻

一般民用房屋的屋顶,常用的草棚、泥顶和瓦顶等几种。由于各地做法不一,重量差别很大,轻的每平方米只有十几公斤,重的每平方可达数百公斤。在地震区建房,应优先采用轻质材料做屋顶。

② 围护墙和隔墙要轻

围护墙虽然是房屋的非承重部分,但地震时笨重围护墙的倒塌,同样会造成重大的灾害,尤其高烈度区的木骨架承重房屋,可以采用下部做重的墙、上部做轻质墙的方法。

③ 屋顶上不要做笨重的附属物

屋顶上的附属物,如女儿墙、高门脸等,既笨重又不稳定,地震中就会大量破坏,甚至造成人员伤亡。所以,地震区应当尽量不做或少做这类装饰性的附属物,如果必须建造时,就要做得矮些和稳固些。

(5) 墙体要有足够的强度和稳定性

墙体材料选择时要考虑强度和耐久性。一般来说,采用砖墙比土坯墙和石头墙好。对于石头房屋,有棱角毛石比光滑卵石好。土坯墙的耐久性,同土质的好坏有很大的关系,粘性较好的泥土比砂性太大或杂质太多的泥土好。有条件时,最好在制坯或夯墙的粘性土中掺和一些草筋(如麦秸、稻草、或干净的杂草等),以增强土坯或土墙的强度。

(6) 木构件结合要好

木骨架的榫眼要开得恰当,使榫头结合紧密。如果木柱不够粗壮,或是在烈度为8度以上的地区建房,应对木构件进行加固处理,以提高其抗震力。

3. 传统土木结构的主要抗震构造措施

(1) 土结构的主要抗震构造措施

① 提高民众抗震减灾意识,加强政府引导与监管作用

② 合理选择民居宅址

禁止在危险带上修建房屋,如地震时可能发生滑坡、崩塌、地陷、地裂、泥石流等地区;避免在不利地段上修建房屋。

③ 保证土墙施工质量,加强抗震构造

夯土墙在施工的时候应加强墙体的整体性,特别是加强节点处的连接。在分层夯筑的时候,每层中加入晾干的毛竹可以较大提高墙体整体性,且较为经济。内外墙体应同时分层交错夯筑或咬砌,外墙四角和内外墙交接处,宜沿墙高每隔 300 mm 左右放一层竹筋、木条、荆条等拉结材料。土坯墙在砌筑的时候应采用平砌法,采用黏性土湿法成型并宜掺入草苇等拉结材料,力求泥浆饱满,纵横墙交接处必须咬槎砌筑。

　④ 加强木屋架连接,增强抗震性能

　·采用轻屋面材料;

　·硬山搁檩的房屋宜采用双坡屋面或弧形屋面,檩条支撑处应设垫木;

　·檐口标高处(墙顶)应有木圈梁(或木垫板),端檩应出檐,内墙上檩条应满搭或采用夹板对接和燕尾接;

　·木屋架各构件应采用圆钉、扒钉、铅丝等相互连接;

　·墙上因门窗开洞将严重削弱墙体抗侧移能力,纵向应设置斜撑;

以木圈梁和木卧梁为应力分散构件进行构造。

4. 传统木结构的主要抗震构造措施

(1) 木结构房屋整体抗震措施

① 整体结构布置原则

震害表明,平面及竖向规则的建筑物在地震中有良好的抗震性能,而平面及竖向不规则则导致房屋震害加重,特别是建筑物的几何中心与物理中心不重合,往往会导致建筑扭转。结构的竖向连续性也是影响建筑物抗震性能的主要因素之一。

房屋体形要简单、规整,平面上避免突出凹进,立面上防止高低不等,墙体的平面布置均匀对称,开间不要过大,以三开间为宜,开间不宜大于 3.9 m;房屋高度不要过高,不宜超过二层,总高度不宜超过 6 m。木构架房屋高宽比不应大于 1.0,房屋长度不宜大于 20 m。屋顶要尽量采用双坡,双坡在满足排水防漏的前提下,应尽量减小屋面坡度,以防止滑瓦。同一房屋不应采用木柱与砖柱或砖墙等混合承重。木构架房屋应满足当地自然环境和使用环境对房屋的要求,采取通风和防潮措施,以防止木材腐朽或虫蛀。

② 木结构房屋场地要求

由于各地经济发展情况不同,在农村建造房屋的过程中,关于房屋地址的选取也基本上是靠经验来做的,有一定的随机性。所以应对农村房屋建造过程的地址选取做出一定的规定。研究表明,大部分木结构房屋的自振周期在 0.1~0.85,因此木结构不宜建在软弱地基上。

建筑场地宜选择对抗震有利地段(稳定基岩,坚硬土,开阔、平坦、密实、均匀的中硬土等),避开不利地段(软弱土,液化土,条形突出的山嘴,高耸孤立的山丘,非岩质的陡坡,河岸和边坡的边缘,平面分布上成因、岩性、状态明显不均匀的土层,如古河道、疏松的断层破碎带、暗埋的塘洪沟谷和半填半挖地基等),不应选择在危险地段(地震时可能发生滑坡、崩塌、地陷、地裂、泥石流等及地震断裂带上可能发生地表错位的部位等)。

(2) 木构件之间的连接

木构架各构件之间的连接对确保结构构件间协同受力和结构的整体性至关重要。以下是檩条与柱的连接构造,见图 1—59,1—60。

对于檩条接头部位的连接来说,在静荷载作用下,图 1—59(a)和图 1—59(b)所示的连接均能满足要求。但图 1—59(a)所示的檩条间燕尾榫卯接头仅解决檩条间连接问题,而檩条和木构架的连接由重力作用实现,地震作用下,檩条和木构架之间缺乏可靠约束将导致屋盖结构和木构架脱离,进而引起整个结构破坏。而图 1—59(b)的连接既解决了檩条接头及檩条和木构架之间的连接问题,又实现了檩条和木构架之间的半钢性连接。但是在地震作用下,由于檩条和木构架之间的相互作用可能会引起木柱沿纵纹方向开裂,也是不利的,故仍应采取合理的构造措施予以加强。

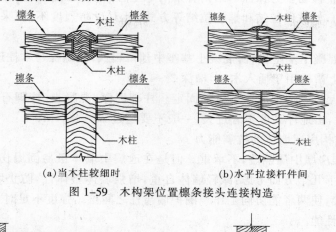

(a)当木柱较细时　　　　　(b)水平拉接杆件间

图 1-59　木构架位置檩条接头连接构造

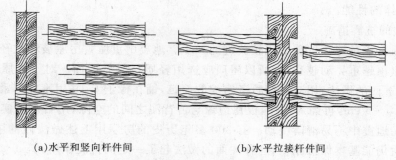

(a)水平和竖向杆件间　　　　　(b)水平拉接杆件间

图 1-60　其他一些杆件之间的连接

（3）提高木构架的纵向稳定性

木结构房屋纵向稳定性一般情况下都比较差,所以增强木结构的纵向稳定性是增强木结构房屋整体稳定性的一个重要措施。增强纵向稳定性的方法通常是在纵向柱列间设置纵向支撑（剪刀撑）。在木构架中柱檐口以上增设纵向垂直剪刀撑,每开间一道,支撑下沿加通长连系杆,底后墙中间开间增设一道纵向柱间支撑,剪刀撑和木柱的连接,不要用钉子,以增强木骨架的纵向稳定性,防止地震时被拔脱。剪刀撑中间节点处加垫木,以便有效地起到支撑的作用。

（4）针对木骨架房屋相同部分连接加固措施

木骨架房屋虽然有各自的特征,有不相同的地方,但是在结构形式上面,各种类型的房屋还是有相似形式,如木柱和基础（柱础）的连接,檩条和椽子的连接等。对这部分相同的结构构件,可以采用相同的抗震构造措施,用以抵抗地震力。

构件间的连接根据受力的不同情况,采用不同类型的榫卯。凡大件如地脚与柱吻合的接点用"两蹬榫"（即连续两个大头榫）；凡中小件与柱吻合的节点用"大头榫"（也叫银锭榫）；凡连续穿插几个节点的,穿比较长的构件（如"里方外圆"）,承受重力不大的次要构件,均用"平插榫"；凡两件构件平行相叠,用暗梢以防止侧向移动。构架的榫卯是节点结合好坏的关键,直接影响着结构体系的受力性能,要求做得非常严实,常用"严丝合缝"这句话作为质量的标准。所有的榫卯节点皆属于柔性节点,利于抗震。榫接可以增强结构的整体性,以减少震害。如常用的燕尾榫,对木构架联结十分有效,地震后,木构架虽然严重歪斜,但未倒塌。

（5）柱脚

固定柱脚,防止移动。为保证木结构骨架的稳定性,减轻房屋震害,加强柱脚和基础的锚固是十分必要的,如铁件拉结和螺栓拉结等方式,针对设防烈度不同,采取不同柱脚固定措施。

① 柱脚石用混凝土基座代替,混凝土基座中预留扁铁,用螺栓与木柱连接在一起。

② 在柱脚石上凿槽用于插入木桩,槽深 2~4 cm。

③ 用截面较大的地脚梁把柱脚纵横固定。柱础埋深,混凝土、柱脚石应埋置地坪以下 30~50 cm 的深度,出地坪高度不宜过大,一般不要超过 20~30 cm。

(6) 提高木结构房屋墙体的抗震能力

墙体在木骨架房屋中属隔墙,不承重。但是在地震中墙体最易倒塌伤人。如何减轻墙体的震害,应从以下几个方面考虑:减轻墙体自重,增强墙体整体性,防止墙体倒塌,加强墙体和木构架的连接,使两者能协同工作。围护墙与柱之间拉结强度不足时,应增加可靠拉结措施,改善墙体的性能。

(7) 屋顶的抗震措施

减轻屋顶自重是屋顶抗震中比较关键的一步。地震中重屋盖房屋破坏比轻屋盖房屋的破坏较重。屋顶越重晃动越猛烈,所以屋顶应选用轻质材料做屋面。对于瓦屋顶木结构房屋,可以采用下面的做法:用对开细竹条密编的篾笆,铺在椽子上,并用篾皮缚紧。瓦衣上面填苦背泥,厚 5~6 cm,再铺上瓦片,板瓦边缘与苦背泥之间的空隙,用石灰填实。这种做法可以使瓦片在地震中不易滑落松动。有 300 多年历史的房屋用上述做法做的屋面,经历了多少次强震后仍能基本保持原状,这种屋面的做法起了一定的抗震作用。

5. 普通砖混结构的主要抗震构造措施

普通砖砌筑的墙体,除卧砌实心砖墙外,还有空斗墙、18 墙和 12 墙。这三种墙在地震区使用时,必须采取加强措施。首先,房屋的高度应加以限制;其次,在施工中,除应确保施工质量外,还须在墙体联结处加砖垛、拉结钢筋等。在屋顶和楼层下加砌一砖宽的卧砌实心砖带(不少于三匹砖)。这样,梁(屋架)或楼板的支承,不但加宽了,而且较为坚固。

为了使砌体受力尽可能比较均匀,各类砌体中的块材在砌筑时都必须上下错缝。纵墙与横墙、内墙与外墙结合要牢靠,墙体之间互相依靠,方能更好地共同发挥抗震作用。

(1) 砌筑工艺

抄平放线 → 摆砖 → 立皮数杆 → 盘角、挂线 → 砌筑、勾缝。

砌筑操作方法各地不一,但应保证砌筑质量要求。通常采用"三一砌砖法",即一块砖、一铲灰、一揉压,并随手将挤出的砂浆刮去的砌筑方法。这种砌法的优点是灰缝容易饱满、黏结力好、墙面整洁。

(2) 施工要点

① 全部砖墙应平行砌起,砖层必须水平,砖层正确位置用皮数杆控制,基础和每楼层砌完后必须校对一次水平、轴线和标高,在允许偏差范围内,其偏差值应在基础或楼板顶面调整。

② 砖墙的水平灰缝和竖向灰缝宽度一般为 10 mm,但不小于 8 mm,也不应大于 12 mm。水平灰缝的砂浆饱满度不得低于 80%,竖向灰缝宜采用挤浆或加浆方法,使其砂浆饱满,严禁用水冲浆灌缝。

③ 砖墙的转角处和交接处应同时砌筑。对不能同时砌筑而又必须留槎时,应砌成斜

槎,如图 1-61 所示。

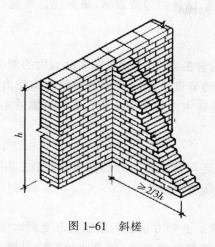

图 1-61　斜槎

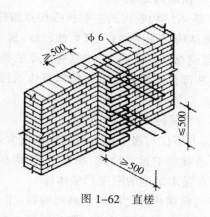

图 1-62　直槎

④ 隔墙与承重墙不便留斜槎时,于承重墙中引出阳槎,灰缝中预埋拉结筋,每道不少于 2 根,如图 1-62 所示。

⑤ 每层承重墙的最上一皮砖、梁或梁垫的下面及挑檐、腰线等处,应是整砖丁砌。填充墙砌至接近梁、板底时,应留一定空隙,待填充墙砌筑完并至少间隔 7 天后,再将其补砌挤紧。

⑥ 砖墙中留置临时施工洞口时,其侧边离交接处的墙面不应小于 500 mm,洞口净宽度不应超过 1 m。

⑦ 砖墙相邻工作段的高度差,不得超过一个楼层的高度,也不宜大于 4 m。砖墙每天砌筑高度以不超过 1.8 m 为宜。

⑧ 在下列墙体或部位中不得留设脚手眼:120 mm 厚墙、料石清水墙和独立柱;过梁上与过梁成 60°角的三角形范围及过梁净跨度 1/2 的高度范围内;宽度小于 1 m 的窗间墙;砌体门窗洞口两侧 200 mm 和转角处 450 mm 范围内;梁或梁垫下及其左右 500 mm 范围内;设计不允许设置脚手眼的部位。

（3）其他构造措施

为了保证房屋具有必要的抗震能力,除使结构具有必要的强度外,一系列的构造措施也可以提高房屋结构的延性和刚度。如:注意纵横墙、内外墙间的拉接,增设钢筋混凝土构造柱和圈梁等。

6. 砖木结构的主要抗震构造措施

砖木结构常以砖作外墙,门窗、屋顶、梁、柱、楼板均为木质。

（1）砖木类建筑在不同地震烈度的震害特征

① 墙体严重剪切裂缝,砖附壁柱剪切破坏并局部崩落。有的房屋由于墙体外闪,致使屋盖系统整体塌落。

② 砖木结构房屋基本上无倒塌现象,但挑檐木水平错动,墙体剪切裂缝较重,屋内吊顶塌落等。

③ 砖木结构房屋没有倒塌的,墙体有较轻的剪切裂缝,屋面挂瓦震落,屋内粉刷掉落,

出屋顶烟囱部分倒塌,女儿墙外甩等。

④ 此类房屋的屋顶楼板交接处产生水平裂缝,墙体有轻微裂缝,屋面挂瓦震乱,女儿墙外闪,出屋顶烟囱倒塌等。

(2) 砖木结构农房的主要抗震构造措施

砖木结构房屋刚度较小,柔性较好,房屋结构自振周期长,承受竖向地震力的能力较强。我国震害调查结果表明,砖木结构房屋的梁与柱的节点及柱的根部是房屋结构受力较大的部位,这些部位的牢固程度和结构整体的强度,是砖木结构房屋抗震性能和抗震效果好坏的关键。

① 适当减轻屋顶的重量

地震力不仅与房屋的重量成比例增大,而且还与其重量所处的高度成正比。屋顶的重量大小,直接影响抗震性能,如采用轻、薄材料制作屋顶的各层次。

② 增强木结构的刚度和整体性

第一,纵横构件之间插入斜向构件,作为斜撑。此种方法是利用四边形受到水平推力容易变形,而三角形并不变形的简单原理。在保护建筑的维修中,要求此种新增斜撑,必须置于隐蔽部位,如檐墙、槛墙内。

第二,四周交圈的檩枋等构件。由于原结构中,相邻构件之间仅凭简单榫卯,整体性不强。一般采用铁板条或扒锔加固。

第三,阁楼建筑中上层的木地板,是可以考虑增强整体结构刚度的部位在有条件的地方,于暗层增加地板下部的水平斜撑,或采用纵横铺设两层地板的方法,都能收到较好的抗震效果。

第四,利用新型材料加固木构件及其节点。纳米复合纤维材料,纤维增强塑料(FRP)等都具有高强度、低密度、耐腐蚀、形状可塑等诸多优点的新型建筑结构修复和增强材料。

③ 增加墙体的刚度。

通常可采用提高砂浆标号或在墙体中适当增加抗震钢筋。

用钢筋水泥砂浆面层加固墙体。此方法可以使墙体的强度、变形和耗能能力增加,可用来加固部分和全部抗剪强度不足的墙体。但由于它对纵横墙起不到连接作用,当连接较差时,可加拉杆,以形成对房屋体系的完整加固。

对墙体局部加固可用增设钢筋混凝土套层法、型钢加固法等。

采用其他新型材料加固墙体,如前述纳米复合纤维材料,纤维增强塑料等。

④ 隔震加固方案

隔震加固方案中隔震层可设置在待加固结构的不同部位,如基础、中间层等,也可设置在房屋的顶层,同时起到结构加层和抗震加固的目的,而且直接在屋顶施工,对用户造成的影响较小。目前,也有学者提出将隔震装置安放在结构的柱间、柱头或柱脚处,利用其耗能特性来减小层间位移,防止结构倒塌,而且便于施工。因此,隔震层的设置位置问题仍有待进一步研究。

第五节　环保节能与绿色建筑

一、农房建设与使用过程中能耗与环境现状

据 2012 年统计,目前我国建筑能耗约占全社会总能耗的 1/3,而农村建筑能耗占全国建筑能源消耗(煤、电、秸秆和薪柴)总量的 40% 左右,见图 1—63。虽然农村居民人均耗能量低于城市,但大都是粗放式的,如秸秆的直接燃烧。

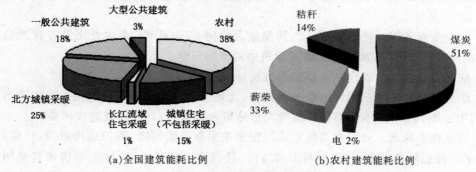

(a)全国建筑能耗比例　　　　　(b)农村建筑能耗比例

图 1—63　全国建筑能耗情况

(引自:中国建筑节能年度发展研究报告)

农村的炊事用能往往与采暖结合在一起。由于秸秆、薪柴等生物质在农村是免费能源,尽管能源利用效率低下,但其仍然是农村的主要炊事用能来源。在湖南、湖北、四川、江西等生物质资源丰富的省份,生物质能作为农户炊事主要燃料的比例差不多占到一半。

相对采暖而言,农村夏季室内降温能耗还是比较低。由于目前农村夏季降温方式以开窗通风为主,辅以电风扇,少量安装空调。因此,无论是南方还是北方农村,夏季降温能耗占生活能耗比例还不大。而其他家用电器在农村家庭中的使用,受经济水平所限,目前并不多,但有极大的增长空间。对于照明,虽然农村家庭优先采取自然采光,有助于节约能源;但是由于各种原因,目前农村建筑照明设施中白炽灯的使用率远高于城市,造成照明效率低。

还有,农村居室内环境污染现象也比较普遍,居室内生物性、物理性、化学性污染不同程度存在。其原因主要是:

① 建筑物性能。功能房间布局的不合理,不利于污染物及时排空。

② 技术系统。煤炭、秸秆和薪柴的低效、直接燃烧等,缺乏科学的通风排烟措施。

③ 行为模式。人员有在室内吸烟等不良生活卫生习惯,以及随便散养家禽等。

在房屋建设过程中,由于技术条件和施工手段的限制以及认识的不足,农民建房时多选用落后的建材,比如说采用在很多城市已被禁用的粘土砖,建筑节能效果较差。有些农民为了省钱,甚至直接在自家承包的地里挖土烧砖,破坏了宝贵的土地资源,还造成了环境污染。可以看出相比城市的建造方式,我国农村住宅的建造处于一种不可持续、盲目无序的状态,没有实现规模化和产业化。中国许多农村的传统建造方式已经导致了耕地资源减少,环境污染严重,建筑材料的浪费,住宅的舒适性极差等严重后果,落后的技术和产品充斥农村住

房市场,而适合于农村的材料和技术却得不到推广和应用。

针对目前中国农村的实际情况,建筑节能的工作重点应该放在以下两个方面:

① 改善农村建筑围护结构性能,并因地制宜地发展采暖技术,以减少农村采暖能耗;

② 通过技术创新,促进与鼓励生物质能源在农村的广泛利用,并辅以可再生能源的利用,控制盲目使用商品能源,甚至完全替代非商品能源,以缓解当前能源紧张、供应压力的问题。

据统计,我国的建筑能耗是同等气候条件下发达国家的 3～4 倍,其中,农村居住建筑能耗是同等气候条件发达国家的 5 倍 以上。出现上述情况的原因主要有以下几个方面:

① 建筑构造技术落后,能源利用率偏低。由于受经济条件制约,我国农村无法大范围推广低能耗生态农房,所以研究和探索一种前期投入少、回报周期短的低能耗生态农房十分必要。

② 缺少节能意识。传统思想认为我国地大物博,受其影响,多数农民没有意识到我国乃至全世界的能源危机,从而忽视农村建筑中的节能问题。

③ 缺乏专业设计。农房基本都为自行设计。

④ 作为农村主要生活燃料的薪柴和秸秆,其热效率一般仅为 10％ 左右,即使采用节能灶,利用率也不到 30％,不仅损失和浪费大量热量和资源,而且对环境造成污染。

⑤ 节能技术缺乏。农民在房屋建设过程中未采取节能措施,围护结构单薄,外墙过厚,屋顶未采用保温隔热措施,门窗材料多为玻璃,且窗墙面积过大,再加上平房建筑在同等保温隔热条件下自身能耗比城市多层建筑多 10％～30％,致使农房建筑的保温隔热性能无法保障。

二、环保节能的农房建设技术

1. 农房节能设计

(1) 农房选址

选址时房屋不宜布置在山谷、洼地、沟底等凹形地域。这主要是考虑冬季冷气流在凹地里形成对建筑物的"霜洞"效应,位于凹地的建筑若保持所需的室内温度所耗的能量将会增加,见图 1—64。

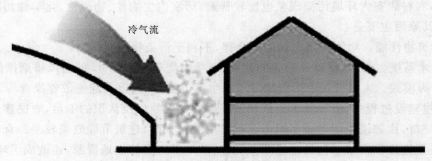

冷气流

图1—64　"霜洞"效应

(2) 住宅平面布局

① 住宅的朝向对其采光、自然通风有很大影响。因此,住宅在"最佳朝向"的选择上应

依据地理条件与气候条件等进行。如南方住宅设计要求坐北朝南,并要注重穿堂风形成,保证夏季通风纳凉,见图1—65。

图1-65 夏季形成"穿堂风"

② 住宅的南向设封闭的外走廊,夏天用来遮阳,隔热,冬天可以形成日光间来保温。

③ 采用两户或多户联立式布置形式以降低建筑的体形系数,降低建筑能耗。

④ 在满足功能要求的前提下,进行热环境的合理分区。将厨房、储藏等辅助用房布置在北向;卧室、起居室等主要用房布置在南向。

⑤ 设置"过渡空间",在住宅进门设置门厅、过厅,从而有效地阻止室内外空气的直接对流,形成过渡区。

（3）住宅围护结构

① 外墙。通过外墙散失的热量占到整个围护结构总能耗的25%～28%,其材料的选取和性能对整个空间热环境有重大的影响。目前在夏热冬冷地区农村住宅的外墙体设计中,主要是外墙外保温。在材料方面,要依据当地既有的建材资源,合理选择承重材料,同时在设计中要灵活选取构造措施,利用当地易取得的保温隔热材料(如炉渣,木屑,稻壳)等来获得墙体良好的保温隔热效果。外墙浅色方面,饰面采用白色饰面和浅色外涂装,也可减少对夏季太阳辐射的吸收。

② 屋面。目前,农村住宅通过屋面传递的能量约占整个围护结构总能耗的15%左右。采用坡屋顶,设置架空层,也可做吊顶。选用导热系数小,吸水率低的保温隔热材料。

③ 外窗。其能耗量约占整个围护结构总能耗的30%以上。采用双层窗或单框中空玻璃窗。在满足采光,通风的条件下,合理控制窗墙比。

2. 新能源的开发和应用

（1）沼气的开发利用

沼气是种生物能源,目前适于农村住宅的模式是"四位一体"。该模式以土地资源为基础,太阳能为动力,沼气为纽带,将日光温室、畜禽养殖,沼气建设和蔬菜(花卉)种植有机结合,使四者相互依存,优势互补,从而实现产气和积肥同步,种植养殖并举,能流物流的良性循环。

（2）太阳能的开发和利用

目前在农村住宅中的用途主要是太阳能供热水。现在除了提供沐浴,做饭和洗涤用热水外,还可以应用于采暖系统,太阳能低温地板辐射采暖系统是太阳能热水利用的又一突破,特别适合应用在没有集中供暖的农村低层住宅。

（3）地源热泵

我国浅层地温能分布广泛且储量大，专家测算我国浅表地层数百米内的土壤砂石和地下水中所蕴藏的低温热能可达我国目前发电装机容量 4 亿 kw 的 3 750 倍，而百米内地下水每年可采集的低温能量也有 2 亿 kw。其优点是：

① 较低的能量消耗；

② 免费或低费用的提供生活热水；

③ 改善了建筑外观；

④ 较低的环境影响；

⑤ 较低的维护费用；

⑥ 运行灵活，经久耐用；

⑦ 全年满足温、湿度要求；

⑧ 分区供热和制冷，适合应用在农村成片建设的低层住宅。

二、绿色建筑与绿色农房建设

1. 绿色建筑概述

我们应该将"绿色农房"归为"绿色建筑"的范畴，而"绿色建筑"是近年来在全世界流行的一个新事物。绿色建筑是指在建筑的全寿命周期内，最大限度地节约资源（节能、节地、节水、节材）、保护环境和减少污染，为人们提供健康、适用和高效的使用空间，与自然和谐共生的建筑。

在芝加哥科学与工业博物馆里建有一幢名为"Smart Home"的绿色建筑。使用预制构件来建造房屋结构，使施工周期缩短；如使用玻璃屋面瓦、玻璃墙砖等可回收或重复利用的材料，以降低原材资源的消耗；使用木质家具、竹质地板，降低对环境资源的影响；使用低水流淋浴喷头、双键控制马桶、感应式水龙头等器具，以节约水资源的消耗；采用屋面雨水收集系统与房屋生活用水收集系统，提高水资源二次利用；通过屋面植被系统、外墙保温隔热体系、地采暖、无叶片电风扇、室内天井设计等技术应用，使得房屋保暖、隔热、通风性能大大提升；应用 LED 光源、大规格保温外窗、感应式灯光自控系统、屋面太阳能采集等技术，使得电能消耗得到有效控制。

据计算，按以上手段建成的这栋"绿色建筑"相比一栋类似规模的普通建筑一年内在采暖、制冷、水、电等方面可降低能耗近 50%。Smart Home 向世人展示了绿色建筑的发展方向，同时为推动绿色建筑发展发挥着重要的启示作用。

绿色建筑的基本内涵可归纳为：减轻建筑对环境的负荷，节约能源及资源；提供安全、健康、舒适性良好的生活空间；与自然环境亲和，减少城市发展对地球生态的影响，做到人及建筑与环境的和谐共处、可持续发展。绿色建筑的内涵应当涵盖了建筑的全寿命周期，在这一周期内最大限度地节能、节地、节水、节材；最大限度地保护环境，减少二氧化碳排放；最大限度地为人们提供健康、适用和高效的使用空间。

绿色建筑理念包括的几个具体方面：

① 节能能源：采用节能的建筑围护结构以及减少采暖和空调的使用。根据自然通风的原理设置风冷系统，使建筑能够有效地利用季节的主导风向。建筑采用适应当地气候条件

的平面形式及总体布局。

② 节约资源:在建筑设计、建造和建筑材料的选择中,均考虑资源的合理使用和处置。要减少资源的使用,力求使资源可再生利用。节约水资源,包括绿化的节约用水。

③ 健康的生活环境:建筑内部不使用对人体有害的建筑材料和装修材料。室内空气清新,温、湿度适当,使居住者感觉良好,身心健康。

图 1-66　芝加哥绿色建筑"Smart Home"

④ 适宜的地理环境:土壤中不存在有毒、有害物质,地温适宜,地下水纯净,地磁适中。

⑤ 尽可能采用天然材料:建筑中采用的木材、树皮、竹材、石块、石灰、油漆等材料要经过检验处理,确保对人体无害。

⑥ 再生能源使用:设置太阳能采暖、热水、发电及风力发电装置,以充分利用环境提供的天然可再生能源。

⑦ 回归自然:绿色建筑外部要强调与周边环境相融合,和谐一致、动静互补,做到保护自然生态环境。

2. 绿色农房建设

目前,我国许多地区已启动绿色农民示范房建设,部分建筑采用了多项绿色农房建设方法和技术。在政府层面出台技术导则,大力推广太阳能光热利用、生物质能利用、围护结构保温隔热、雨水回收利用、省柴节煤灶等农房实用节能技术,探索建设绿色小城镇和绿色农房。

2013 年 12 月,住房城乡建设、部工业和信息化部发布《关于开展绿色农房建设的通知》(建村〔2013〕190 号),强调提高农房建筑质量,改善农房舒适性和安全性,强化农房节能减排;力求延长农房使用寿命,提升农房的宜居性。要求各地要按照《绿色农房建设导则(试行)》制定绿色农房建设技术细则。主要建设任务有:

① 推广新型抗震夯土农房等技术成熟的乡土绿色建筑,保持建筑的民族和地域特色,

提升质量安全性能,优化功能布局,提高居住舒适性。各地在推进乡土绿色建筑时要求做到就地取材、经济易行、施工简便,要为当地居民所认可,容易复制和推广。

② 引导各地结合本地区实际,选择条件合适的地点,开展绿色农房示范。总结绿色农房适宜技术,改造技术,提升居住质量、舒适性和安全性。

③ 推动绿色建材下乡,要求各地结合当地绿色农房建设实际需要,引导当地有序发展绿色建材,加快调整区域建材产业结构,为绿色农房建设提供有力支撑,结合绿色农房建设带动绿色建材深入乡村,引导农村建材市场向绿色消费升级。积极向建房农户宣传介绍适合当地绿色农房建设、经济的绿色建材,推广应用节能门窗、轻型保温砌块(砖)、陶瓷薄砖、节水洁具、水性涂料等绿色建材产品。经济条件较好的农村地区可推广使用轻钢结构的新型房屋。

第二章　建筑识图

第一节　建筑工程施工图识读概述

一、建筑工程施工图的作用与分类

1. 建筑概述

建筑是建筑物和构筑物的总称，是为了满足人们进行社会生活的各种需要而建造的房屋和场所。

（1）建筑物的分类

建筑按使用性质分为民用建筑、工业建筑和农业建筑。

民用建筑是指供人们居住及进行社会活动等非生产行为的建筑，它又可分为居住建筑和公共建筑。居住建筑是指供人们生活起居用的建筑，包括住宅、公寓、宿舍等。公共建筑是指供人们进行社会活动用的建筑，主要包括办公、科教、文体、商业、医疗、广播、邮电、托幼、交通、展览、观演、园林、纪念建筑等。

工业建筑是指供人们进行生产活动的建筑，包括生产用建筑及辅助生产、动力、运输、仓储用建筑。

农业建筑是指供人们进行农牧业的种植、养殖、储存等用途的建筑。

建筑按承重结构所用材料分为混合结构、钢筋混凝土结构、钢结构、木结构、砖木结构等。

（2）民用建筑的构造组成

建筑物一般由基础、墙或柱、楼地层、屋顶、楼梯、门窗组成，如图 2-1 所示。它们在建筑物的不同部位发挥着不同的作用。基础是建筑物墙或柱埋在土层以下的承重构件，它承受建筑物的全部荷载，并把这些荷载均匀地传给地基，是建筑物的重要组成部分。

墙和柱是建筑物的承重和围护构件。墙体根据建筑物的结构形式及所在位置，分别起着承重、分隔和围护作用。

楼地层是楼房建筑中的水平承重构件。它包括底层地面和中间的楼板层，起着承重、分层及对墙体的水平支撑作用。

楼梯是楼房建筑的垂直交通设施，起着供人们上下楼层和紧急疏散的作用。

门窗属于非承重构件，门主要起着内外交通联系、分隔房间和围护作用，并能进行采光和通风；窗主要起着采光和通风的作用，同时也是围护结构的一部分。

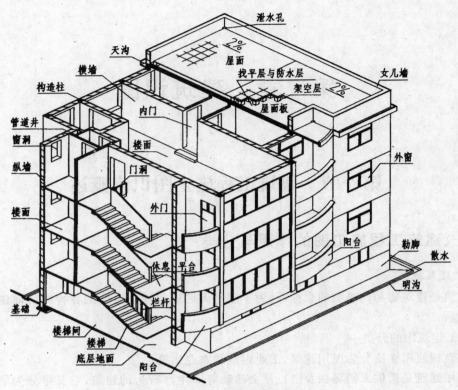

图 2-1　房屋的构造及组成

建筑物除了上述几个主要组成部分外,对不同使用功能的建筑还有一些附属的构件和配件,如散水、明沟、台阶、阳台、雨篷等,这些构配件也可称为建筑的次要组成部分。

2.建筑工程施工图的分类

建筑工程施工图按专业工种分为建筑施工图、结构施工图、设备施工图。

(1)建筑施工图简称为建施,主要表达建筑物的平面形式、房间分布、内外交通联系、立面造型、装饰装修及各组成部分的构造做法。

(2)结构施工图简称为结施,主要表达建筑物的结构形式,结构平面布置,结构构件的尺寸、形状和材料做法。

(3)设备施工图简称为设施,主要表达建筑物室内给排水,电气照明,采暖通风的管网和设备的位置、规格、类型及构造做法。它包括给排水施工图、电气照明施工图、采暖通风施工图。

3.建筑工程施工图的作用

建筑工程施工图是设计人员根据建设方的要求和国家标准的规定,将拟建建筑工程用图形和适当的文字说明表达出来,用以作为建筑工程施工准备、施工及竣工验收的依据。它是工程界的通用语言,是一种技术文件。

二、建筑工程施工图的编排顺序

一套完整的建筑工程施工图按照图纸目录、设计说明、建筑施工图、结构施工图、设备施工图的顺序编排,其编排原则一般是全局性的图纸在前,局部性的图纸在后;先施工的在前,后施工的在后;重要的图纸在前,次要的图纸在后。

三、建筑工程施工图绘制的相关规定

1. 定位轴线

(1) 定位轴线的作用

定位轴线是确定建筑物结构构件平面位置的基线，是建筑物定位放线的依据。

(2) 定位轴线的表示方法

定位轴线用细单点长划线绘制，轴线的端部要用细实线绘制直径为 8～10 mm 的圆圈进行轴线编号。定位轴线圆的圆心应在轴线的延长线上或延长线的折线上。横线编号应用阿拉伯数字按从左至右顺序编写，竖向编号应用大写拉丁字母按从下至上顺序编写，如图 2－2 所示。拉丁字母 I、O、Z 不能用来作轴向编号。

附加轴线的编号采用分数表示，其中分母表示前一轴线的编号，分子表示附加轴线的编号，如图 2－3 所示。

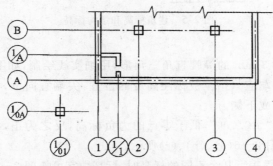

B
1/A
A
1/0A
1/01
1
1/1
2
3
4

图 2–2 定位轴线的编号

1/2
表示2号轴线之后附加的第一根轴线
1/01
表示1号轴线之前附加的第一根轴线
3/C
表示C号轴线之后附加的第三根轴线
3/0A
表示A号轴线之前附加的第三根轴线

图 2–3 附加轴线的编号

在详图中，若一个详图适合于几根轴线时，应同时将各有关轴线注明，如图 2－4 所示。通用详图中的定位轴线只画圆圈，不注写编号。

1
3
1
3
用于2根轴线时
1
3,6,…
用于3根或3根
以上轴线时
1
~
15
用于3根以上连续
编号的轴线时

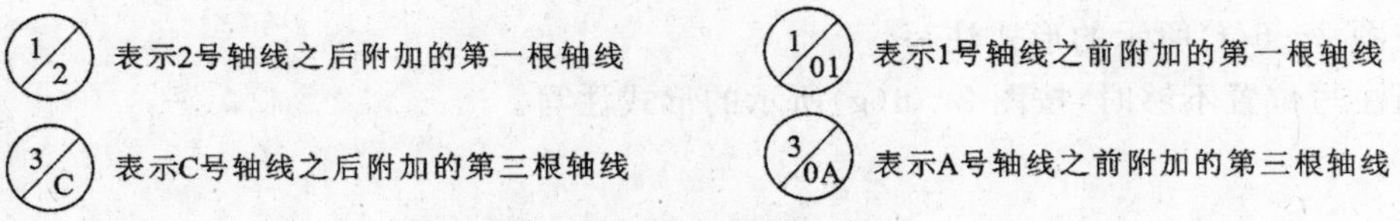

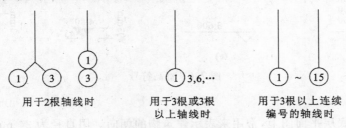

图 2–4 详图的轴线编号

2. 标高

标高是标注建筑物高度方向尺寸的一种表达形式，以米为单位，总平面图注写到小数点后第二位，其他图样注写到小数点后第三位。

（1）标高的类型

标高有绝对标高和相对标高两种,绝对标高是以青岛附近的黄海平均海平面作为零点而测定的高度,相对标高是以建筑物室内底层地面作为零点而测定的高度。建筑工程施工图中除总平面图用绝对标高外,其余一律采用相对标高。相对标高有建筑标高和结构标高两种,建筑标高是指注写在建筑物装饰层表面的标高;结构标高是指注写在建筑物结构构件表面的标高,如图 2—5 所示。

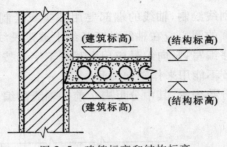

图 2-5　建筑标高和结构标高

（2）标高符号

标高符号是高度约 3 mm 的等腰直角三角形,用细实线绘制,如图 2—6 所示。立面图、剖面图中标高符号的尖端应只指至被标注高度的位置,尖端宜向下,也可向上,标高数字应注写在标高符号的上侧或下侧。

零点标高应注写成"±0.000",低于零点的为负标高,反之为正,负标高前面应注"—",正高前面不注"+",如图 2—6(a)、(b)、(c)所示。

在图样的同一位置需表示几个不同的标高时,标高数字可按图 2—6(d)所示的形式注写。

平面图及总平面图室内地坪标高不加引线,如图 2—6(e)所示。总平面图的室外地坪标高按图 2—6(f)所示的形式注写。

当注写位置不够时,按图 2—6(g)所示的形式注写。

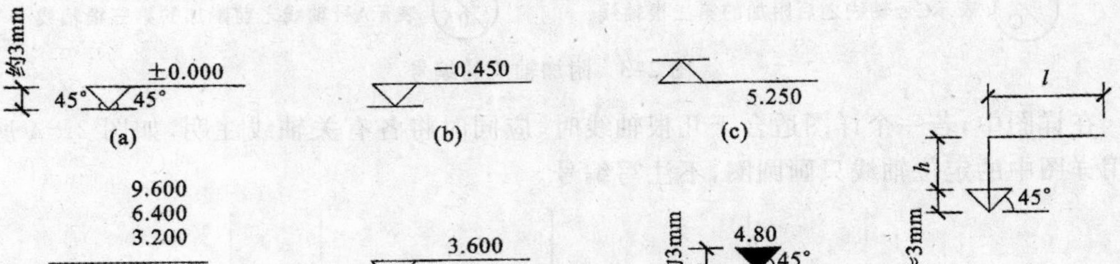

图 2-6　标高符号

3. 指北针

指北针画在底层平面图上,常用来表示建筑物的朝向。用直径为 24 mm 的细实线圆绘制,指北针尾部的宽度为 3 mm,指针头部应注写"北"或"N",如图 2—7 所示。

4. 对称符号

当图形完全对称时,可以只画出该图形的一半,并画出对称符号。对称符号有对称线和两端的两对平行线组成。对称线用细单点长划线绘制,平行线用细实线绘制,长度为 6～10

mm,每对的间距宜为 2～3 mm,且对称线两侧的长度应相等,如图 2-8 所示。

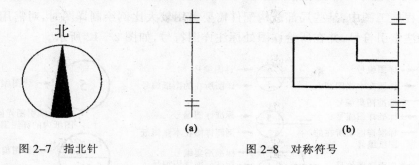

图 2-7 指北针　　　　　图 2-8 对称符号

5. 等距记号

等距记号"@"表示,用于中心距离相等的尺寸标注,如 $\varphi6@200$,表示直径为 6 mm 的若干钢筋,其中心距为 200 mm。

6. 引出线

在建筑工程施工图中,某些部位需要用文字说明时,常用引出线从该部位引出进行标注。引出线用细实线绘制,宜采用水平方向的直线,也可以用 30°、45°、60°、90°的直线引出后再折为水平线。文字说明宜注写在水平线的上方或端部,详图索引的引出线应与水平线相连接,如图 2-9 所示。

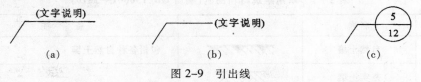

图 2-9 引出线

同时引出几个相同部分的引出线宜相互平行,也可画成集中于一点的放射线,如图 2-10 所示。

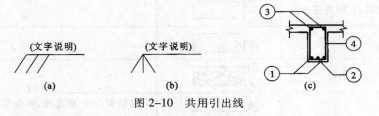

图 2-10 共用引出线

多层构造共用引出线时,应通过被引出的各层,如图 2-11 所示。

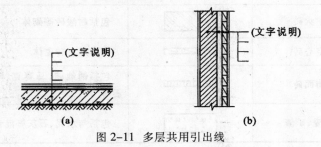

图 2-11 多层共用引出线

7. 详图索引符号与详图符号

建筑工程施工图中,某些局部或构配件需要另用较大比例绘制详图时,对需用详图表达的部位应标注索引符号,并在所绘详图处标注详图符号,如图 2—12 所示。

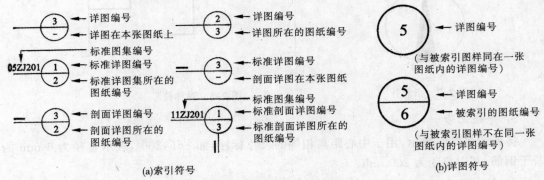

(a)索引符号　　　　　　　　　　　　　　(b)详图符号

图 2-12　索引符号和详图符号

8. 常用建筑材料图例

在建筑工程施工图中,为了简化画图,表达清楚建筑物各部分所用材料,国家标准规定了一系列图形代表建筑材料,如表 2—1 所示。

表 2—1　常用建筑材料图例(摘自 GB/T50001—2010)

序号	名称	图例	备注
1	自然土壤		包括各种自然土壤
2	夯实土壤		—
3	砂、灰土		—
4	砂砾石、碎砖三合土		—
5	石材		—
6	毛石		—
7	普通砖		包括实心砖、多孔砖、砌块等砌体。断面较窄不易绘出图例线时,可涂红,并在图纸备注中加注说明,画出该材料图例
8	耐火砖		包括耐酸砖等砌体
9	空心砖		指非承重砖砌体
10	饰面砖		包括铺地砖、马赛克、陶瓷锦砖、人造大理石等
11	焦渣、矿渣		包括与水泥、石灰等混合而成的材料

序号	名称	图例	备注
12	混凝土		1. 本图例指能承重的混凝土及钢筋混凝土； 2. 包括各种强度等级、骨料、添加剂的混凝土；
13	钢筋混凝土		3. 在剖面图上画出钢筋时，不画图例线； 4. 断面图形小，不易画出图例线时，可涂黑
14	多孔材料		包括水泥珍珠岩、沥青珍珠岩、泡沫混凝土、非承重加气混凝土、软木、蛭石制品等
15	纤维材料	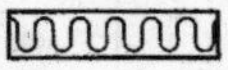	包括矿棉、岩棉、玻璃棉、麻丝、木丝板、纤维板等
16	泡沫塑料材料	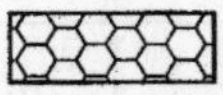	包括聚苯乙烯、聚乙烯、聚氨酯等多孔聚合物类材料
17	木材		1. 上图为横断面，左上图为垫木、木砖或木龙骨； 2. 下图为纵断面
18	胶合板		应注明为×层胶合板
19	石膏板	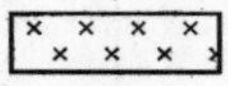	包括圆孔和方孔石膏板、防水石膏板、硅钙板、防火板等
20	金属		1. 包括各种金属； 2. 图形小时，可涂黑
21	网状材料		1. 包括金属、塑料网状材料； 2. 应注明具体材料名称
22	液体		应注明具体液体名称
23	玻璃		包括平板玻璃、磨砂玻璃、夹丝玻璃、钢化玻璃、中空玻璃、夹层玻璃、镀膜玻璃等
24	橡胶		—
25	塑料		包括各种软、硬塑料及有机玻璃等
26	防水材料		构造层次多或比例大时，采用上图例
27	粉刷		本图例采用较稀的点

注：序号1、2、5、7、8、13、14、16、17、18图例中的斜线、短斜线、交叉斜线等均为45°。

9．总图制图图例

在建筑总平面图中，为了简化画图，表达清楚，国家标准规定了一系列图形代表建筑物等，如表2—2所示。

表 2—2　总平面图图例(摘自 GB/T50103—2010)

序号	名称	图　例	备　注
1	新建建筑物	X= Y= ① 12F/2D H=59.00m	新建建筑物以粗实线表示与室外地坪相接处±0.00外墙定位轮廓线。 建筑物一般以±0.00高度处的外墙定位轴线交叉点坐标定位。轴线用细实线表示,并标明轴线号。 根据不同设计阶段标注建筑编号,地上、地下层数,建筑高度,建筑出入口位置(两种表示方法均可,但同一图纸采用一种表示方法)。 地下建筑物以粗虚线表示其轮廓。 建筑上部(±0.00以上)外挑建筑用细实线表示。 建筑物上部连廊用细虚线表示并标注位置
2	原有建筑物		用细实线表示
3	计划扩建的预留地或建筑物		用中粗虚线表示
4	拆除的建筑物		用细实线表示
5	铺砌场地		—
6	围墙及大门		
7	台阶及无障碍坡道	1. 2.	1. 表示台阶(级数仅为示意); 2. 表示无障碍坡道
8	坐标	1. X=105.00 Y=425.00 2. A=105.00 B=425.00	1. 表示地形测量坐标系; 2. 表示自设坐标系,坐标数字平行于建筑标注
9	填挖边坡		—
10	室内地坪标高	151.00 ▽(±0.00)	数字平行于建筑物书写
11	室外地坪标高	▼ 143.00	室外标高也可采用等高线
12	盲道		
13	地下车库入口		机动车停车场
14	地面露天停车场		—
15	原有道路		—
16	计划扩建的道路		—

10. 建筑构配件图例

在建筑施工图中,为了简化画图,表达清楚,国家标准规定了一系列图形代表建筑构配件等,如表 2—3 所示。

表 2—3　建筑构造及配件图例(摘自 GB/T50104—2010)

序号	名称	图　例	备　注
7	台阶	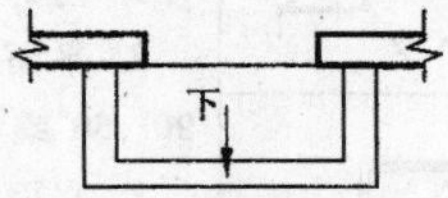	—
8	烟道	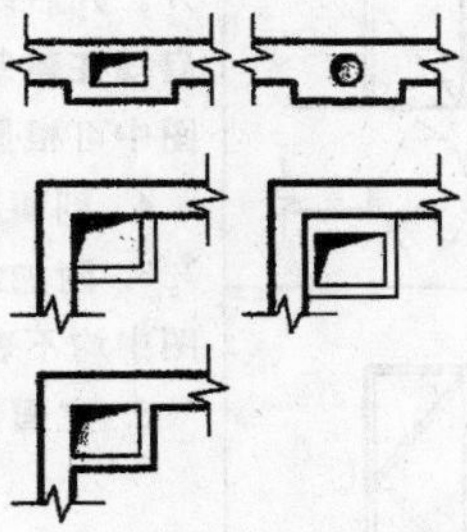	1. 阴影部分亦可填充灰度或涂色代替; 2. 烟道、风道与墙体为相同材料,其相接处墙身线应连通; 3. 烟道、风道根据需要增加不同材料的内衬
9	风道	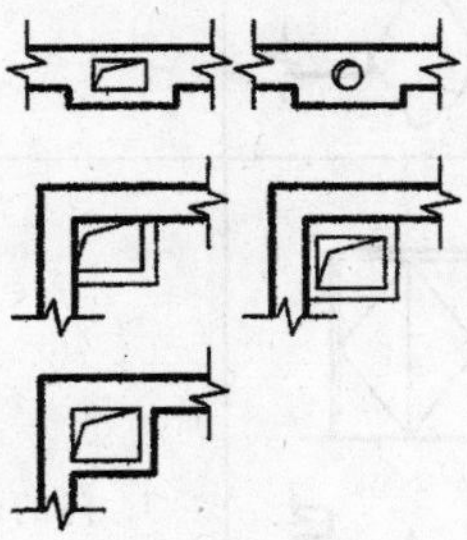	
10	新建的墙和窗	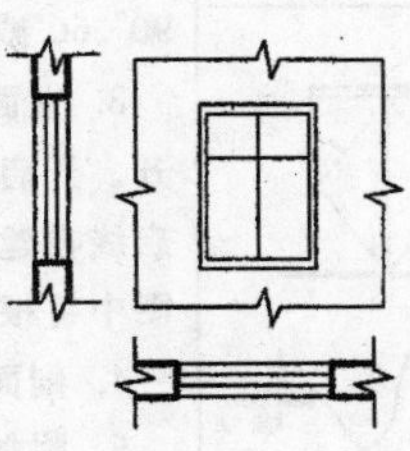	
11	空门洞	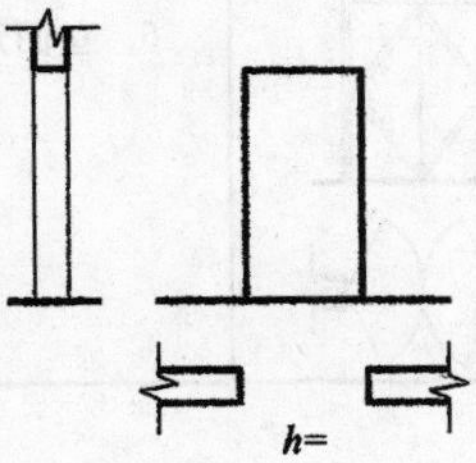	h 为门洞高度

序号	名称	图 例	备 注
12	单面开启单扇门（包括平开或单面弹簧）	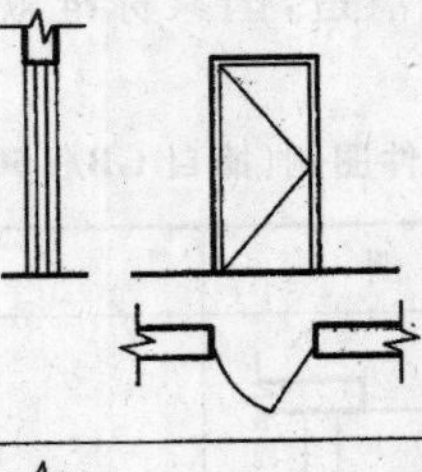	1. 门的名称代号用 M 表示。 2. 平面图中，下为外，上为内。门开启线为90°、60°或45°，开启弧线宜绘出。 3. 立面图中，开启线实线为外开，虚线为内开。开启线交角的一侧为安装合页一侧。开启线在建筑立面图中可不表示，在立面大样图中可根据需要绘出。 4. 剖面图中，左为外，右为内。 5. 附加纱扇应以文字说明，在平、立、剖面图中均不表示。 6. 立面形式应按实际情况绘制
	双面开启单扇门（包括双面平开或双面弹簧）	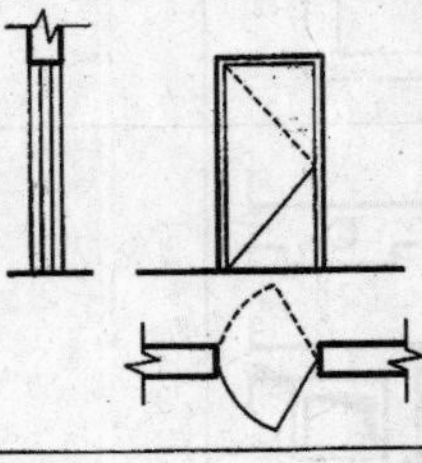	
	双层单扇平开门	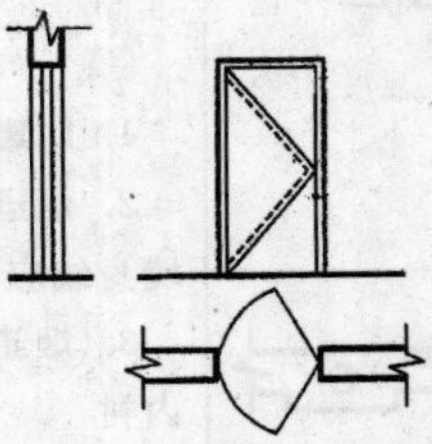	
13	单面开启双扇门（包括平开或单面弹簧）	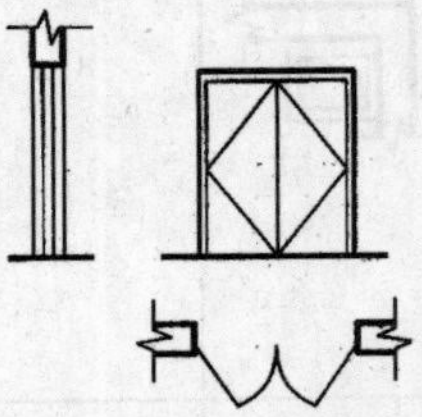	1. 门的名称代号用 M 表示。 2. 平面图中，下为外，上为内。门开启线为90°、60°或 45°，开启弧线宜绘出。 3. 立面图中，开启线实线为外开，虚线为内开。开启线交角的一侧为安装合页一侧。开启线在建筑立面图中可不表示，在立面大样图中可根据需要绘出。 4. 剖面图中，左为外，右为内。 5. 附加纱扇应以文字说明，在平、立、剖面图中均不表示。 6. 立面形式应按实际情况绘制
	双面开启双扇门（包括双面平开或双面弹簧）	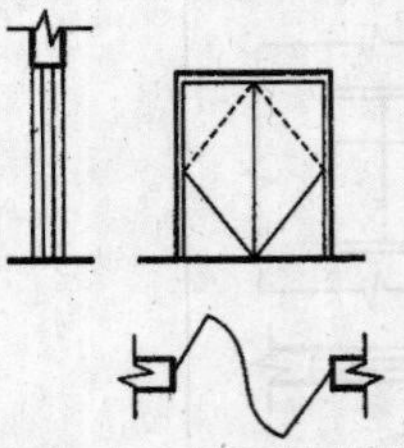	
	双层双扇平开门	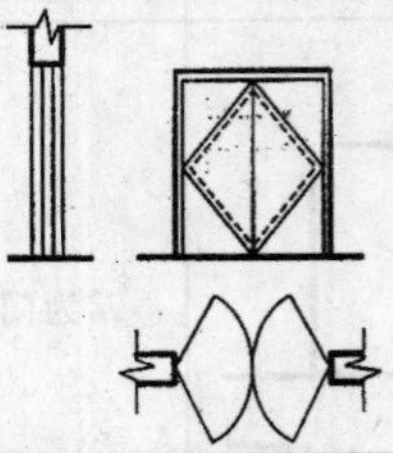	

序号	名称	图　例	备　注
14	墙洞外单扇推拉门	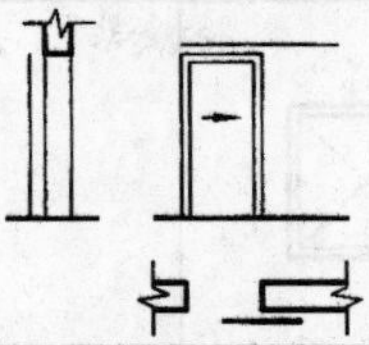	1. 门的名称代号用 M 表示； 2. 平面图中，下为外，上为内； 3. 剖面图中，左为外，右为内； 4. 立面形式应按实际情况绘制
	墙洞外双扇推拉门		
	墙中单扇推拉门	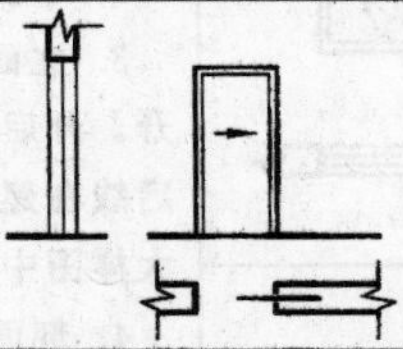	1. 门的名称代号用 M 表示； 2. 立面形式应按实际情况绘制
	墙中双扇推拉门		
15	固定窗	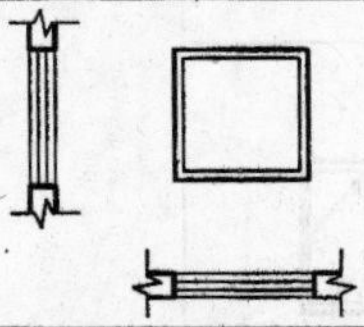	1. 窗的名称代号用 C 表示。 2. 平面图中，下为外，上为内。 3. 立面图中，开启线实线为外开，虚线为内开。开启线交角的一侧为安装合页一侧。开启线在建筑立面图中可不表示，在门窗立面大样图中需绘出。 4. 剖面图中，左为外、右为内。虚线仅表示开启方向，项目设计不表示。 5. 附加纱窗应以文字说明，在平、立、剖面图中均不表示。 6. 立面形式应按实际情况绘制
16	上悬窗		
	中悬窗		
17	下悬窗		

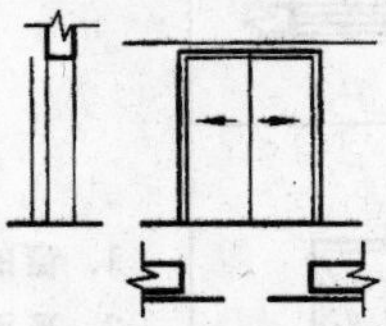

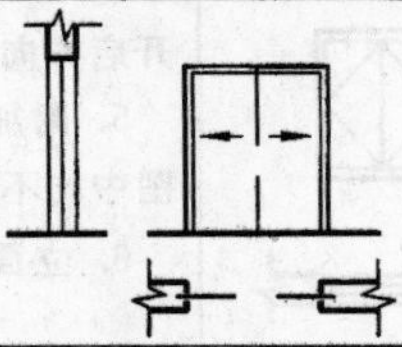

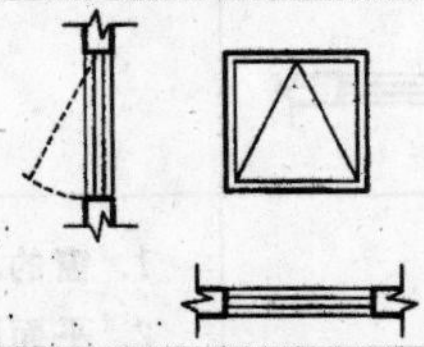

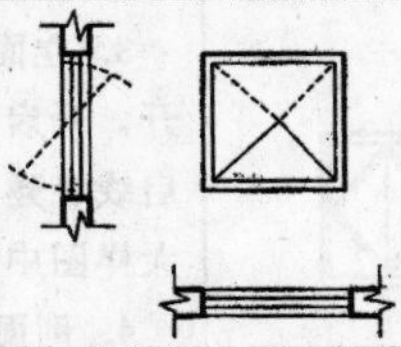

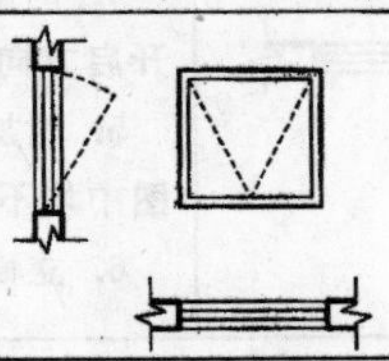

序号	名称	图　例	备　注
18	立转窗		
19	内开平开内倾窗	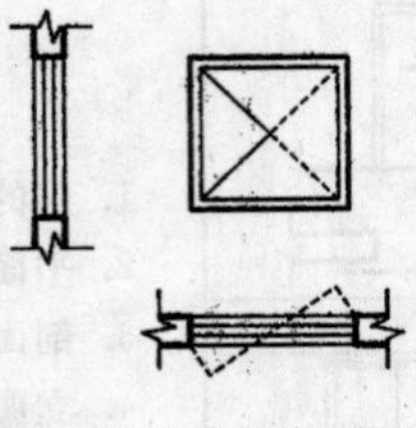	1. 窗的名称代号用 C 表示。 2. 平面图中，下为外，上为内。 3. 立面图中，开启线实线为外开，虚线为内开。开启线交角的一侧为安装合页一侧。开启线在建筑立面图中可不表示，在门窗立面大样图中需绘出。 4. 剖面图中，左为外，右为内。虚线仅表示开启方向，项目设计不表示。 5. 附加纱窗应以文字说明，在平、立、剖面图中均不表示。 6. 立面形式应按实际情况绘制
20	单层外开平开窗		
	单层内开平开窗		
21	双层内外开平开窗	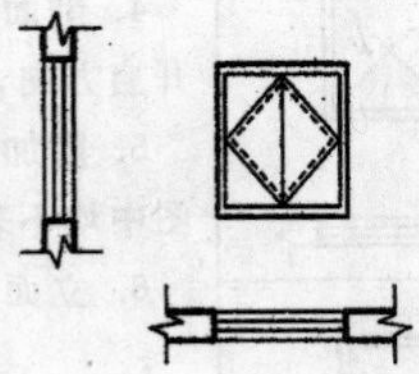	1. 窗的名称代号用 C 表示。 2. 平面图中，下为外，上为内。 3. 立面图中，开启线实线为外开，虚线为内开。开启线交角的一侧为安装合页一侧。开启线在建筑立面图中可不表示，在门窗立面大样图中需绘出。 4. 剖面图中，左为外，右为内。虚线仅表示开启方向，项目设计不表示。 5. 附加纱窗应以文字说明，在平、立、剖面图中均不表示。 6. 立面形式应按实际情况绘制

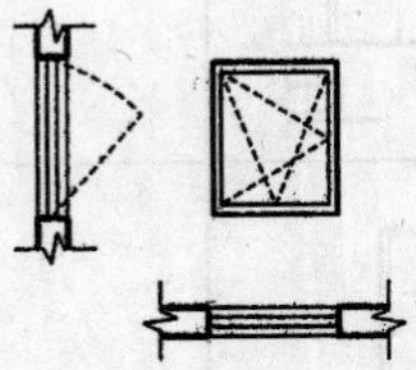

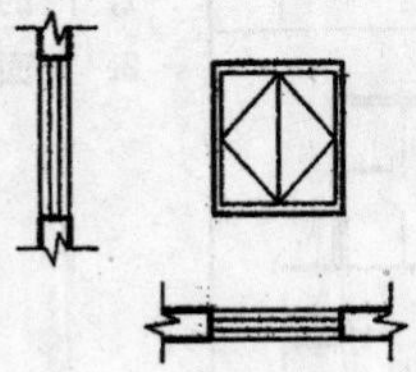

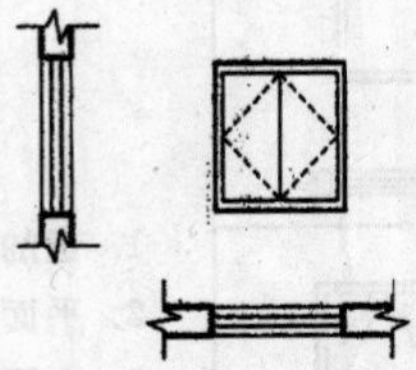

序号	名称	图例	备注
22	单层推拉窗		1. 窗的名称代号用C表示； 2. 立面形式应按实际情况绘制
	双层推拉窗		1. 窗的名称代号用C表示； 2. 立面形式应按实际情况绘制
23	上推窗		1. 窗的名称代号用C表示 2. 立面形式应按实际情况绘制

11. 结构制图图例

在结构施工图中，为了简化画图，表达清楚，国家标准规定了一系列图形符号代表建筑构件等，如表2—4所示。

表2—4 常用构件代号(摘自 GB/T50105—2010)

序号	名称	代号	序号	名称	代号	序号	名称	代号
1	板	B	19	圈梁	QL	37	承台	CT
2	屋面板	WB	20	过梁	GL	38	设备基础	SJ
3	空心板	KB	21	连系梁	LL	39	桩	ZH
4	槽形板	CB	22	基础梁	TL	40	挡土墙	DQ
5	折板	ZB	23	楼梯梁	TL	41	地沟	DG
6	密肋板	MB	24	框架梁	KL	42	柱间支撑	ZC
7	楼梯板	TB	25	框支梁	KZL	43	垂直支撑	CC
8	盖板或沟盖板	GB	26	屋面框架梁	WKL	44	水平支撑	SC
9	挡雨板或檐口板	YB	27	檩条	LT	45	梯	T
10	吊车安全走道板	DB	28	屋架	WJ	46	雨篷	YP
11	墙板	QB	29	托架	TJ	47	阳台	YT
12	天沟板	TGB	30	天窗架	CJ	48	梁垫	LD
13	梁	L	31	框架	KJ	49	预埋件	M—
14	屋面梁	WL	32	刚架	GJ	50	天窗端壁	TD
15	吊车梁	DL	33	支架	ZJ	51	钢筋网	W
16	单轨吊车梁	DDL	34	柱	Z	52	钢筋骨架	G
17	轨道连接	DGL	35	框架柱	KZ	53	基础	J
18	车挡	CD	36	构造柱	GZ	54	暗柱	AZ

注：① 预制钢筋混凝土构件、现浇钢筋混凝土构件、钢构件和木构件，一般可以采用本表中的构件代

号。在绘图中除混凝土构件可以不注明材料代号外,其他材料的构件可在构件代号前加注材料代号,并在图纸中加以说明。

② 预应力钢筋混凝土构件的代号,应在构件代号前加注"Y－",如 Y－DL 表示预应力钢筋混凝土吊车梁。

12. 给排水制图图例

在给排水施工图中,为了简化画图,表达清楚,国家标准规定了一系列图形符号代表卫生设备、管道等,如表 2－5 所示。

表 2－5　给排水工程图图例

序号	名　称	图　例	序号	名　称	图　例
1	生活给水管	——— J ———	14	水嘴	平面　系统
2	热水给水管	——— RJ ———	15	皮带水嘴	 平面　系统
3	热水回水管	——— RH ———	16	通气帽	成品　蘑菇形
4	中水给水管	——— ZJ ———	17	圆形地漏	 平面　系统
5	污水管	——— W ———	18	清扫口	 平面　系统
6	立管检查口	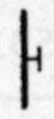	19	坐式大便器	
7	截止阀		20	蹲式大便器	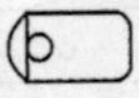
8	自动喷洒头（闭式,下喷）	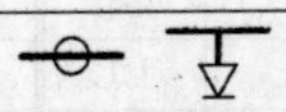 平面　系统	21	自动喷洒头（闭式上喷）	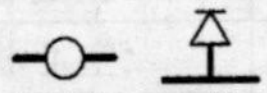 平面　系统
9	多孔管		22	污水池	
10	延时自闭冲洗阀		23	淋浴喷头	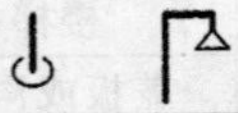
11	存水弯	P形 　S形	24	矩形化粪池	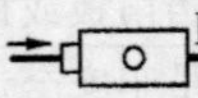 HC
12	立式洗脸盆		25	水表井（与流量计同）	
13	合式洗脸盆		26	室内消火栓(双向)	

13. 电气制图图例

在电气照明施工图中,为了简化画图,表达清楚,国家标准规定了一系列图形符号代表电气设备、线路等,如表 2－6 所示。

表 2—6 常用电气图例符号

图 例	名 称	备 注	图 例	名 称	备 注
	屏、台、箱、柜一般符号			壁灯	
	动力或动力-照明配电箱			广照型灯（配照型灯）	
	照明配电箱（屏）			防水防尘灯	
	事故照明配电箱（屏）			开关一般符号	
MDF	总配线架			单极开关	
IDF	中间配线架			单极开关（暗装）	
	壁龛交接箱			双极开关	
	分线盒的一般符号			双极开关（暗装）	
	室内分线盒			三极开关	
	室外分线盒			三极开关（暗装）	
	灯的一般符号			单相插座	
	球形灯			暗装单相插座	
	顶棚灯			密闭（防水）单相插座	
	花灯			防爆单相插座	
	弯灯			带保护极的插座	
	荧光灯			带接地插孔的单相插座（暗装）	
	三管荧光灯			带接地插孔的密闭（防水）单相插座	
	五管荧光灯			带接地插孔的防爆单相插座	

图　例	名　　称	备　注	图　例	名　　称	备　注
	带接地插孔的三相插座			2 根导线	
	带接地插孔的三相插座（暗装）			3 根导线	
	插座箱（板）		3	3 根导线	
Ⓐ	指示式电流表		n	n 根导线	
Ⓥ	指示式电压表			传声器一般符号	
cosφ	功率因数表			扬声器一般符号	
Wh	有功电能表（瓦时计）			感烟探测器	
	匹配终端			感光火灾探测器	
	电信插座的一般符号，可用以下的文字或符号区别不同插座： TP—电话 FX—传真 M—传声器 FM—调频 TV—电视			气体火灾探测器	
				感温探测器	
				手动火灾报警按钮	
				水流指示器	
t	单极限时开关		★	火灾报警控制器	
	调光器			火灾报警电话机（对讲电话机）	
8	钥匙开关		FEL	应急疏散指示标志灯	
	电铃		EL	应急疏散照明灯	
	天线一般符号			消火栓	
▷	放大器一般符号			有接地极接地装置 无接地极接地装置	
	两路分配器		F	电话线路	
	三路分配器		V	视频线路	
	四路分配器		B	广播线路	

图　例	名　称	备　注	图　例	名　称	备　注
	双绕组变压器	形式1 形式2		电源自动切换箱（屏）	
				隔离开关	
	三绕组变压器	形式1 形式2		接触器（在非动作位置触点断开）	
				断路器	
	电流互感器 脉冲变压器	形式1 形式2		熔断器一般符号	
				熔断器式开关	
	电压互感器	形式1 形式2		熔断器式隔离开关	
				避雷器	

第二节　建筑制图基本常识

一、建筑制图标准的相关规定

为了准确完整地表达设计意图,满足施工等方面的要求,做到建筑工程制图统一、清晰,提高制图效率,国家颁布实施了建筑制图国家标准。我国现行的建筑制图国家标准有《房屋建筑制图统一标准》(GB/T50001-2010)、《建筑制图标准》(GB/T50104-2010)。

1. 图幅

图幅是指图纸幅面。"国标"规定图幅有 A0、A1、A2、A3、A4 五种规格,幅面尺寸大小如表 2-7 所示。

表 2-7　图幅级图框尺寸(mm)

横面代号 尺寸代号	A_0	A_1	A_2	A_3	A_4
$b \times l$	841×1189	594×841	420×594	297×420	210×297
c		10			5
a			25		

图纸有横式和立式两种幅面,图纸中应有图框线、标题栏、幅面线、装订边线和对中标志。横式幅面的图纸按图 2-13 的形式布置。

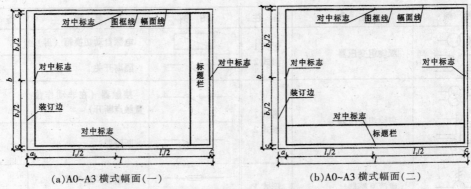

（a）A0~A3 横式幅面（一）　　　　　　（b）A0~A3 横式幅面（二）

图 2-13　A0~A3 横式幅面

立式幅面的图纸按图 2-14 的形式布置。

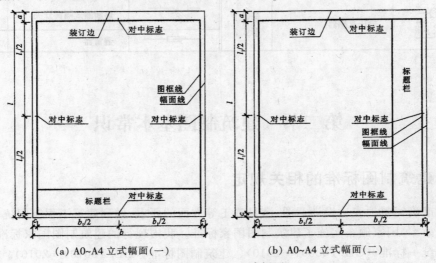

（a）A0~A4 立式幅面（一）　　　　　　（b）A0~A4 立式幅面（二）

图 2-14　A0~A4 立式幅面

图纸的标题栏应符合图 2-15 的规定，根据工程的需要选择确定其尺寸、格式及分区。签字栏应包括实名列和签名列，并应符合图 2-15 的规定。

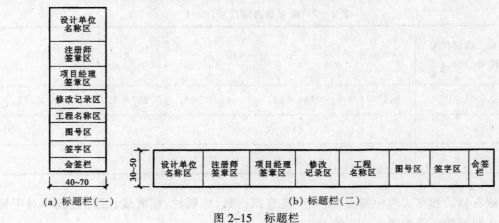

（a）标题栏（一）　　　　　　　　（b）标题栏（二）

图 2-15　标题栏

2. 图线

为了使图样层次分明、清晰易懂,《房屋建筑制图统一标准》(GB/T50001—2010)对建筑工程施工图样中图线的名称、线型、线宽、用途都做了规定,如表2—8所示。

表2—8　图线

名称		线型	线宽	用途
实线	粗	———————	b	1. 平、剖面图中被剖切的主要建筑构造(包括构配件)的轮廓线; 2. 建筑立面图或室内立面图的外轮廓线; 3. 建筑构造详图中被剖切的主要部分的轮廓线; 4. 建筑构配件详图中的外轮廓线; 5. 平、立、剖面的剖切符号
	中粗	———————	$0.7b$	1. 平、剖面图中被剖切的次要建筑构造(包括构配件)的轮廓线; 2. 建筑平、立、剖面图中建筑构配件的轮廓线; 3. 建筑构造详图及建筑构配件详图中的一般轮廓线
实线	中	———————	$0.5b$	小于$0.7b$的图形线、尺寸线、尺寸界限、索引符号、标高符号、详图材料做法引出线、粉刷线、保温层线、地面及墙面的高差分界线等
	细	———————	$0.25b$	图例填充线、家具线、纹样线等
虚线	中粗	— — — — —	$0.7b$	1. 建筑构造详图及建筑构配件不可见的轮廓线; 2. 平面图中的起重机(吊车)轮廓线; 3. 拟建、扩建建筑物轮廓线
	中	- - - - - -	$0.5b$	投影线、小于$0.5b$的不可见轮廓线
	细	- - - - - -	$0.25b$	图例填充线、家具线等
单点长画线	粗	— · — · —	b	起重机(吊车)轨道线
	细	— · — · —	$0.25b$	中心线、对称线、定位轴线
折断线	细	——∿——	$0.25b$	部分省略表示时的断开界线
波浪线	细	∿∿∿	$0.25b$	部分省略表示时的断开界线;曲线形构件间断开界限;构造层次的断开界限

注:地平线宽可用$1.4b$。

3. 字体

施工图中书写的汉字、数字、字母或符号等,均应笔画清晰、字体端正、排列整齐;标点符号应清楚正确。

汉字书写应符合国家有关汉字简化方案的规定,宜写成长仿宋体或黑体,如图2—16所示。数字和字母可根据需要写成斜体或直体,如图2—17所示。

10号

排列整齐字体端正笔画清晰注意起落

7号

字体笔画基本上是横平竖直结构匀称写字前先画好格子

5号

阿拉伯数字拉丁字母罗马数字和汉字并列书写时它们的字高比汉字高小

3.5号

专业班级绘制描图审核校对序号名称材料件数备注比例重共第张工程种类设计负责人平立剖
侧截断面轴测示意主俯仰前后左右视向东南西北中心内外高低顶底长宽厚尺寸分厘米矩方

图 2-16　长仿宋体汉字字例

（1）拉丁字母

ABCDEFGHIJKLMN abcdefghijklmn
OPQRSTUVWXYZ opqrstuvwxyz

（2）阿拉伯数字

0123456789　　0123456789

（3）罗马数字

I II III IV V VI VII VIII IX X

图 2-17　数字与字母示例

4. 比例

图样的比例是指图形与实物相应要素的线性尺寸之比。绘制工程图时需要按合适的比例将其缩小或放大绘制在图纸上,图形尺寸是标注实物的实际尺寸数字。

比例的符号是":",应以阿拉伯数字表示,如 1:10、1:50、1:100 等。比例的大小是指其比值的大小,如 1:50 大于 1:100。

5. 尺寸标注

注写尺寸是图样的组成部分,是建筑施工的重要依据,因此,尺寸标注应准确、完整、清晰。

（1）线性尺寸的标注方法

线性尺寸由尺寸线、尺寸界线、尺寸起止符号和尺寸数字组成,如图 2-18 所示。

尺寸的排列与布置要求如图 2-19 所示。

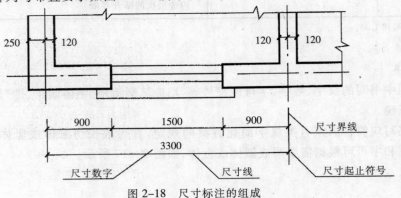

图 2-18　尺寸标注的组成

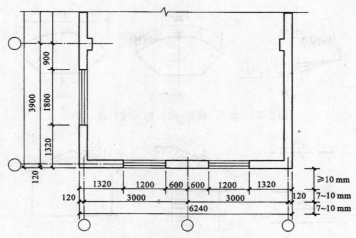

图 2-19 尺寸的排列与布置

（2）半径、直径、角度及坡度的尺寸标注

半径、直径、角度及坡度的尺寸标注如图 2—20～图 2—24 所示。

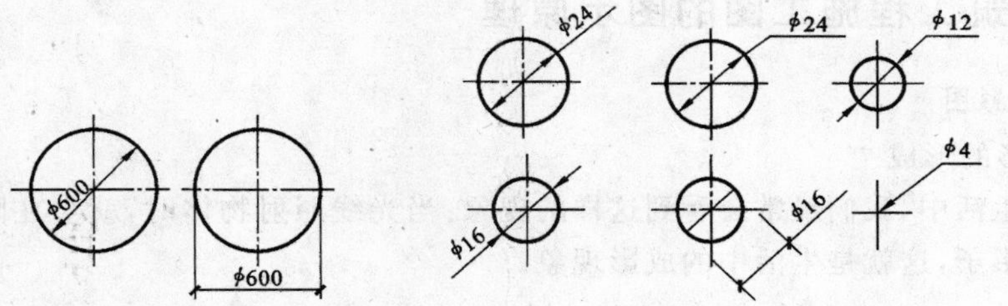

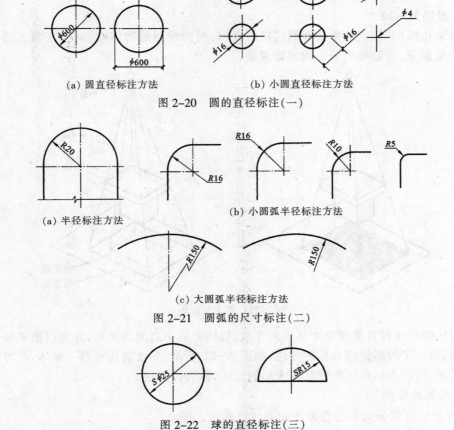

（a）圆直径标注方法　　　　　（b）小圆直径标注方法

图 2-20　圆的直径标注（一）

（a）半径标注方法　　　　　（b）小圆弧半径标注方法

（c）大圆弧半径标注方法

图 2-21　圆弧的尺寸标注（二）

图 2-22　球的直径标注（三）

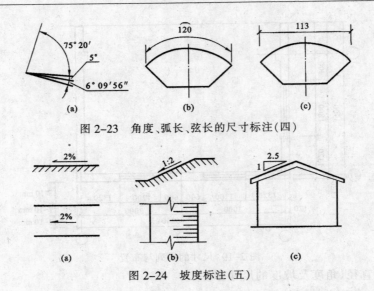

图 2-23　角度、弧长、弦长的尺寸标注(四)

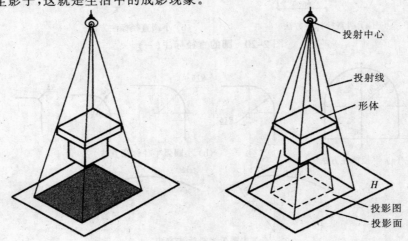

图 2-24　坡度标注(五)

二、建筑工程施工图的图示原理

1. 正投影图

（1）投影的形成

在日常生活中,我们经常会看到这样的现象:当光线照射物体时,就会在附近的地面或墙面上产生影子,这就是生活中的成影现象。

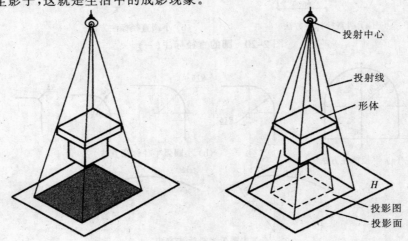

图 2-25　影子与投影

人们从影子这种自然现象中认识到光线、物体和影子之间的关系,并加以抽象分析和科学总结,归纳出了投影原理和作图方法,如图 2-25 所示,即投射线投射一形体,在投影面上产生投影图,用以表达形体的形状和大小的方法,称为投影法。

（2）投影的分类

① 投影法可以分为中心投影法和平行投影法。

中心投影法:投影线交汇于一点的投影方法称为中心投影法,如图 2-26(a)所示。

② 平行投影法:投影线相互平行的投影方法称为平行投影法。根据投影线与投影面的位置关系,平行投影法又分为正投影法和斜投影法,如图 2—26(b)、(c)所示。

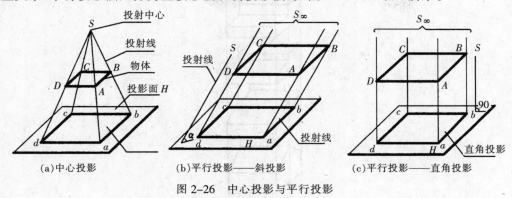

(a)中心投影　　　(b)平行投影——斜投影　　　(c)平行投影——直角投影

图 2-26　中心投影与平行投影

（3）平行投影的投影特性（图 2—27）

度量性:当直线或平面平行于投影面时,直线的投影反映实长、平面的投影反映实形。

积聚性:当直线或平面垂直于投影面时,直线的投影反映积聚为一点、平面的投影积聚为一直线。

类似性:当直线或平面倾斜于投影面时,直线的投影缩短、平面的投影缩小。

平行性:空间平行的两直线,其投影仍然平行。

定比性:直线上一点在空间分直线为一定比例,投影后比值不变。

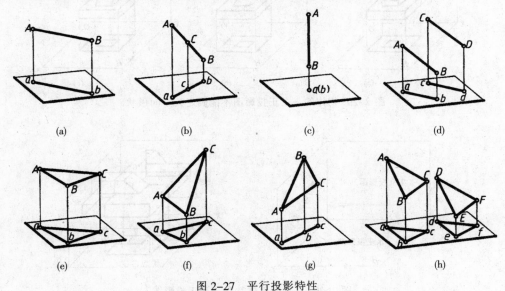

(a)　　　　(b)　　　　(c)　　　　(d)

(e)　　　　(f)　　　　(g)　　　　(h)

图 2-27　平行投影特性

2. 形体的三面正投影图

（1）三面正投影的形成

图 2—28 为空间 4 个不同形状的形体,它们在同一投影面上的投影却是相同的,由此可知,用一个投影图无法准确完整地表达出形体的形状和大小。而有的形体用两个正投影图也不能准确地反映其空间形状,如图 2—29 所示。

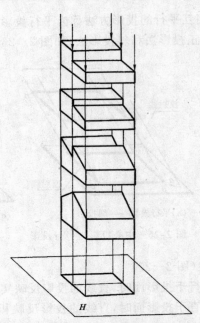

图 2-28 物体的一个正投影图不能确定其空间形状

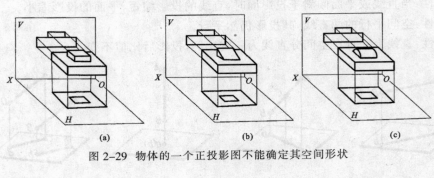

图 2-29 物体的一个正投影图不能确定其空间形状

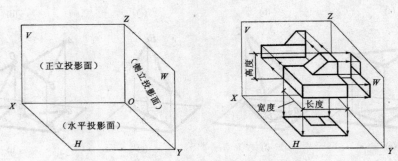

图 2-30 三投影面体系和三面正投影图

通常将形体放在三个互相垂直相交的投影面所构成的三投影面体系中,如图 2-30 所示。用正投影法作出形体在三个投影面上的投影图,即为三面正投影图。这样能比较准确完整地表达形体的空间形状和大小。

三投影面体系中:

　　水平位置的投影面称为水平投影面，简称水平面，用字母 H 表示。水平投影面上的投影图称为水平投影图，简称 H 投影。

　　正立位置的投影面称为正立投影面，简称正立面，用字母 V 表示。正立投影面上的投影图称为正立投影图，简称 V 投影。

　　侧立位置的投影面称为侧立投影面，简称侧立面，用字母 W 表示。侧立投影面上的投影图称为侧立投影图，简称 W 投影。

　　三个投影面两两垂直相交，其交线 OX、OY、OZ 称为投影轴，交点称为原点。OX 轴表示形体的长度方向，OY 轴表示形体的宽度方向，OZ 轴表示形体的高度方向。

　　（2）三面正投影图的展开

　　为了画图方便，需将三面正投影图展开，展开的方法是：V 面保持不动，H 面绕 OX 轴向下转 90°，W 面绕 OZ 轴向右转 90°，使其展开在一个平面上，如图 2−31 所示。

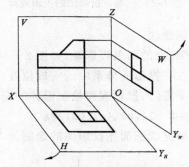

图 2−31　三面正投影图的展开

　　（3）三面正投影图的投影规律

　　如图 2−32(a)、(b)所示，形体的水平投影反映形体的前后、左右关系，正面投影反映形体的上下、左右关系，形体的侧立投影反映形体的前后、上下关系。因此，形体的三面正投影具有如下的投影规律：

　　长对正——水平投影与正立投影等长；

　　宽相等——水平投影与侧立投影等宽；

　　高平齐——正立投影与侧立投影等高。

即形体的三面正投影图具有"长对正、高平齐、宽相等"的三等关系，如图 2−33 所示。

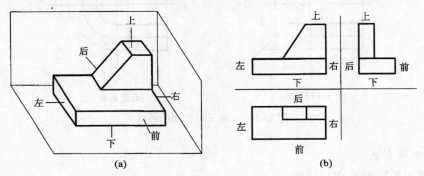

图 2−32　三面正投影图中形体的方位关系

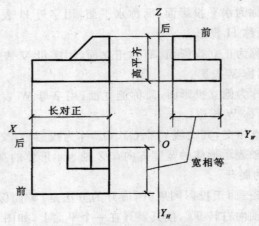

图 2-33　三面正投影图的投影规律

（4）形体的三面正投影图的画法

① 画出水平和垂直的十字相交的两条投影轴，如图 2-34（a）所示。

② 识读形体，并确定形体在三投影面体系中的安放位置。

③ 按"长对正、宽相等、高平齐"的投影规律绘制形体的三面正投影图，一般使正面投影较明显地反映形体的特征，如图 2-34（b）、（c）、（d）所示。

④ 按线型要求加深图线，即完成三面正投影图的绘制。

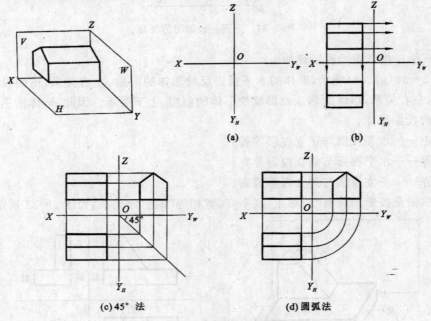

图 2-34　三面正投影图的画法

3．轴测投影图

（1）轴测投影的形成与特性

轴测投影就是把形体连同它的三条坐标轴一起投影到一个投影面上，使得一个投影图能同时反映形体的长、宽、高三个尺度,如图2—35所示。

轴测投影是根据平行投影原理得出的一种投影图,因此,它具有平行投影的一切特性,并且具有立体感,在工程上常用作辅助图样,帮助解决正投影图中难以识别的图形。

(2)轴测投影的分类

轴测投影根据投射线与投影面的位置关系不同,分为正轴测投影图和斜轴测投影图两种:

① 正轴测投影:平行的投射线垂直于投影面投射所得的投影图,称为正轴测投影。根据形体的坐标轴与投影面的位置关系不同,正轴测投影又分为正等测和正二测。如图2—36(a)所示,当形体倾斜于投影面放置,三条互相垂直相交的坐标轴与投影面的倾角都相等时所产生的投影图即为正等测。如图2—36(b)所示,当形体倾斜于投影面,三条互相垂直相交的坐标轴中 OX 轴、OZ 轴与投影面的倾角相等,OY 轴与投影面的倾角不同时所产生的投影图即为正二测。

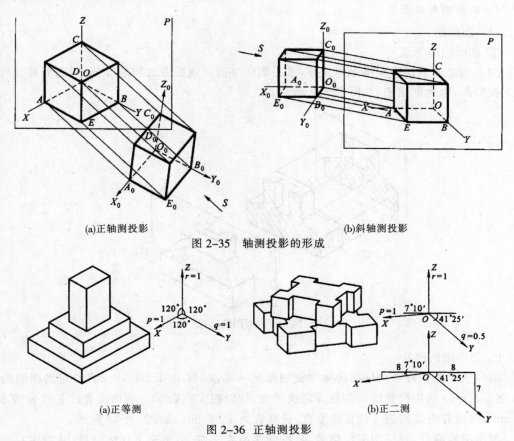

(a)正轴测投影 (b)斜轴测投影

图 2—35 轴测投影的形成

(a)正等测 (b)正二测

图 2—36 正轴测投影

② 斜轴测投影:平行的投射线倾斜于投影面投射所得的投影图,称为斜轴测投影。根据形体的坐标轴与投影面的位置关系不同,斜轴测投影又分为正面斜轴测和水平斜轴测。如图2—37(a)所示,当形体的 OX 轴、OZ 轴平行于投影面,OY 轴垂直于投影面时所产生的投影图即为正面斜轴测。如图2—37(b)所示,当形体的 OX 轴、OY 轴平行于投影面,OZ 轴垂直于投影面时所产生的投影图即为水平斜轴测。

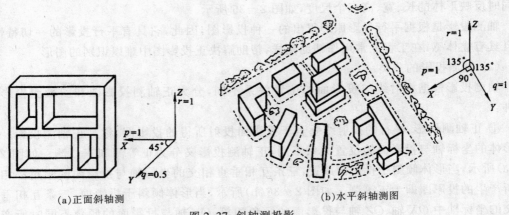

(a)正面斜轴测　　　　　　　　　　　(b)水平斜轴测图

图 2-37　斜轴测投影

4. 剖面图与断面图

(1) 剖面图

① 剖面图的形成

用一假象的剖切平面将形体切开,移去剖切平面与观察者之间的部分,对剩下部分所作的正投影图,称为剖面图,如图 2-38 所示。

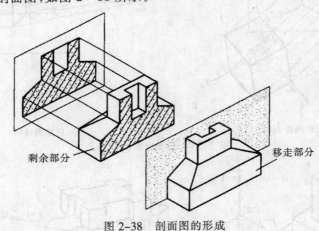

剩余部分　　　　　　　　　　　　　　　移走部分

图 2-38　剖面图的形成

② 剖面图的画法

剖面图的剖切符号:根据《房屋建筑制图统一标准》(GB/T50001—2010)对剖面图的规定,剖切符号由剖切位置线和剖视方向线组成,均以粗实线表示。剖切位置线长度宜为 6～10 mm,剖视方向线与剖切位置线垂直,长度宜为 4～6 mm,如图 2-39 所示。

剖面图的编号:宜采用阿拉伯数字,按顺序由左至右、由下至上连续编排,并应注写在剖视方向线的端部,如 1-1、2-2 等。剖面图画好后应在下方进行标注,如"1-1 剖面图"等。

剖面图的线型:在剖面图中,被剖切平面切到部分的轮廓线用粗实线绘制,剖切平面没有切到,但沿投射方向可以看到的部分的轮廓线用中实线绘制,不可见的轮廓线一般不画。

剖面图的材料图例:剖面图中被剖切开的截面部分,应按国家标准画出形体所用材料的材料图例。

③ 剖面图的分类

按剖切方式的不同,剖面图分为全剖面图、半剖面图、阶梯剖面图、局部剖面图。

全剖面图:用一假想的剖切平面将形体全部切开后所作的剖面图,称为全剖面图,如图2-39所示。

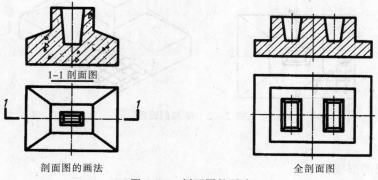

图 2-39 剖面图的画法

半剖面图:当形体对称时,假想剖切去形体的 1/4 后所作的投影图,称为半剖面图,如图2-40所示,即投影的一半表达形体的外形,一半表达内部构造。

阶梯剖面:将剖切平面转折成阶梯形状,沿需要表达部位将形体切剖开后所作的剖面图,称为阶梯剖面,如图2-41所示。

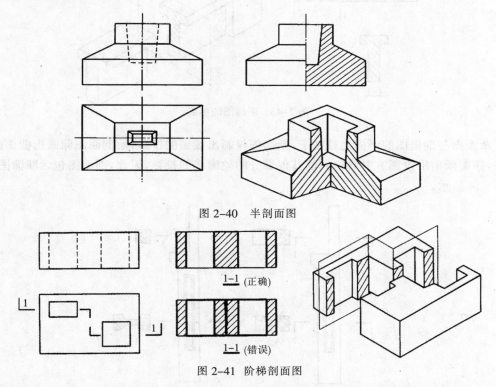

图 2-40 半剖面图

图 2-41 阶梯剖面图

局部剖面图:假想形体被局部的剖面切开后所作的投影图,称为局部剖面图,如图2-42所示。投影图中大部分表达形体的外形,局部表达内部构造。

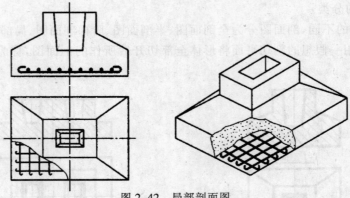

图 2-42　局部剖面图

（2）断面图

① 断面图的形成

用一假想的剖切平面将形体切开，移去剖切平面与观察者之间的部分，对剩下部分的截面所作的正投影图，称为断面图，如图 2-43 所示。

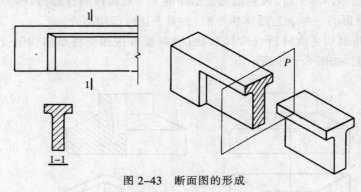

图 2-43　断面图的形成

断面图与剖面图的不同之处在于：断面图仅画出截面的投影，而剖面图除画出截面的投影外，还需画出沿投影方向看得到的其他部分的轮廓线的投影，因此，剖面图包含断面图，如图 2-44 所示。

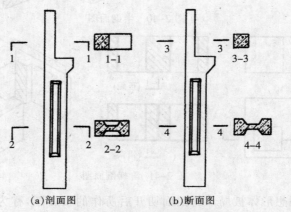

（a）剖面图　　　　　（b）断面图

图 2-44　剖面图与断面图的区别

② 断面图的画法及标注

断面图的剖切符号:根据《房屋建筑制图统一标准》(GB/T50001—2010)对断面图的规定,剖切符号用长 6～10 mm 的粗短划表示剖切平面的位置,剖切线的端部不画垂直线,数字标注方向的一侧表示投影方向,其余同剖面图,如图 2—43 所示。

③ 断面图的种类

断面图分为移出断面图、中断断面图和重合断面图。

移出断面图:断面图绘制在形体的投影图的一侧或端部处,并按顺序一次排列,称为移出断面,如图 2—44(b)所示。

中断断面图:画等截面细长杆件时,通常把断面图画在杆件假想的断开处,称为中断断面,如图 2—45 所示。

图 2-45　中断断面图

重合断面图:将断面图重叠在投影图中,两者重叠在一起,如图 2—46 所示。

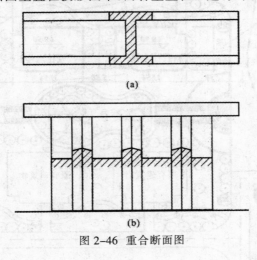

(a)

(b)

图 2-46　重合断面图

第三节　建筑施工图的识读方法

建筑施工图的主要内容有首页图、建筑总平面图、建筑平面图、建筑立面图、建筑剖面图和建筑详图。首页图是全套图纸的第一张,包括图纸目录、设计说明、装修做法表和门窗表,如本章末尾附图所示。

一般识读建筑施工图的顺序是标题栏及图纸目录、设计总说明、建筑平面图、建筑立面图、建筑剖面图、建筑详图。在阅读时还应注意将建筑平面图与立面图、剖面图对照阅读,建筑详图与平面图、立面图、剖面图对照阅读,建施图与其他专业工种的图纸对照阅读。

一、建筑总平面图

1. 建筑总平面图的形成

在画有等高线和坐标方格网的地形图上,画出原有和拟建建筑物外轮廓的水平投影图,称为建筑总平面图,简称为总平面图。它主要表达拟建建筑物的平面形状、位置、朝向,与原有建筑的关系及周围的地形地貌等内容,可作为拟建建筑物定位、施工放线、土方施工及施工总平面布置的依据。

2. 建筑总平面图的图示内容与识读

总平面图由于包括的区域范围大,所以绘制时选用较小比例,常用的比例有 1∶500、1∶1 000、1∶2 000 等。

总平面图上所注尺寸一律以 m 为单位。

下面以图 2—47 所示某小区总平面图为例,说明总平面图的图示内容与识读。

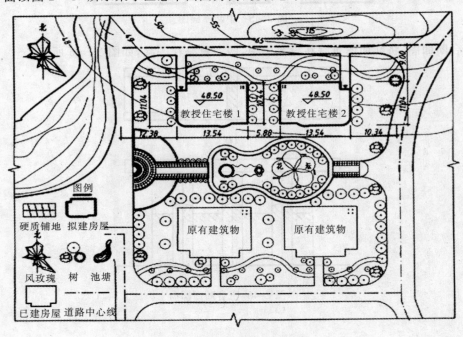

图 2-47　建筑总平面图

(1) 看图名、比例、图例和有关文字说明

从图中可以看出,该图为某小区住宅总平面图,比例 1∶1 000。总平面图的常用图例见表 2—2。

(2) 了解拟建工程性质、周围环境及地形地貌

从图中文字标注可以看出,拟建工程是两栋四层一单元的教授住宅楼,前面有一小型花坛和绿化,左右均有原有道路,后面和左右两侧接原有道路修建新道路,花坛前面有两栋四层一单元的原有住宅楼。

从图中等高线可以看出,该建设场地前面较为平坦,地势前低后高,左低右高。拟建工

程的左边有一池塘,后面有一座小山。

(3) 了解拟建建筑物的平面位置及定位方式

拟建建筑物的定位方式有坐标定位和相对定位两种方式。坐标定位是通过标注建筑物墙角的坐标来确定建筑物的位置,相对定位是通过与原有建筑、道路的距离来确定建筑物的位置。该图拟建建筑物是通过与原有道路中心线的距离来定位的。

(4) 了解拟建建筑物的朝向和建设地点的主导风向

总平面图中一般画有指北针或风向频率玫瑰图,来表示建筑物的朝向或当地的常年风向频率。该图的风向频率玫瑰图表明,该小区拟建建筑物是坐北朝南的,当地常年主导风向是东南风。

(5) 了解拟建建筑物室内外地坪标高

从图中可以看出,该小区拟建建筑物室外地坪标高是 48.05 m,室内地坪标高±0.000,相当于绝对标高的 48.50 m,室内外地坪高差 0.45 m。

二、建筑平面图

1. 建筑平面图的形成

假想用一水平的剖切平面沿房屋各层窗台以上的部位剖开,移开剖切平面以上的部分,对剩下部分由上往下投影所得的水平投影图,称为建筑平面图,简称为平面图。

建筑平面图表达建筑物的平面形状、大小、墙柱的平面位置、门窗的平面位置及类型、房间分布、内外交通联系,是建筑施工放线、砌筑墙体、安装门窗、编制施工预算的依据。

2. 建筑平面图的图示内容与识读

下面以图 2—48 所示某小住宅底层平面图为例,说明建筑平面图的图示内容与识读。

(1) 看图名、比例和图例

建筑平面图的图名一般按其所表示的楼层来确定,如底层平面图、二层平面图等。

建筑平面图常用的绘图比例是 1∶100,也可以用 1∶50 或 1∶200。

建筑平面图常用图例见表 2—3。

(2) 看指北针

一般在底层平面图图形以外标注指北针,表达建筑物的朝向。从图中指北针可了解到该建筑物的朝向是坐北朝南。

(3) 了解建筑物的平面形状、房间分布及室内外细部

该建筑是一单层小住宅,呈矩形平面,内部有客厅、餐厅、主卧室、次卧室、活动室、厨房、卫生间等用途的房间,室内有客厅、走廊与各房间相连,主入户门设在南向客厅外墙上,次入户门设在北向餐厅的外墙上,室内外地坪高差通过四级台阶联系。整个建筑及内部的房间都是由墙围成的,凡被剖切到的墙体在图中均用两道粗实线表示,其宽度表示墙厚,凡被剖切到的钢筋混凝土柱截面轮廓用粗实线表示,钢筋混凝土材料用涂黑表示。没有被剖切到的可见部分的轮廓线,如墙体、楼梯、窗台、散水等均用细实线表示,暗沟用细虚线表示。

(4) 了解定位轴线的布置

从定位轴线的布置,可了解建筑物墙柱的平面位置。从图中可了解到:该建筑物的横向定位轴线从①～⑨共 9 道,纵向定位轴线从Ⓐ～Ⓕ共 6 道。

（5）了解门窗的位置及代号、编号

门窗在平面图中用图例表示，并标注代号和编号，门的代号是 M，窗的代号是 C，不同类型的门窗采用不同的阿拉伯数字编号表示。从图中可了解到：该建筑有 5 种类型的门、4 种类型的窗，门窗的类型、规格、材料做法详见门窗统计表及门窗详图。

（6）看尺寸标注

平面图上标注的尺寸有外部尺寸、内部尺寸、细部尺寸和标高。外部尺寸一般在水平方向和竖直方向注写三道，由里往外第一道是分部尺寸，表达外墙上门窗洞口的宽度及洞口边沿到定位轴线的距离；第二道是定位轴线间的距离，表达房间的开间进深尺寸；第三道是建筑物的总长和总宽度尺寸。内部尺寸和细部尺寸一般是根据需要标注。建筑平面图上一般标注各层楼地面标高。从图中可以看出，该建筑客厅的开间进深尺寸是 7.2 m×5.0 m、主卧室的开间进深尺寸是 3.9 m×4.8 m，总长是 22.14 m，总宽是 14.04 m，底层室内地面标高是±0.000，其中室外台阶的平台面、厨房、卫生间地面比房间地面分别低 50～20 mm。

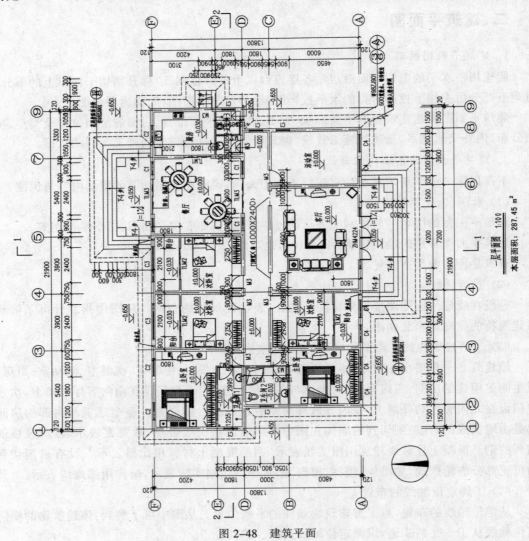

图 2-48　建筑平面

（7）看剖切符号

在建筑底层平面图上应标注建筑剖面图的剖切符号，表明剖面图的剖切位置及投影方向。从图中可以看到1—1剖面图的剖切符号，它沿Ⓐ轴前的台阶、Ⓐ轴墙上的门、Ⓒ轴墙、Ⓓ轴墙、Ⓕ轴墙上的窗剖切开后，从左往右投影。

（8）看索引符号

凡套用标准图或另有详图表示的构配件、节点，均应画出详图索引符号，以便对照阅读图纸，如建筑中的台阶、散水、暗沟均采用标准图做法，在图中有索引符号表示。

3. 屋顶平面图

屋顶平面图是建筑物屋顶的水平投影图。主要表达屋顶的平面形状，出屋顶的楼梯间、电梯间、水箱、烟囱、管道、上人孔等的平面位置和屋面的排水方式、排水方向、排水坡度及屋面的保温隔热、防水、细部构造做法等。如图2—49中屋顶平面图所示，该建筑采用有组织檐沟外排水坡屋顶，坡屋面坡度分别是30°、40.55°，檐口标高分别是5.3 m、4.7 m，屋脊线标高是7.291 m，斜脊线、排水口做法详见标准图集。

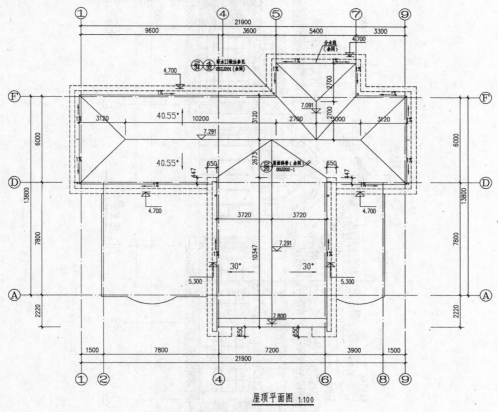

图 2-49　屋顶平面图

三、建筑立面图

1. 建筑立面图的形成

建筑物的外墙面在与其平行的投影面上所作的正投影图，称为建筑立面图，简称为立面图。建筑立面图主要表达建筑物的外形外貌外装修,如建筑物的高度、层数、门窗形式、檐口形式、外墙面装修材料等。它是外墙面装修、工程概预算的依据。

2. 建筑立面图的图示内容与识读

下面以图 2—50 中某小住宅立面图为例,说明建筑立面图的图示内容与识读。

(1) 看图名、比例和图例

建筑立面图的图名表达方式有三种,一是按建筑朝向命名,如南立面图、北立面图、东立面图、西立面图;二是按建筑物两端的轴线号命名,如①~⑧立面图等;三是按反映建筑特征的主次命名,如正立面图、背立面图、侧立面图。建筑施工图一般按轴线号表达里面图名。

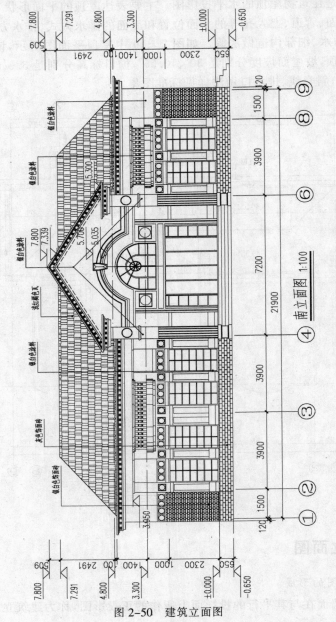

图 2-50　建筑立面图

建筑立面图常用的绘图比例是 1：100,也可以用 1：50 或 1：200。

建筑立面图常用图例见表 2—3。

（2）了解建筑物的外形外貌

建筑物的外形外貌主要通过层数、台阶、门窗、阳台、雨篷、走廊、雨水管等表达。从南立面图中可以看出：该建筑是一层的小住宅,采用有组织檐沟外排水的坡屋顶,外墙上入户处有四级台阶和大门,平台上有两根立柱,另几个开间均开设有窗户,窗顶和门顶均有装饰图案。

（3）了解建筑物的外装修

在立面图中一般用文字标注外墙面所用的装饰材料及颜色。从南立面图中可看出：该建筑外墙面的勒脚部分采用灰色面砖饰面、窗户两端采用银白色面砖饰面、窗间墙及其他部位采用银白色涂料饰面,屋顶贴浅红褐色屋面瓦。

（4）看尺寸标注

立面图中通常只标注两端的轴线和高度方向的尺寸,主要表达室内外地坪、各层楼面、勒脚、窗台、门窗顶、阳台、雨篷、外走廊、装饰线、檐口、女儿墙、屋脊等处的标高。从图中可以看出：该建筑室外地坪标高是 −0.650,室内地面标高是 ±0.000,室内外地坪高差是 650 mm,窗顶标高是 2.300,窗户高度 2 300 mm 等

（5）看索引符号

凡套用标准图或另有详图表示的节点,均应画出详图索引符号,以便对照阅读图纸。

四、建筑剖面图

1. 建筑剖面图的形成

用一假想的竖直的剖切平面将建筑物从室外地坪到屋顶剖切开,移开剖切平面与观察者之间的部分,对剩下部分所作的正投影图,称为建筑剖面图,简称为剖面图。

建筑剖面图主要表达建筑物内部垂直方向的高度、结构形式、楼层分层情况及构造做法。它与平面图、立面图相配合,是建筑施工,施工预算不可缺少的重要图纸之一。

2. 建筑剖面图的图示内容与识读

下面以图 2—51 中某小住宅 1—1 剖面图为例,说明建筑剖面图的图示内容与识读。

（1）看图名、比例及图例

建筑剖面图的图名通常用阿拉伯数字编写,如 1—1 剖面图、2—2 剖面图等,并且在看剖面图时要先查看底层平面图上对应的剖切符号,了解剖面图的剖切位置及投影方向。

建筑剖面图的常用的绘图比例是 1：100,也可以用 1：50 或 1：200。

建筑剖面图常用图例见表 2—3、表 2—1。

（2）了解结构形式及构造组成

从 1—1 剖面图中可看出：该小住宅是单层墙承重的砖混结构,墙上布置有钢筋混凝土的梁,钢筋混凝土的顶篷板和屋面板支撑在梁或墙上。1—1 剖面图中被剖切到的部分有室外地坪、暗沟、入口处的台阶、室内地坪、客厅和走廊及卧室的顶篷板、屋顶、檐口、Ⓐ、Ⓒ、Ⓓ、Ⓕ轴的墙及Ⓐ、Ⓕ轴墙上的门和窗,这些部位的构造做法通常在设计说明和材料做法表中表示。1—1 剖面图中投影时可见的部分有南北入口处的柱、屋脊线等。

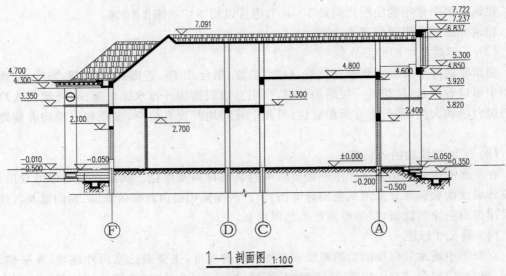

$1-1$ 剖面图 1:100

图 2-51　建筑剖面图

（3）看尺寸标注

剖面图中通常应标注剖切部分的一些必要的高度尺寸，如室内外地坪、各层楼面、楼梯平台、雨篷、走廊、窗台、门窗顶、檐口、女儿墙等处的高度和标高、层高、建筑物总高等。1—1剖面图中标注了室内外地坪、平台、门窗顶、雨篷、顶棚、檐口、屋脊线、女儿墙等处标高。

（4）看索引符号

凡套用标准图或另有详图表示的节点，均应画出详图索引符号，以便对照阅读图纸。

五、建筑详图

1. 建筑详图的概念

建筑详图是将建筑物的细部及构配件，采用大比例，根据正投影原理，将其形状、大小和材料做法详细表达出来的图样。

建筑详图常用的绘图比例有 1：50、1：20、1：10、1：5、1：2、1：1 等。

绘制建筑详图应标注详图索引符号和详图符号。

2. 外墙身剖面详图的识读

外墙身剖面详图是建筑剖面图中外墙部分的局部放大，它主要表达建筑物的外墙与地面、楼面、屋面的连接构造及散水、明沟、勒脚、窗台、门窗顶、檐口等节点的构造做法。

下面以图 2—52 为例，说明外墙身剖面图的图示内容与识读。

（1）看图名、比例

图名是外墙身详图，比例为 1：20。

（2）了解墙身的轴线号，墙身与定位轴线的关系

墙身轴线编号是Ⓐ，墙厚为 240，轴线居中。

（3）了解地面、楼面和屋面的构造做法

在图中用引出线引出分层，用文字表达地面、楼面、屋顶等处的构造做法。

（4）了解散水、明沟、墙身防潮层、勒脚、踢脚、窗台、窗顶、檐口等节点的构造做法
在图中用引出线引出，用文字表达以上系部的构造做法。

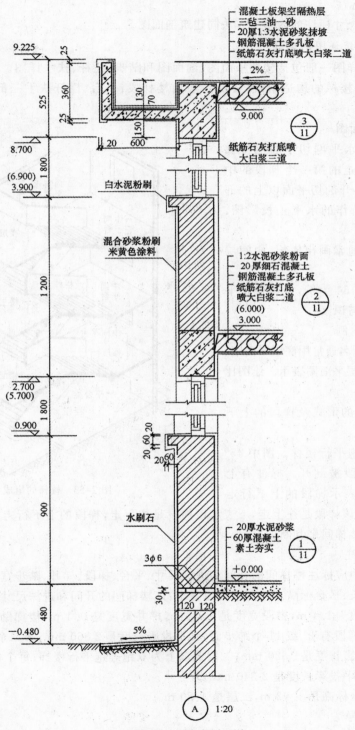

混凝土板架空隔热层
三毡三油一砂
20厚1:3水泥砂浆抹坡
钢筋混凝土多孔板
纸筋石灰打底喷大白浆二道

纸筋石灰打底喷
大白浆三道

白水泥粉刷

混合砂浆粉刷
米黄色涂料

1:2水泥砂浆粉面
20厚细石混凝土
钢筋混凝土多孔板
纸筋石灰打底
喷大白浆二道

水刷石

20厚水泥砂浆
60厚混凝土
素土夯实

图 2-52　墙身剖面详

（5）了解室内外墙面装修做法

在图中用引出线引出，用文字表达内外墙面等处的装修材料和颜色。

（6）看尺寸标注

墙身详图中尺寸标注的内容与方法同建筑剖面图。

3. 楼梯的建筑详图的识读

楼梯的建筑详图一般包括楼梯平面图、剖面图和踏步、栏杆、扶手详图。要正确识读楼梯详图，必须了解楼梯的构造组成，楼梯一般由楼梯段、平台、栏杆扶手三部分组成，如图2—53所示。

（1）楼梯平面图

用一假想的水平剖切平面沿楼梯间各层楼梯往上走的第一个梯段的中央位置处剖开，移开剖切平面以上的部分，对剩下部分所作的水平正投影图，称为楼梯平面图。

楼梯平面图通常画出底层、中间层和顶层平面。

下面以图2—54为例，说明楼梯平面图的图示内容与识读。

① 看图名、比例

楼梯平面图图名通常用底层平面图、中间层平面图、顶层平面图表示。绘图比例常用1：50。

② 了解楼梯的形式及梯段的上下行走向

该楼梯为双跑平行楼梯。图中45°折断线表示楼梯段被剖开。标注有上或下字样的箭头表示梯段的上下行走

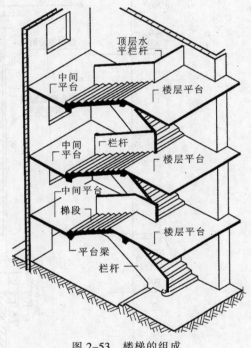

图 2-53　楼梯的组成

向，上的箭头表示该梯段是往上走，下表示该梯段是往下走，梯段的上下行走向是指人站在该层楼面面对着楼梯间来判断的。

③ 看尺寸标注

楼梯平面图中应标注楼梯间的开间和进深尺寸、平台、梯段、梯井、踏步宽度及踏面数和梯段的水平投影长、平台标高。从图中可以看出：该楼梯间的开间和进深尺寸是3.0 m×4.5 m，中间平台宽度是1.4 m，梯段宽度是1.33 m，梯井宽度是0.1 m，楼梯踏步宽度是260 mm，底层第一个梯段有12级11个踏步面，水平投影长度是2 860 mm；第二个梯段有8级7个踏步面，水平投影长度是1 820 mm；二层及以上为双跑等跑平行楼梯，每个楼梯段都是10级9个踏步面，水平投影长度是2 340 mm。

底层楼梯平台标高是1.92 m，二层是4.80 m。

④ 看剖切符号

应在楼梯底层平面图上标注楼梯剖面图的剖切符号，表明剖面图的剖切位置和投影方

向,如底层平面图上的 1—1 剖面的剖切符号。

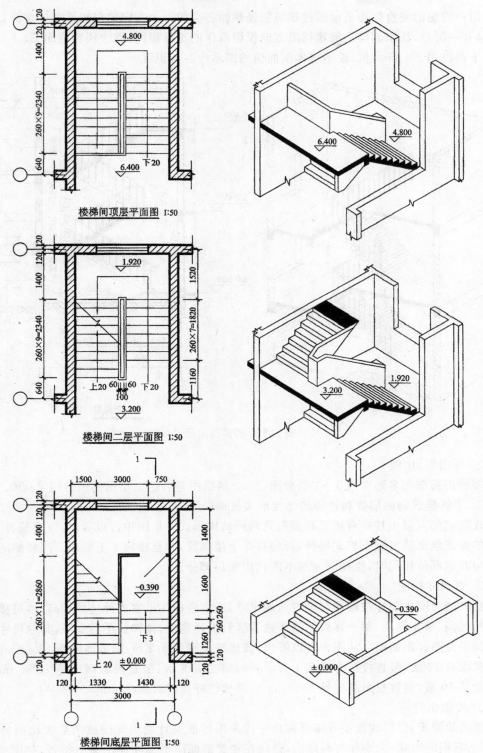

图 2-54 楼梯平面图

4. 楼梯剖面图

用一假想的竖直剖切平面通过建筑物楼梯间各层的一个方向的楼梯段和门窗洞口剖切开,移开一部分,往未剖切到的楼梯段方向投影所作的正投影图,称为楼梯剖面图。

下面以图 2—55 为例,说明楼梯剖面图的图示内容与识读。

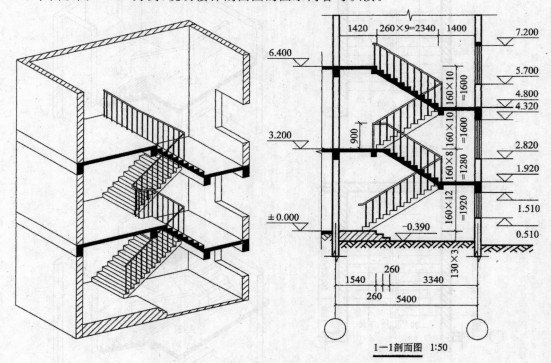

图 2-55　楼梯剖面图

① 看图名、比例

楼梯剖面图图名通常用 1—1 剖面图、2—2 剖面图等表达。绘图比例常用 1∶50。

② 了解建筑物的层数和楼梯的结构形式及梯段数

现浇钢筋混凝土楼梯有板式和梁板式两种结构形式。从图中可以看出:该建筑有 3 层,采用的是现浇钢筋混凝土板式楼梯,每层有 2 个楼梯段,并且楼梯不上屋顶。当楼梯间屋顶做法与其他部位相同时,楼梯剖面图不需画出屋顶部分。

③ 看尺寸标注

楼梯剖面图主要标注楼梯高度方向的尺寸,通常应标注出室内外地坪标高、各层楼面和平台的标高、踏步高度、每个梯段的踏步数及竖直投影高度、楼梯扶手高度等,其他尺寸标注同建筑平面图和剖面图。从图中可以看出:该建筑层高是 3.2 m,踏步高度是 160 mm,底层第一梯段有 12 级,竖直投影高度是 1 920 mm;第二有 8 级,竖直投影高度是 1 280 mm;其他梯段是 10 级,竖直投影高度是 1 600 mm,楼梯栏杆高度时 900 mm。

④ 看索引符号

楼梯的踏步、栏杆和扶手等细部构造一般采用标准设计通用详图或用更大比例另画详图,表达它们的形式、大小和材料做法,并应在楼梯剖面图上标注详图索引符号,如图 2—56 所示。

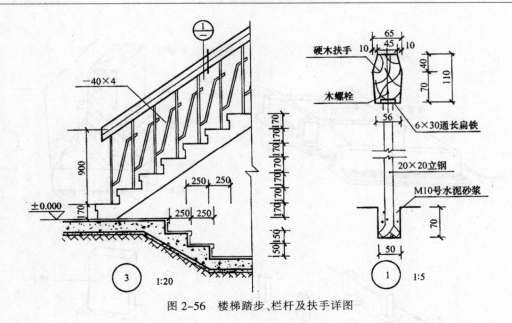

图 2-56　楼梯踏步、栏杆及扶手详图

第四节　结构施工图的识读方法

　　结构施工图的主要内容有结构设计说明、结构平面布置图和结构构件详图。结构平面布置图包括基础平面图、楼层结构平面图、屋顶结构平面图;结构构件详图包括基础、梁、板、柱、楼梯等的详图。

　　一般识读结构施工图的顺序是标题栏及图纸目录、设计总说明、结构平面布置图、结构构件详图。在阅读时还应注意结施图与建施图对照阅读,详图与结构平面图对照阅读,结施图与设施图对照阅读。

一、砖基础施工图

　　1. 基础的类型与施工图的形成

　　基础按构造形式分有条形基础、独立基础、桩基础等,基础施工图包括设计说明、基础平面图和基础详图。

　　① 基础平面图是指用一假想的水平剖切平面沿建筑物的室内地坪剖开,移开剖切平面以上的部分及基础周围的泥土,对剩下部分所作的水平正投影图。

　　② 基础详图是指基础的断面图。

　　基础施工图表达各种类型基础的平面位置、断面形式、尺寸和材料做法,是施工放线、开挖基槽、砌筑基础、编制施工组织和预算的重要依据。

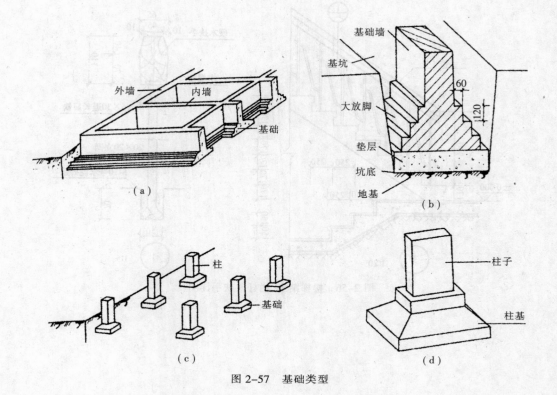

图 2—57 基础类型

2. 基础施工图的图示内容与识读

（1）基础平面图

下面以图 2—58 为例，说明基础平面图的图示内容与识读。

① 看图名、比例

基础平明图图名通常就是用基础平面图表示，常用绘图比例是 1：100。

② 了解基础的平面布置和类型

基础平面图中，基础墙用粗实线表示，钢筋混凝土柱用涂黑的截面表示，基地边线用细实线表示。从图中可以看出：该建筑采用的是砖砌条形基础，不同类型的基础有不同的编号，如 J—1、J—2、J—3。

③ 看定位轴线及尺寸标注

基础平面图与建筑平面图一样，也要标注定位轴线，并且轴线编号、布置、尺寸应与建筑平面图一致。

④ 看其他构造设施

基础中可能设有基础梁、地下管沟等。在基础平面图中应用粗单点长划线画出基础梁，用细虚线画出地下管沟的平面位置。

⑤ 看详图符号

在基础平面图上应标注基础详图符号，砖砌条形基础在平面图上不同断面处绘制断面图的剖切符号，并且用不同的编号表示。相同的断面用同一编号表示，且注意投影方向。

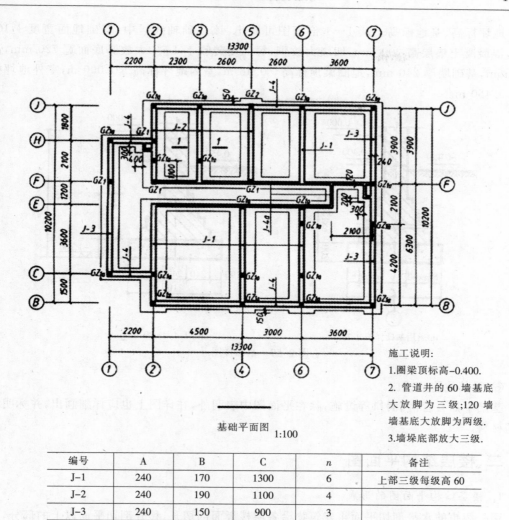

基础平面图 1:100

编号	A	B	C	n	备注
J-1	240	170	1300	6	上部三级每级高60
J-2	240	190	1100	4	
J-3	240	150	900	3	
J-4	240	120	600	1	
J-4a	120	120	600	2	

施工说明:

1.圈梁顶标高-0.400.

2. 管道井的60墙基底大放脚为三级;120墙墙基底大放脚为两级.

3.墙垛底部放大三级.

图 2-58 基础平面图

（2）基础详图

下面以图 2—59 为例，说明基础平面图的图示内容与识读。

① 看图名、比例

基础详图的图名常用断面编号表示，如 1—1、2—2，绘图比例一般是 1：20。

② 看定位轴线

基础详图中应按断面竖直方向画出定位轴线，并且应与基础平面图对应。

③ 了解断面组成和材料做法

从图中可看出：该基础采用的是混凝土垫层、砖砌大放脚、大放脚上有钢筋混凝土的圈梁、室内地坪以下基础墙上设有墙身水平防潮层。

④ 看尺寸标注

基础详图应完整地标注宽度方向和高度方向的尺寸，包括基础各部分的宽度和高度、室内外地坪标高、基地标高。从 1－1 剖面图可看出：该基础轴线居中，基础地面宽度 1 100 mm，混凝凝土垫层高 200 mm，四级大放脚，每二皮砖收 1/4 砖，大放脚底面宽 720 mm，高 480 mm，基础墙厚 240 mm，地圈梁顶标高－0.48 m，室内地坪标高±0.000 m，室外地坪标高－0.450 m。

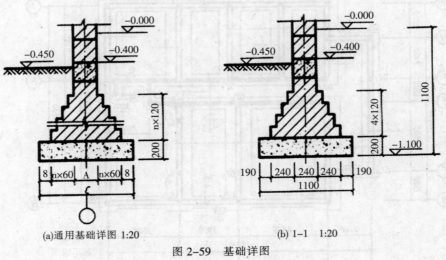

(a)通用基础详图 1:20 　　　　　　 (b) 1－1　1:20

图 2-59　基础详图

⑤ 看其他构造设施

基础中如有管沟、洞口等设施，除在平面图中表明外，在详图上也应详细画出，并标明尺寸和材料。

二、楼层结构平面图

1. 楼层结构平面图的形成

用一假想的水平剖切平面将建筑物沿各层楼板面剖切开，移开剖切平面以上的部分，对剩余部分所作的水平正投影图，称为楼层结构平面图。它主要表达各楼层结构构件的平面位置、规格类型和数量，是构建安装的依据，也是计算构建数量、编制施工预算的依据。

2. 楼层结构平面图的图示内容与识读

下面以图 2－60 为例，说明楼层结构平面图的图示内容与识读。

① 看图名、比例和图例

楼层结构平面图的图名通常用 X 层结构平面图表示，绘图比例常用 1：100。图例见表 2－4。

② 了解墙、柱、梁的布置及定位轴线

在楼层结构平面图中，被剖到的墙体可见轮廓线用中粗实线表示，楼板下不可见的墙体轮廓线用中粗虚线表示，被剖开的钢筋混凝土柱截面涂黑，楼板下面的梁用粗单点长划线或中粗虚线加注代号编号表示，如图 2－60 所示。梁柱的配筋另用详图表示。

楼层结构平面图上定位轴线应和建筑平面图及上的轴线编号完全一致。

③ 了解板的布置及规格类型

钢筋混凝土楼板有预制板和现浇板。

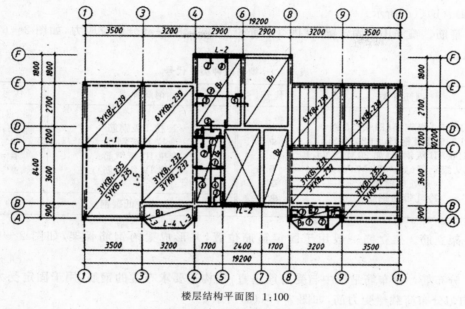

楼层结构平面图 1:100

图 2-60 楼层结构平面图

在楼层结构平面图中预制板按板的实际布置情况用细实线绘制,布置方案不同时要分别绘制,相同时用同一名称表示,并将该房间画上对角线标注板的数量和构件代号。如图2-60中所标注的 6YKB1-239 所表达的意思是:6——预制板的块数,YKB——预应力混凝土空心板的代号,1——荷载等级,39——板的标志长度。

在楼层结构平面图中现浇板可注明板的代号及编号,如 XB-1、XB-2 等,再另画详图表示,也可直接在结构平面图上绘制板的配筋图,并标注钢筋编号、直径、等级和数量等,如图 2-60 所示。

④ 看其他要求

楼板为梁板结构时,可用重合断面图表达梁与板的构造组合关系;楼梯间的结构布置一般另用详图表示;为了明确表示出各楼层所采用的结构构件的种类、数量及所选用的标准图集代号等,一般应列出构件统计表供查阅和编制预算用。

三、钢筋混凝土构件详图

用钢筋混凝土制成的梁、板、柱等称为钢筋混凝土构件。

1. 混凝土构件中的钢筋

(1) 钢筋的种类及代号

钢筋混凝土构件中常用的钢筋有热轧Ⅰ级普通低碳钢 HPB235、表面为光面的圆钢筋;Ⅱ、Ⅲ、Ⅳ级普通低合金钢,表面有花纹,如人字纹、螺纹等;热处理钢筋;冷拉钢筋等,如表 2-9 所示。

(2) 钢筋的作用与分类

按照钢筋在混凝土构件中所起的作用,可分为如下几类:

① 受力筋。受力钢筋是构件中承受拉、压应力的钢筋,分为直筋和弯起钢筋,如图

2—61(a)、(b)、(c)所示。

② 箍筋。箍筋用于固定梁、柱内受力筋位置,并承受一部分斜拉应力,如图 2—61(b)、(c)所示。

表 2—9　钢筋的种类及代号

钢筋种类	代号	钢筋种类	代号
HPB235 I 级钢筋(即 Q235 钢)	Φ	冷拉 I 级钢筋	Φ′
HPB335 II 级钢筋(如 20MnSi)	Φ	冷拉 II 级钢筋	Φ′
HPB440 III 级钢筋(如 20MnSiV)	Φ	冷拉 III 级钢筋	Φ′
IV 级钢筋(如 40Si₂MnV)	Φ	冷拉 IV 级钢筋	Φ′
热处理钢筋	Φ′		
冷轧带肋钢筋	Φ″	附　冷拔低碳钢丝	Φᵇ

③ 架立筋。架立筋一般用于固定箍筋位置,并形成梁内钢筋骨架,如图 2—61(b)所示。

④ 分布筋。分布筋是板中与受力筋垂直,按构造要求布置的钢筋,用于固定受力筋位置,并均匀分布荷载给受力筋,如图 2—61(a)所示。

⑤ 构造筋。构造筋是因构件构造要求或施工安装需要而配置的钢筋,如腰筋、吊环、预埋锚固筋等。

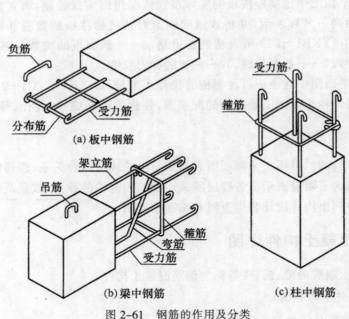

图 2-61　钢筋的作用及分类

(3) 钢筋的表示方法

光圆钢筋作受力筋时,为加强钢筋与混凝土的粘结力,常将其端部做成180°或90°的弯钩。为防止钢筋锈蚀等,在构件中的钢筋外面要留有一定厚度的混凝土保护层。一般梁、柱的保护层厚度为 25 mm,板的保护层厚度为 10~15 mm。

钢筋的一般表示方法如表 2—10、2—11 所示。

表 2—10　钢筋的表示方法(一)

序号	名称	图例	说明
1	钢筋横断面	●	—
2	无弯钩的钢筋端部		下图表示长、短钢筋投影重叠时,短钢筋的端部用45°斜划线表示
3	带半圆形弯钩的钢筋端部		—
4	带直钩的钢筋端部		—
5	带丝扣的钢筋端部		—
6	无弯钩的钢筋搭接		—
7	带半圆弯钩的钢筋搭接		—
8	带直钩的钢筋搭接		—
9	花蓝螺丝钢筋接头		—
10	机械连接的钢筋接头		用文字说明机械连接的方式(如冷挤压或直螺纹等)

表 2—11　钢筋的表示方法(二)

序号	说明	图例
1	在结构楼板中配置双层钢筋时,底层钢筋的弯钩应向上或向左,顶层钢筋的弯钩则向下或向右	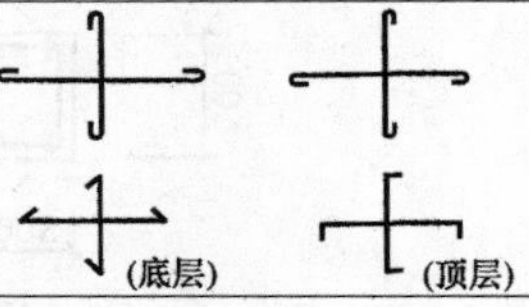 (底层)　　(顶层)
2	钢筋混凝土墙体配双层钢筋时,在配筋立面图中,远面钢筋的弯钩向上或向左而近面钢筋的弯钩向下或向右(JM近面,YM远面)	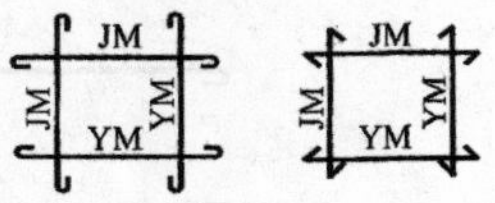
3	若在断面图中不能表达清楚的钢筋布置,应在断面图外增加钢筋大样图(如:钢筋混凝土墙,楼梯等)	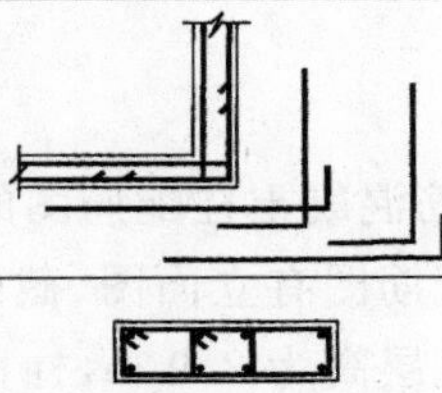
4	图中所表示的箍筋、环筋等若布置复杂时,可加画钢筋大样及说明	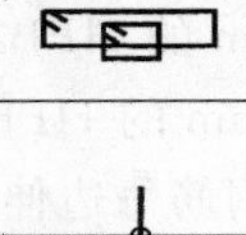
5	每组相同的钢筋、箍筋或环筋,可用一根粗实线表示,同时用一两端带斜短划线的横穿细线,表示其钢筋及起止范围	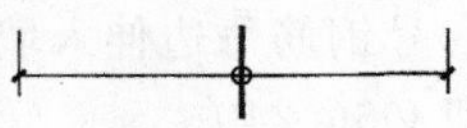

2. 钢筋混凝土构件详图的识读

钢筋混凝土构件详图一般由模板图、配筋图、预埋件详图和钢筋用量表等组成。

（1）模板图

模板图是构件的外形投影图，主要表达构件的形状、尺寸及预埋件位置，是构件的模板和预埋件制作、安装的依据。外形简单、没有预埋件的构件可不单独绘制模板图。

（2）配筋图

配筋图主要表达构件的形状、尺寸及内部的钢筋配置。

① 钢筋混凝土梁配筋图的识读

梁的配筋图有立面图和断面图及钢筋大样图。立面图主要表达梁的立面形式、长度，内配钢筋的编号、根数、规格、直径及上下、左右位置；断面图主要表达梁的断面形式、尺寸，内配钢筋的编号、根数、规格、直径及上下、前后位置；钢筋大样图是把构件中每种类型的钢筋在立面图和截面图之外用粗实线单独绘制，更清楚地表达钢筋的编号、根数、规格和直径。

如图 2—62 所示为一现浇梁的配筋图，由图可知该梁长 3 240 mm，矩形截面，截面尺寸为 3 00 mm×500 mm；该梁的下部配有 2 根直径为 22 mm 的 HPB235 级受力筋，即 2φ22，钢筋编号为①；上方配有 2 根直径为 10 mm 的 HPB235 级架力筋，即 2φ10，钢筋编号为②；沿梁长方向每隔 200 mm 配有直径为 8 mm 的 HPB235 级箍筋，即 φ8@200，钢筋编号为②。

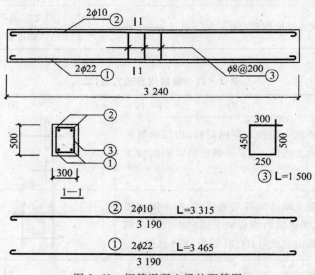

图 2-62　钢筋混凝土梁的配筋图

② 钢筋混凝土柱配筋图的识读

柱的配筋图有立面图、截面图及钢筋大样图。图 2—63 所示为一现浇柱的配筋图，由图可知该建筑层高为 2.9 m，柱截面为矩形，截面尺寸是 240 mm×240 mm，柱内四角配有 4 根直径为 10 mm 的 HPB235 级受力筋，即 4Φ10，钢筋编号为①；沿柱高方向每隔 240 mm 配有直径为 6 mm 的 HPB235 级箍筋，即 Φ6@240，钢筋编号为②；柱与墙连接处配有拉结筋③、④，③号钢筋每边伸入墙内 350 mm，即 Φ6@240，④号钢筋伸入墙内分别为 120 mm、400 mm，即 Φ6@240。

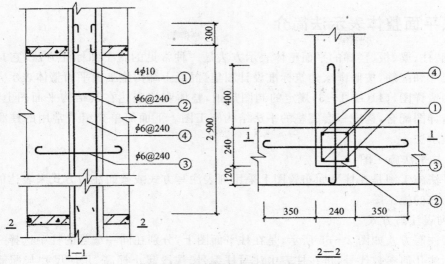

图 2-63 钢筋混凝土柱的配筋图

③ 钢筋混凝土板配筋图的识读

板的配筋图有平面图和断面图。平面图主要表达板的平面形式、尺寸,内配钢筋的编号、根数、规格、直径及位置;断面图主要表达板的断面形式、厚度,内配钢筋的编号、根数、规格、直径及上下、位置。图 2—64 所示为现浇板的配筋图,由图可知该板板底配有①、②、③、④号受力筋,均为直径 8 mm 的 HPB235 级钢筋,其中①、③号钢筋的间距是 180 mm,②、④号钢筋的间距是 200 mm;板底在与受力筋垂直的方向每隔 200 mm 配有直径为 6 mm 的 HPB235 级分布筋;板面在墙、梁与板连接处配有罩筋抵抗支座负弯矩,其编号分别是⑤、⑥、⑦、⑧、⑨。

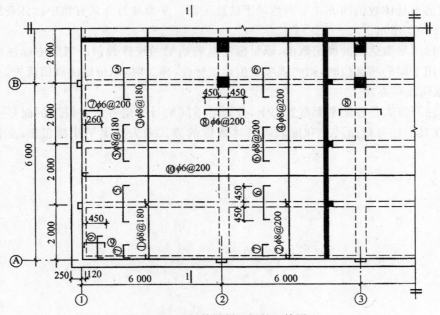

图 2-64 钢筋混凝土板的配筋图

四、平面整体表示法简介

基础、柱、梁、板、楼梯的平面整体表示方法是一种常见的施工图标注方法,它是将这些构件的尺寸和配筋,按照国家建筑标准设计图集《混凝土结构施工图平面整体表示方法制图规则和构造详图》(11G101—3)规定的制图规则,整体直接表达在其结构平面图上,再与它们的构造详图配合,构成一套完整的平法结构施工图。下面简单介绍最常用的柱和梁的平面整体表示法。

(1)柱平法施工图

柱平法施工图是在柱平面布置图上采用列表注写方式或截面注写方式来表达的现浇钢筋混凝土柱的施工图。

① 列表注写方式

列表注写方式如图 2—65 所示,是在柱平面图上,分别在同一编号的柱中选择一个或几个截面标注几何参数代号,再在柱表中注写柱编号、柱段起止标高、几何尺寸与配筋的具体数值,并配以各种柱截面形状及其箍筋类型图,来表达柱平法施工图。

② 截面注写法

截面注写法如图 2—66 所示,是在柱平面图上的柱截面上,分别在同一编号的柱中选择一个截面,以直接注写截面尺寸和配筋具体数值的方式,来表达柱平法施工图。

(2)梁平法施工图

梁平法施工图是在梁平面布置图上采用平面注写方式或截面注写方式来表达的现浇钢筋混凝土梁的施工图,一般采用平面注写方式。

① 平面注写方式

平面注写方式是在梁平面布置图上,分别在不同编号的梁中各选一根,在其上注写截面尺寸和配筋等具体数值的方式来表达梁平法施工图。平面注写方式有集中标注和原位标注法,如图 2—67 所示。

集中标注是表达梁的通用数值,原位标注是表达梁的特殊数值。当集中标注中的某项数值不适用于梁的某部位时,则将该项数值原位标注,施工时,原位标注取值优先。

② 截面注写方式

截面注写方式是在梁平面布置图上,分别对不同编号的梁各选一根用剖面号引出配筋图,并用在其上注写截面尺寸和配筋等具体数值的方式来表达梁平法施工图,如图 2—68 所示。

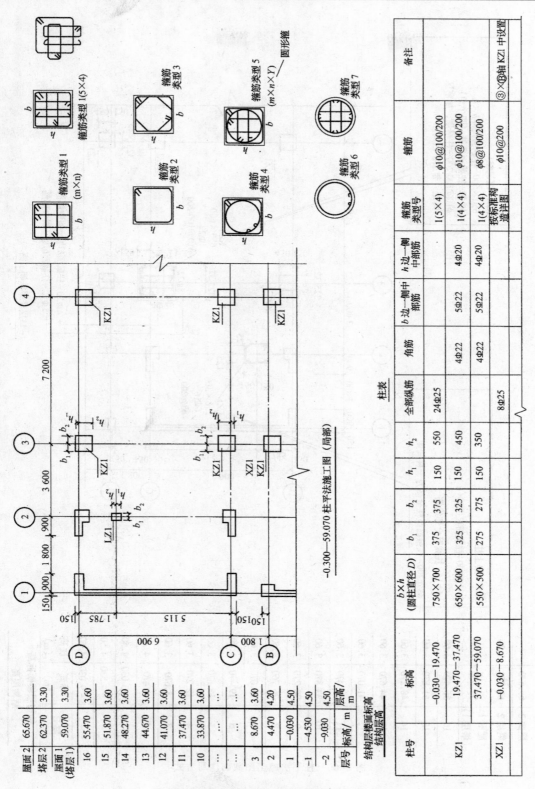

图 2—65　柱平法施工图列表注写方式

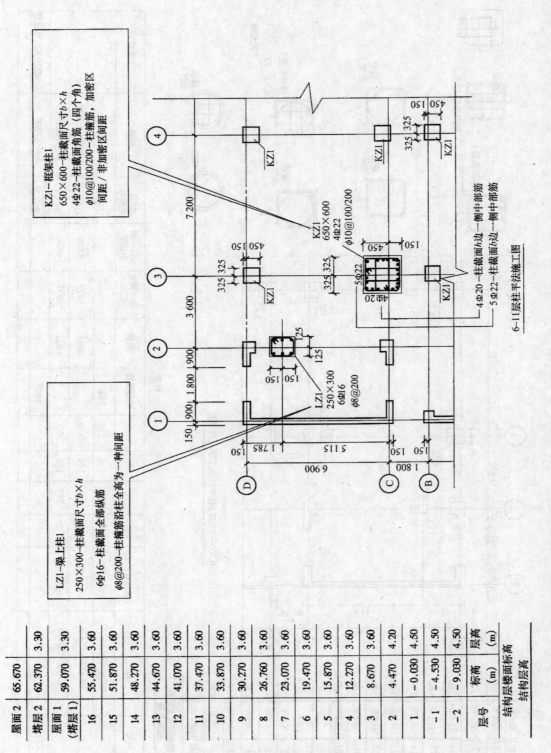

图 2-66　柱平法施工图截面注写方式

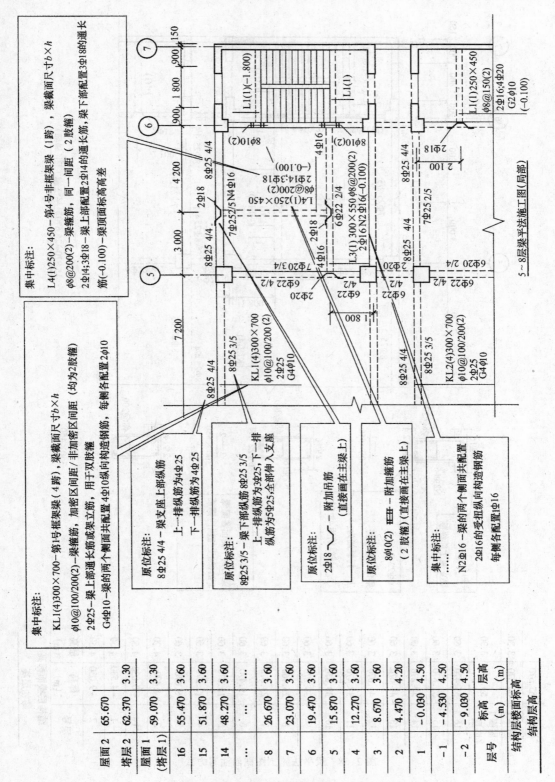

图 2-67　梁平法施工图平面注写方式

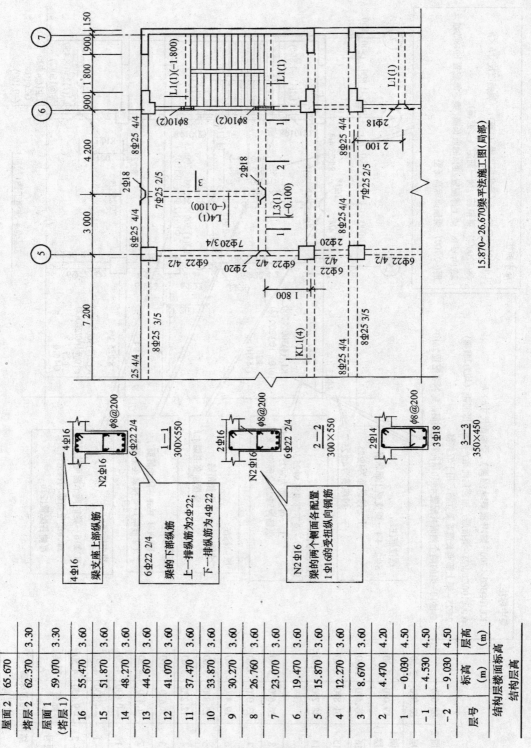

图 2-68　梁平法施工图截面注写方式

第五节　电气照明施工图的识读方法

电气施工图分为供配电系统施工图、电气照明施工图、动力电气施工图、防雷接地电气工程图和弱电系统施工图,每分项施工图包括图纸目录、设计说明、材料设备表、电气系统图和详图。

一般识读电气施工图的顺序是标题栏及图纸目录、设计总说明、材料设备表、电气系统图、平面布置图、控制原理图、安装接线图、安装大样图。在阅读时还应注意相互对照阅读。

一、电气照明系统图

1. 电气系统图的形成

电气系统图是整个电气系统的原理图,一般不按比例绘制,可分为照明系统图、动力系统图和弱电系统图等。重点表示配电系统和设施在楼层的分布情况;整个配电系统的连接方式,从主干线至各分支回路数;主要变、配电设备的名称、型号、规格及数量;主干线路及主要分支线路的敷设方式、导线型号、导线截面积及穿线管管径。

2. 电气照明系统图的图示内容与识读

配电箱系统图是示意性地把整个工程的供电线路用单位连接形式准确概括的电路图,它不表示相互的空间位置关系。

以图 2—69 照明配电箱系统图为例,照明配电箱系统图的主要内容包括:

(1) 电源进户线、各级照明配电箱和供电回路,表示其相互连接形式;

(3) 配电箱型号或编号,总照明配电箱及分照明配电箱所选用计量装置、开关和熔断器等器件的型号、规格;

(3) 各供电回路的编号,导线型号、根数、截面和线管直径,以及敷设导线长度等。

(4) 照明器具等用电设备或供电回路的型号、名称、计算容量和计算电流等。

二、电气照明平面图

1. 电气照明平面图形成

电气照明平面图是在建筑平面图的基础上表明建筑物内照明设备和线路平面布置的施工图。重点表示照明线路的敷设位置、敷设方式、导线穿线管种类、线管管径、导线截面积及导线根数。同时还反映各种电器设备及用电设备的安装数量、型号及相应位置。

在电气照明平面图上,导线及设备通常采用图形符号表示,导线与设备间的垂直距离和空间位置一般不另用立面图表示,而是标注安装高度,以及附加必要的施工说明来表明。

电气照明平面图中,电气部分用中粗实线表示,土建部分用细实线表示。常用电气图例符号见表 2—6 。

2. 电气照明平面图的图示内容与识读

以图 2—70 一层照明平面图为例,说明其图示内容与识读。

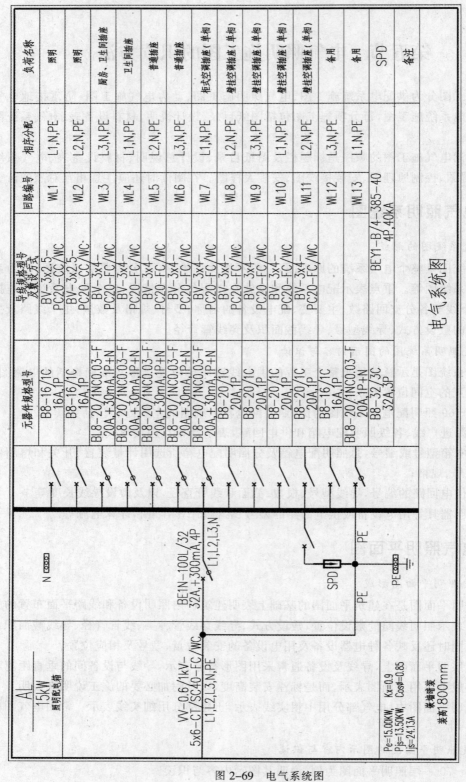

电气系统图

元器件规格型号	导线规格型号及敷设方式	回路编号	相序分配	负荷名称
B8-16/1C 16A,1P	BV-3x2.5-PC20-CC/WC	WL1	L1,N,PE	照明
B8-16/1C 16A,1P	BV-3x2.5-PC20-CC/WC	WL2	L2,N,PE	照明
BL8-20/1NC0.03-F 20A,+30mA,1P+N	BV-3x4-PC20-FC/WC	WL3	L3,N,PE	厨房、卫生间插座
BL8-20/1NC0.03-F 20A,+30mA,1P+N	BV-3x4-PC20-FC/WC	WL4	L1,N,PE	卫生间插座
BL8-20/1NC0.03-F 20A,+30mA,1P+N	BV-3x4-PC20-FC/WC	WL5	L2,N,PE	普通插座
BL8-20/1NC0.03-F 20A,+30mA,1P+N	BV-3x4-PC20-FC/WC	WL6	L3,N,PE	普通插座
BL8-20/1NC0.03-F 20A,+30mA,1P+N	BV-3x4-PC20-FC/WC	WL7	L1,N,PE	柜式空调插座(单相)
B8-20/1C 20A,1P	BV-3x4-PC20-FC/WC	WL8	L2,N,PE	壁挂空调插座(单相)
B8-20/1C 20A,1P	BV-3x4-PC20-FC/WC	WL9	L3,N,PE	壁挂空调插座(单相)
B8-20/1C 20A,1P	BV-3x4-PC20-FC/WC	WL10	L1,N,PE	壁挂空调插座(单相)
B8-20/1C 20A,1P	BV-3x4-PC20-FC/WC	WL11	L2,N,PE	壁挂空调插座(单相)
B8-16/1C 16A,1P		WL12	L3,N,PE	备用
BL8-20/1NC0.03-F 20A,1P+N		WL13	L1,N,PE	备用
B8-32/3C 32A,3P	BEY1-B/4-385-40 4P,40kA			SPD
				备注

AL
15kW
照明配电箱

VV-0.6/1kV-5x6-CT/SC40-FC/WC L1,L2,L3,N,PE
BE1N-100L/32 32A,+300mA,4P L1,L2,L3,N
N

SPD　PE　PE

Pe=15.00KW　Kx=0.9
Pjs=13.50KW　Cosφ=0.85
Ijs=24.13A

装箱暗装
表高800mm

说明:
1. 照明回路为非1类灯具供电时可取消PE线.
2. 施工时注意合理分配相序,做到三相基本平衡.

图 2-69　电气系统图

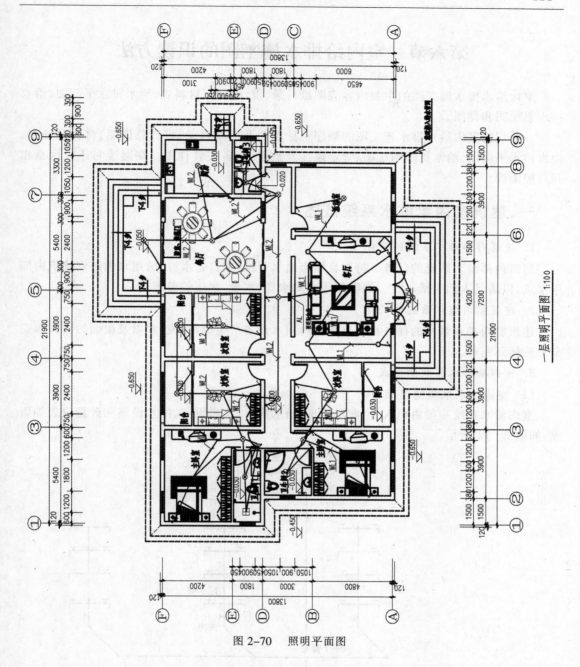

图 2-70 照明平面图

从该平面图上可以看出，从 AL 照明配电箱中引出了两个照明回路；结合配电箱系统图可以读出图中管线均采用电线管沿墙或楼板内敷设，管径为 16 mm，导线采用塑料绝缘铜导线，截面面积为 2.5 mm²，管内导线的根数按图中标注，在黑实线（表示管线）上没有标注的表示敷设二根导线，在黑实线上的短斜线上标注的数字则表示导线根数，如有斜线上标注"3"即为三根导线。所有进门处安装开关，安装高度为 1.4 m，距离门框 150~200 mm。室内一般照明采用同一类型的光源，当有装饰性或功能性要求时，亦可采用不同种类的光源。图中采用节能荧光灯，荧光灯为吸顶式安装。

第六节 室内给排水施工图的识读方法

室内给水排水施工图的主要内容有图纸目录、设计说明、材料表、给水排水平面图、给水排水系统图和详图。

一般识读室内给水排水施工图的顺序是标题栏及图纸目录、设计总说明、材料设备表、给水排水平面图、给水排水系统图、管道连接及敷设、设备安装详图。在阅读时还应注意相互对照阅读。

一、建筑室内给排水系统概述

1. 建筑内部给水系统的任务

建筑内部给水系统的任务是将取自城市给水管网（或自备水源）的用水输送到建筑内部用水点，以满足人们生活、生产、消防等用水对水质、水量、水压的要求。

2. 建筑室内排水系统的任务

建筑室内排水系统的任务是将建筑物内用水设备产生的污（废）水以及屋面的雨雪水安全迅速排到室外。

3. 室内给排水系统的组成

（1）室内给水系统的组成

室内给水系统一般由引入管、配水管道、给水附件、给水设备、配水设施和计量仪表等组成，如图 2—71 所示。

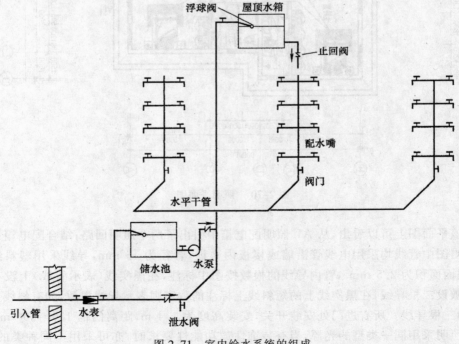

图 2—71 室内给水系统的组成

（2）室内排水系统

室内排水系统一般由卫生器具和生产设备的受水器、排水管道、清通设备和通气管道等组成，如图 2－72 所示。

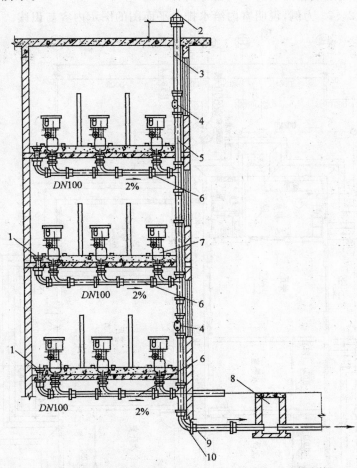

1-清扫口;2-通气帽;3-通气管;4-检查口;5-排水立管;6-排水横支管;
7-排水器具;8-检查井;9-承插口;10-90°弯头

图 2-72　室内给水系统的组成

二、室内给排水平面图

1. 室内给排水平面图的形成

室内给水排水平面图是在建筑平面图的基础上表明给水排水系统有关内容的施工图。重点表示管道、卫生器具、用水设备、清扫口、检查井、化粪池等相对于建筑物的平面位置。

2. 室内给排水平面图的图示内容与识读

建筑室内给水排水平面图的识读顺序一般是按水流的方向进行。给水施工图的识读顺序是：引入管→给水水平干管和立管→给水支管→用水阀门、龙头。排水施工图的识读顺序是：卫生器具泄水口→排水支管→排水水平干管和立管→排出管。

平面图中，给水立管的代号和编号用 JL－1、JL－2 等表示，排水立管的代号和编号用

WL－1、WL－2等表示。

平面图中,通常用粗实线表示给水管道,用粗虚线表示排水管道,用中实线表示各种用水设备,用细实线建筑物的墙身和门窗等内容。

下面以图2－73为例,说明室内给水排水平面图的图示内容与识读。

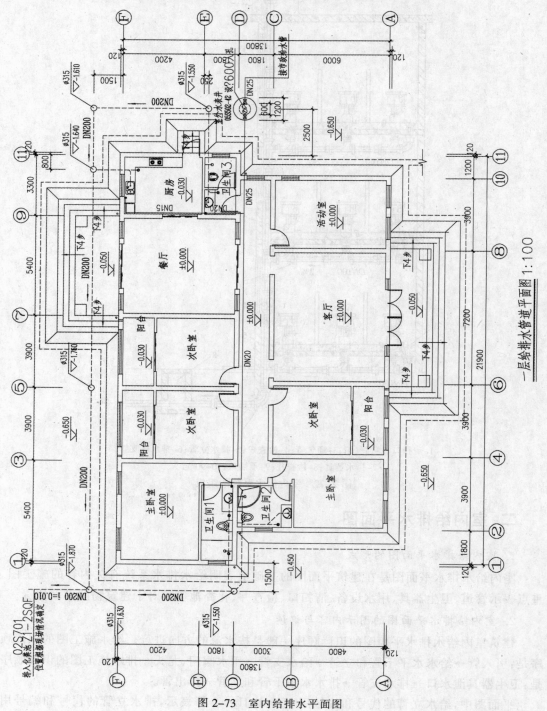

图2－73 室内给排水平面图

（1）看图名、比例和图例

室内给水排水平面图图名通常以建筑楼层命名的，如底层给水排水平面图、二层给水排水平面图等。平面图绘制比例一般与建筑平面图相同。图例见表2-5。

（2）了解室内卫生器具的平面位置

从图中可知，该建筑在①～③与⑧～①轴相交处有一个卫生间1，布置有洗脸盆、坐式大便器、浴盆、地漏等卫生器具；在①～③与①～⑥轴相交处有一个卫生间2，布置有洗脸盆、坐式大便器、淋浴喷头等地漏卫生器具；在⑨～⑪与①～⑥轴相交处有一个卫生间3，布置有洗脸盆、蹲式大便器、淋浴喷头等卫生器具；在⑨～⑪与⑥～⑥轴相交处有一个厨房，布置有洗涤盆、地漏等卫生器具。

（3）看管道平面布置

从图中可知，该建筑有给水引入管1根，从建筑物⑨轴墙体与①轴墙体外侧的市政给水管经室外水表井接入，给水横干管进入建筑物后仅一水平段，在⑨轴墙体右侧处经三通将管线分成三路，管径分别为DN25、DN20，其中一路沿⑨轴墙体右侧进入卫生间3和厨房，另一路沿①轴墙体前侧进入卫生间1、2。建筑排水管道平面布置图的识读顺序与给水管道平面布置图正好相反，通过每个用水器具的泄水口接排水支管排向水平的排水干管，排出管到室外后排向检查井，最后排向化粪池进行污水处理。

卫生器具的名称、规格、数量及管道所用材料、管径、标高、排水管道的坡度等详见附图12的水施02的主要材料表及设计说明。

三、室内给排水系统图

1. 室内给排水系统图形成

建筑室内给排水系统图是根据给排水管道平面图、用水设备的平面位置和竖向标高，采用斜投影原理绘制的正面斜轴测投影图，如附图12的水施02所示。

2. 室内给排水系统图的图示内容与识读

如图2-74所示给水管道系统轴测图所示，给水引入管由市政给水管经室外水表井，在室外地坪以下0.7 m深的位置通过⑩轴基础墙引入室内，通向各用水房间。如卫生间3，由水平支管引入后接管径为DN20的立管到离地高400 mm处，再接水平支管装闸阀后引入到洗脸盆、蹲式大便器、淋浴喷头等用水点。

如图2-74所示排水管道系统轴测图所示，卫生间3的排水由洗脸盆、地漏、蹲式大便器的泄水口接存水弯支管排向管径为DN50的横向支管，再接入管径为DN100的横向干管排入室外的检查井，由检查井接管径为DN200的横向干管排入化粪池，横向排水管的坡度详见设计说明。

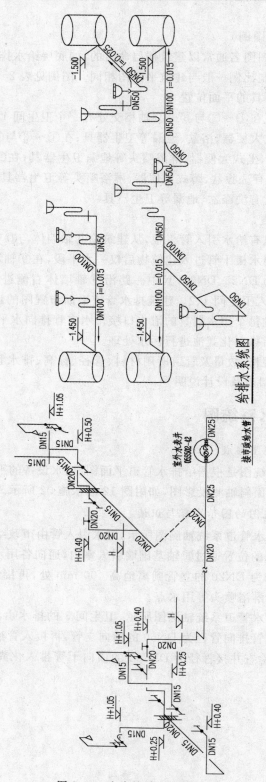

图 2-74　室内给排水系统图

四、室内给排水详图

1. 室内给排水详图的图示内容

当室内给排水平面布置图和系统图中局部构造因受图面比例限制表达不清时或不完善时，通常对于卫生器具、设备安装、管道连接、敷设等，需要绘制具体施工时的安装详图。详图主要反映细部安装尺寸、材料和施工方法。详图的画法与"建施"详图画法基本一致，图样要完整详尽、尺寸齐全、标注材料规格、有详细的施工说明等。

2. 室内给排水详图的识读

如图 2－75 所示是洗脸盆的施工安装详图。

（1）看尺寸标注。

（2）了解陶瓷洗脸盆由镀锌钢架托着。

（3）了解水从埋设在砖墙中的管子里来，热水管在上，冷水管在下。

（4）了解冷热两管从墙中伸出，各自通过三通、弯管和阀门再接竖管伸入洗脸盆上，最上面是冷、热两个水嘴。

（5）墙中横管的公称直径是 DN20，用具支管的公称直径是 DN15，污水管的公称直径是 DN32。

（6）图中尺寸"100、75"为装配尺寸，其他除大、小尺寸外，均为安装尺寸。

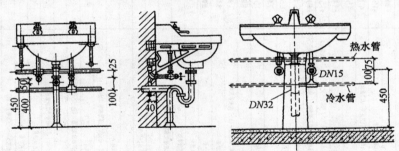

图 2-75　室内给排水详图

建筑设计总说明

一、总则：
1. 建筑面积：287.45M²
2. 本建筑±0.000标高相当于绝对标高由地质勘测决定0.05，均在本建筑，本工程除标高以M外，尺寸单位MM。并以门窗楼地面标高为准，地面设计室内。
3. 本建筑±0.000相对应以上标高，其标高：建筑总高7.800M.
4. 本工程为砖混结构，设计使用年限为一级，设计地震抗震烈度50年。
5. 基础采用条形基础及砖基础，有关制图规则及标注详算系。

二、设计依据：
1. 《住宅设计规范》GB 50096-1999（2003年版）
2. 《住宅建筑规范》GB 50368-2005（2003年版）
3. 《夏热冬冷地区居住建筑节能设计标准》JGJ 134-2001 J 116-2001
4. 《民用建筑设计通则》GB 50352-2005
5. 本地地区现有规范规程
6. 甲方委托的相关图纸及要求

三、施工说明：

A.墙体工程
1. 外墙体为240mm厚土砖结构。
2. 内墙墙体厚度用120厚灰砂砖±0.060±，本砖砌为240厚单层结构，其他为240厚单墙结构。
3. 墙体外墙顶采用32砂浆砌筑32砂浆水泥砂浆层，并按构造要求当做抹灰砂浆结构。
4. 砂浆标号详细结构做法，并按构造要求当做抹灰砂浆结构。

B.楼地面工程
1. 墙地面做法一
水泥楼地面
- 20厚1：2水泥砂浆面层
- 素水泥浆结合层一道
- 60厚C15混凝土
- 素土夯实
2. 墙地面做法二
水泥楼地面
- 20厚1：2水泥砂浆面层
- 素水泥浆结合层一道
- 15厚1：2水泥砂浆找平层
- 40厚C20碎石垫层，基最大不小于20

C.屋顶工程
1. 本工程屋面结构，防水等级为二级。
2. 平屋顶所有卫生间排水，有屋制做以及计算及算。
3. 楼屋面做法
选用彩色瓦（样式由甲方决）
- 25厚（基准计1：3水泥砂浆找平层，（配6@500X500钢筋网）
- 钢筋混凝土现浇屋面板设计中的10细钢筋一道，钢筋距1500
- 4厚高聚物改性沥青防水卷材
- 20厚1：3水泥砂浆找平层
- 30厚珍珠岩

D.装饰工程
1. 内墙装饰一
- 1.1外墙装饰瓦片式，立面层，材料详及其墙面瓷砖设计
2. 内墙面做法二
- 888建筑涂料（墙面层根据业主需求用888白色涂料设计）

2.1 厨房卫生间外墙全部刷彩至墙后均用888白色涂料三道

2.2 墙面构造做法
- 888钙塑涂料，墙面涂一道（体外抹灰进一次水设计）
- 5厚1：0.5：3水泥砂浆层
- 15厚1：6水泥砂浆，涂面水抹灰
- 墙体水泥浆一道（内掺水重3%～5%的白乳胶）

2.3 厨房卫生间墙面和结构
- 300X450墙面砖，白水泥勾缝描述
- 4厚1：1水泥砂浆加水重20%白乳胶粘结
- 素水泥浆一道
- 15厚1：3水泥浆层

2.4 楼梯扶手做法
- 150高彩砖（颜色由甲方定）水泥砂浆层
- 4厚1：1水泥砂浆加水重20%白乳胶层，刷面白乳胶
- 15厚1：6水泥砂浆层，刷面水泥3%～5%的白乳胶
- 素水泥浆一道（内掺水重3%～5%的白乳胶）

2.5 顶棚做法（厨房 卫生间除外）
- 888白色涂料（颜色由甲方定）
- 2厚纸筋灰面
- 10厚1：1：4水泥砂浆层
- 钢筋混凝土现浇板，表面清扫干净

2.6 厨房 卫生间顶棚面结构做法
- 木龙骨吊顶和青稞棚结构
- 龙骨材料防腐层
- 40X50木方基木杆安装杆

图 纸 目 录

设计单位	中盛建筑设计院	设计阶段	施工图
项目名称	私人别墅	专业	建筑
序号	图 纸 名 称	编号	专业	图幅	备注
01	建筑设计总说明	建-01		A2	
02	目录	建-02		A2	
	门窗明细表	建-02		A2	
	一层平面图	建-02		A2	
03	大样图	建-03		A2+1/4	3850水平面图
	屋顶平面图	建-03		A2+1/4	
04	南立面图	建-04		A2+1/4	
	北立面图	建-04		A2+1/4	
	东立面图	建-04		A2+1/4	
	西立面图	建-04		A2+1/4	
	1-1剖面图				
	2-2剖面图				

门窗表

类别	设计编号	洞口尺寸(mm)	数量	备注
	M3	900X2100	11	
门	TLM1	1800X2100	1	哈尔滨市中空玻璃断桥76+12A+6
	TLM2	2100X2100	3	哈尔滨市中空玻璃断桥76+12A+6
	TLM3	2400X2100	2	哈尔滨市中空玻璃断桥76+12A+6
	ZM4/Z24	4200X2400	1	地板门
	C1	900X1600	9	500
窗	C2	1200X1600	3	500
	C3	2400X1600	2	500
	C4	1200X2300	6	0

设计总负责人		审定人		设计号	
专业负责人		审核人		比例	
设计人		校对人		日期	

	建设单位		项目名称		图名		阶段		专业	建筑
									图号	01

附图1　建施01

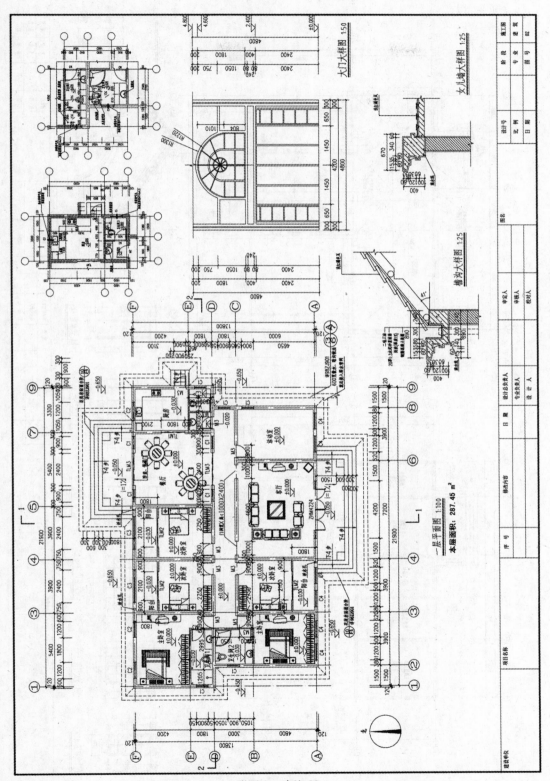

附图 2　建施 02

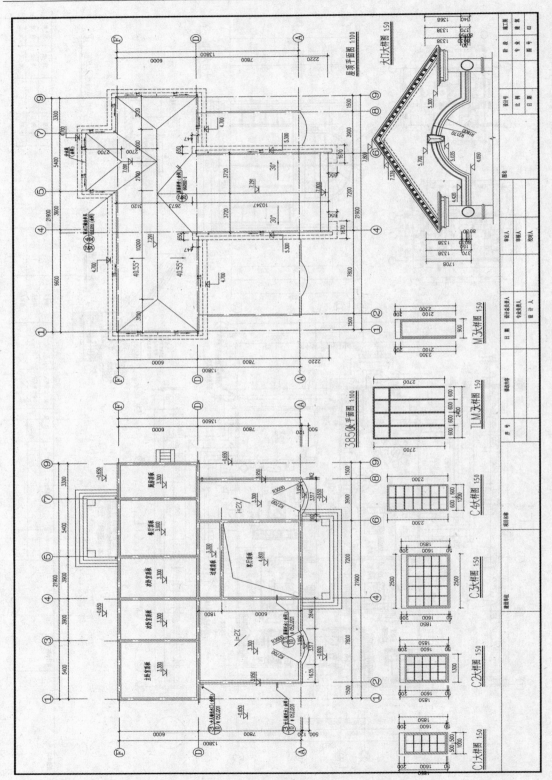

附图3　建施03

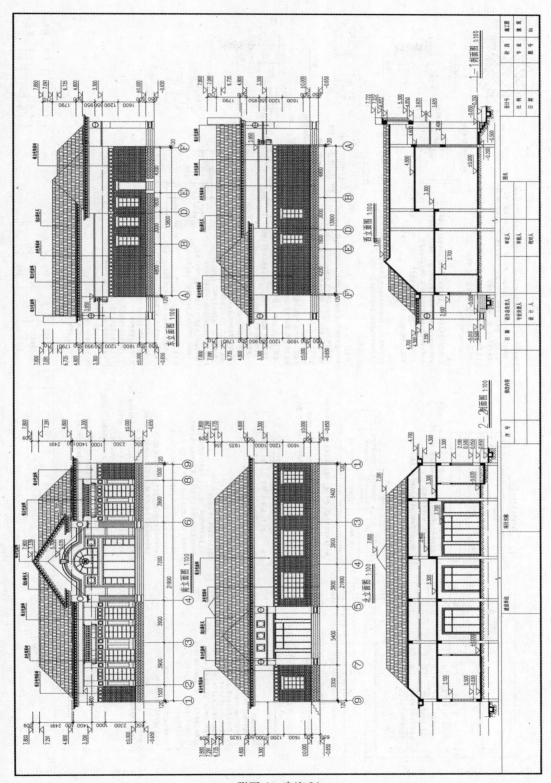

附图4　建施04

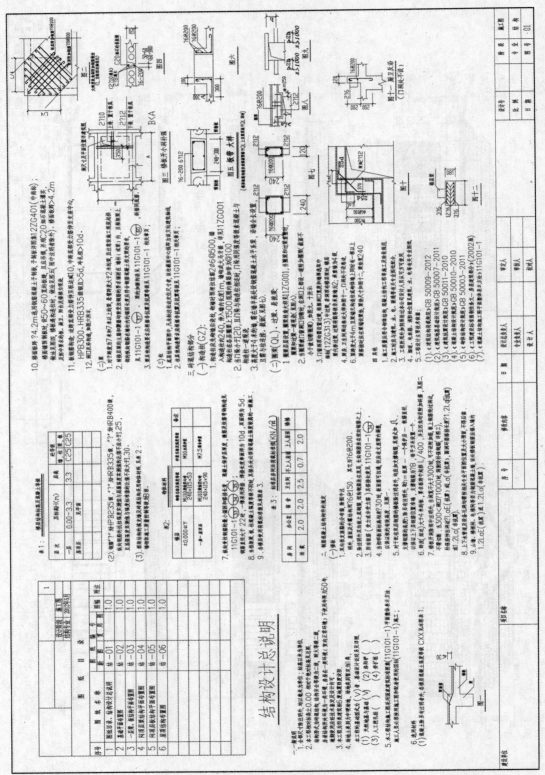

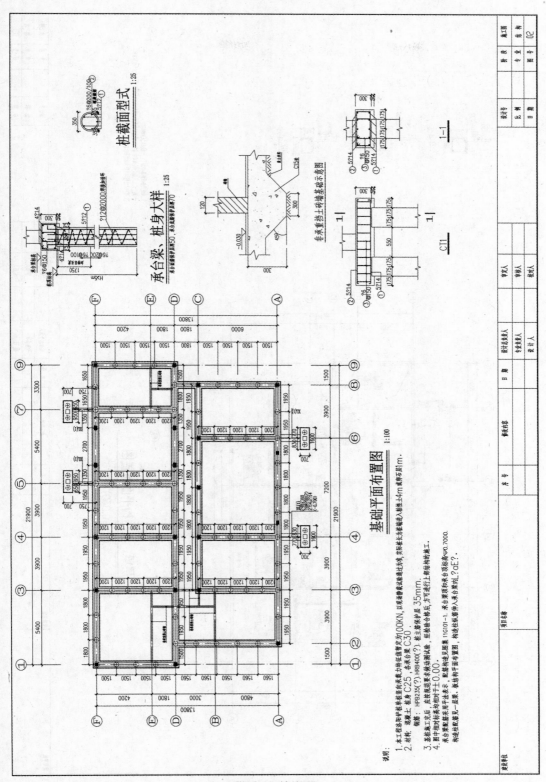

附图6　结施02

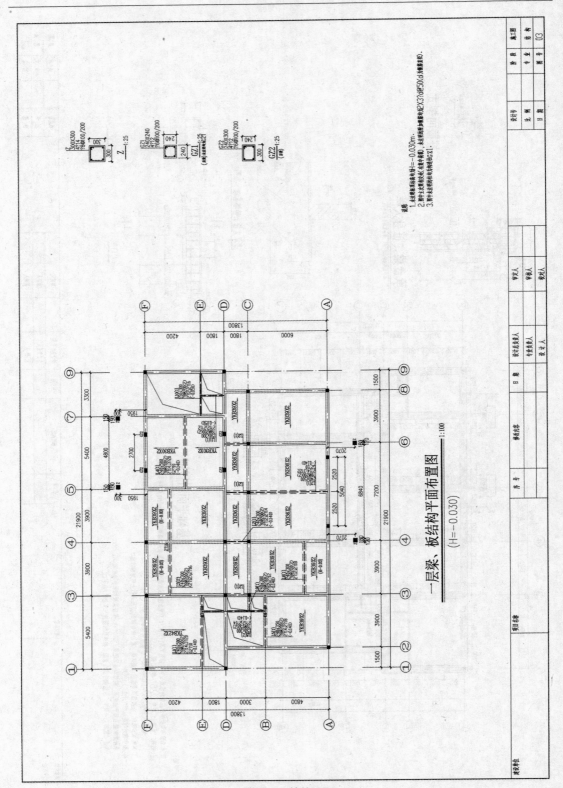

一层梁、板结构平面布置图
(H=-0.030)
1:100

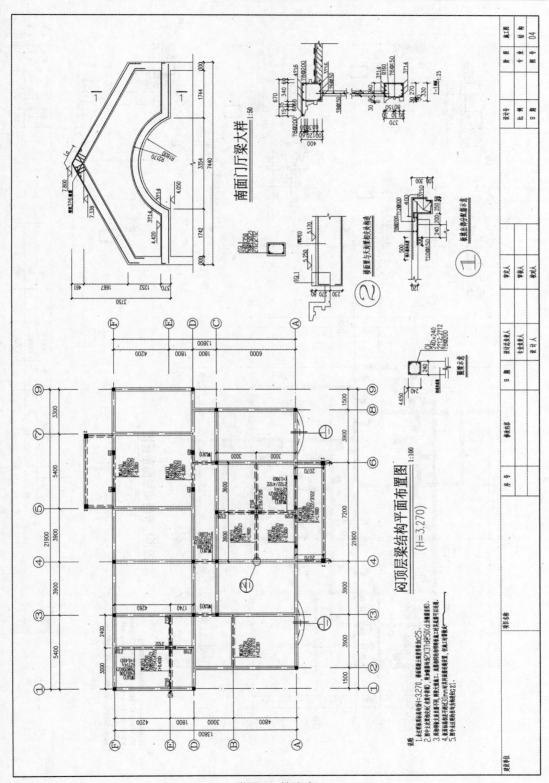

附图 8 结施 04

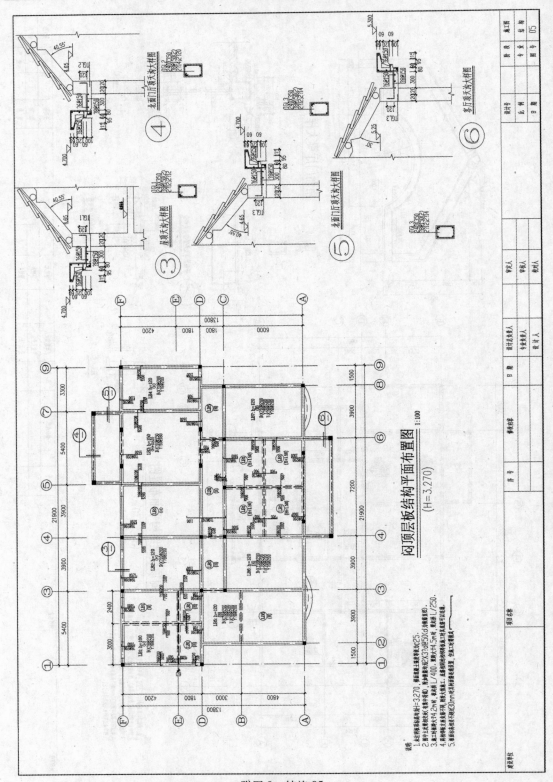

闷顶层板结构平面布置图
1:100
(H=3.270)

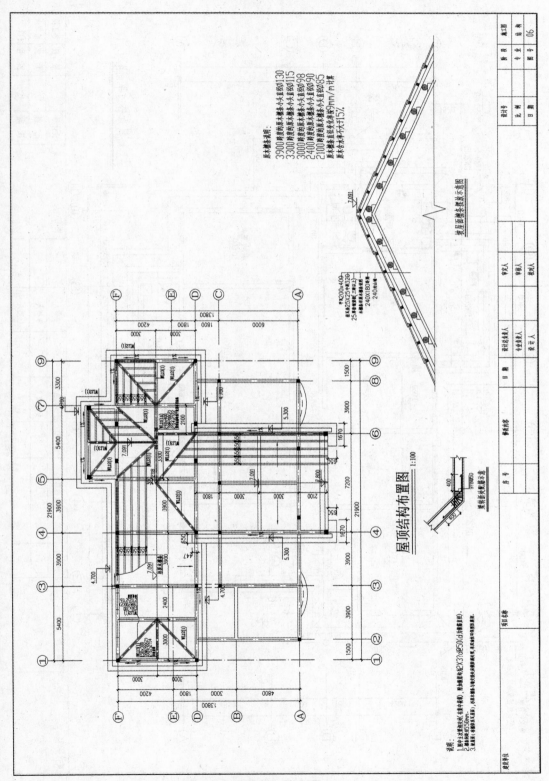

屋顶结构布置图 1:100

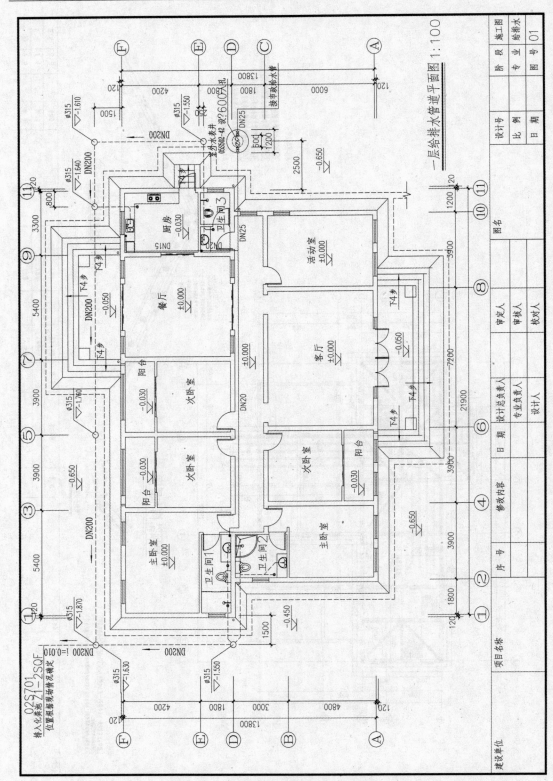

一层给排水管道平面图 1:100

附图 11　水施 01

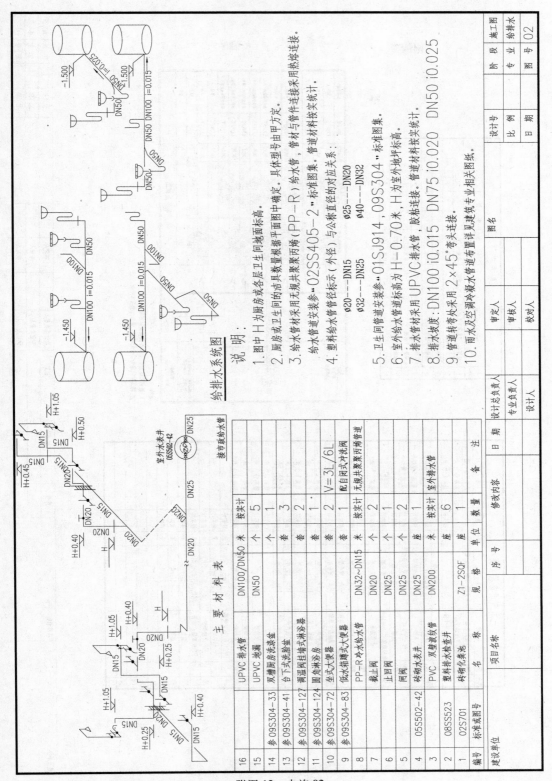

附图12 水施02

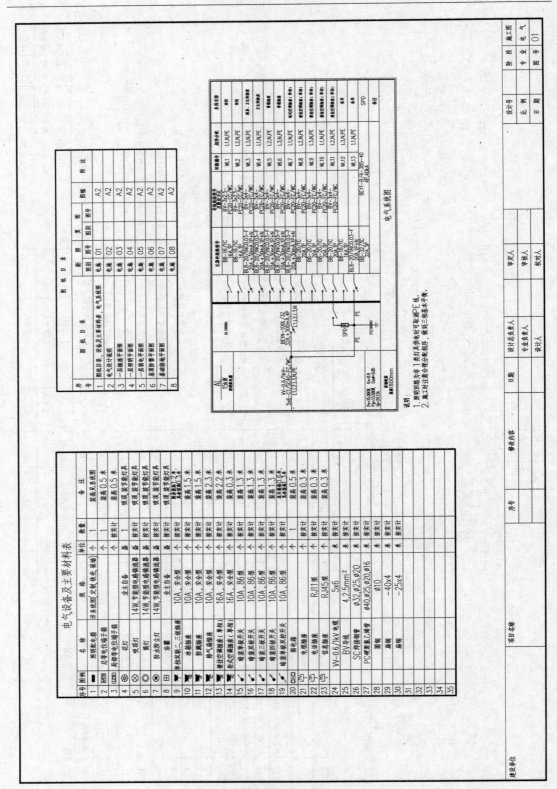

附图 13　电施 01

电气设计说明

一、设计依据
1. 相关专业提供的工程设计资料；
2. 各电气专业设备供应商提供设计任务书及设计要求；
3. 建设单位提供设计任务书及设计方法；
4. 中华人民共和国现行主要标准及规范：
《民用建筑电气设计规范》JGJ 16—2008
《住宅建筑电气设计规范》JGJ 242—2011
《住宅设计规范》GB 50096—2011
《低压配电设计规范》GB 50054—2011
《建筑物防雷设计规范》GB 50016—2006
《建筑照明设计标准》GB 50034—2004
《建筑物防雷设计规范》GB 50057—2010
其它国家现行及现行的相关标准、规范。

二、工程概况
1. 建筑名称：住宅
2. 总建筑面积：287.45m²
3. 建筑层数：1层
4. 建筑高度：7.8m
5. 结构类型：砖混结构

三、设计范围
设计范围包括本电源进户后以下各电气系统：
1. 220/380V照明、插座系统；
2. 本系统均按低层需引入一路220/380V电源；
3. 电话系统及计量装置；
4. 有线电视系统；
5. 电话及宽带网络综合布线系统。

四、220/380V配电系统
其中3、4项，本设计仅提供系统接线预留预埋管，具体方案由电力公司专业公司深化设计。
1. 本工程供电等级，分级容量。
2. 本工程为三级负荷，多负荷为15kW。
3. 供电电源及计量方式。
本工程由低压配电引入—220/380V电源。
4. 本工程采用放射式供电方式，计量集中设置。
5. 本工程采用树干式与放射式相结合的供电方式，所有插座回路均加漏电保护。

五、设备安装
1. 配电箱安装距地：1.8m，明装落地安装。
2. 素接墙开关、灯具安装高度见相关图集。
3. 暗装配电箱、开关、插座安装底边距地1.3m－0.3m暗装。
照明、配电箱内及卫生间内的插座均采用漏电开关保护，其余均由卫生间内开关控制。
插座保护设2区以外。

六、导线敷设及选择
1. 配电干线选用BV—0.6/1kV聚乙烯绝缘、聚氯乙烯护套铜芯电力电缆。
沿SC钢管沿地暗敷设及地沟内敷设。
2. 配线支线选用BV—450/750V聚氯乙烯绝缘铜导线。
支线均穿PC硬质套乙烯管沿顶、地板及墙内暗敷设。

七、建筑防雷
1. 本工程按第三类防雷建筑物设计，建筑物防雷按第三类防雷直接手、雷电感应及防雷电波侵入设防。
应及其设计做法，并需要总电位联结。
2. 接闪器：屋面采用四根避雷针作为人工接地装置引下线，或屋面主体利用防雷接闪。
（≥φ10）避雷，本专用接地钢接闪器（≥φ10）避雷、镀锌圆钢作面。
外护层厚不小于20mm，网格尺寸不大于 20m×20m。
24m×12m。
3. 引下线：利用建筑物各承重柱或剪力墙内对称两侧柱内钢筋作引下线主筋（≥φ16），同根均不少于25m，所有构筑下线需在室外埋深下距离本墙面露出1m米引出一根40X4热镀锌扁钢。
高度，接地体应在室外距离地面下0.5m。
4. 接地极：建筑物各承重柱基础主钢筋作人工接地极及外墙基础接地网。
地网成人工接地体 40×4热镀锌扁钢。
5. 引下线上端与避雷网连接，下端与接地极连接。埋地一根—60X6,L=100）半焊接。
埋地0.8m处应设置卡子，预埋接地端子。
6. 凡突出屋面的金属构件、金属箱罩、金属管道等，均需可靠接地。
7. 上述各种接地极均与等电位接地干线连接。
8. 凡引入本建筑物的各种管线均应做总等电位连接。

八、接地系统
1. 本工程接地系统采用TN—C—S系统，PEN线在总配电柜处分开。
进线重复接地，之后中性线（N）与保护线（PE）分开不再合并。
2. 本工程接地，采用联合接地，接地电阻不大于1欧姆，采用联合接地。
电阻不大于1欧姆，实测小于则增设人工接地。
3. 凡正常不带电，但因绝缘损坏可能带电的一切电气金属设备外壳均应可靠接地。
4. 本工程采用总等电位联结，总等电位连接在室内采用BV—1X25mm²/PC32，连接板与建筑物钢筋连接。
设备进线处作等电位连接端子，进户处金属管线及电气设备外壳均接地。
5. 建筑物内做局部等电位联结（LEB），局部等电位连接至全下导电干线，并与接地干线—Φ16镀锌圆钢连接0.3m。
卫生间内做局部等电位联结，采用镀锌扁钢，其连接做法见详图。

九、电气节能环保
1. 采用节能型灯具和环保材料。
（1）合理选择变压器，以降低线路损耗，并减少对环境影响。
（2）减少信息量，降低线路损耗，节电且采用节电。
（3）采用节能型灯具。
（4）供电采用三相平衡，尽量降低线损。
（5）配置接地电容补偿装置，减少无功损耗。
（6）不使用国家淘汰产品，等综合本专业措施。
2. 电气节能措施
（1）一般公用灯采用节能灯。
（2）光源对变为灯型（T5、T8）灯等，共通室双2×800LM
（36W）以上，并其支配型光源谱紧凑。

十、有线电视系统
1. 电缆引至各户有线电视网到接口处，进线终端至电视分配箱。
2. 有线电视系统均采用实体装置接分配导引出至。
3. 支线采用穿管SC20管敷设，埋深不小于0.3m。
电视接线端采用C20管接地。

十一、电话及宽带网络综合布线系统
1. 本工程采用网络穿线按接线型光纤系统及实验室工程由专业公司实现。
本公司可配合与各专业公司所引接。
2. 通讯线路之双绞线由本体内屏蔽，再由室内线路引出主进。
3. 室内电话弱电箱各金属端采用接地，连接线及其连接，进线处。
室内电话穿绞线采用TP5两芯及双绞，穿SC管敷设。0.3m。
4. 线径及连线均接采用RJ11型，台式插座做法RJ45型。

十二、其它
1. 凡施工与其它有关专业施工注意之外，多点联系，实际协协。
2. 本图所有设备、材料均采用有国家检测中心合格认证及3C认证；
敷设器件与产品应由具国家认可、供应、运防，经济产品供应。
3. 隐蔽管线敷设长度，须及产品指导性施工；
所需深度敷设设置主要配合工民建结构施工专业，按施工图要求预留预留沟洞。

十五、
（1）本设计文件根据由建设方以人民政府核定建筑物或其标准未及设计。
（2）建筑各连灯具数、电源、电视室内接灯等材料，其处置其应及要求，齐全。
（3）高，单位公司维护管工程计划图及设计计划前建自建自及工管自作工程特件。
（4）本工程引用图集及标准图号。

082D01《民用建筑电气安装》
082D02《砖混工程》
04D702—1《常用低压配电设备安装》
03D501—3《利用建筑物金属体作防雷及接地装置安装》
02D501—2《等电位联结安装》

项目名称				日期	审定人	设计号		阶段
		序号	修改内容		审核人	比例		专业 电气
建设单位				设计负责人	校对人	日期		图号 02
				专业负责人				
				设计人				

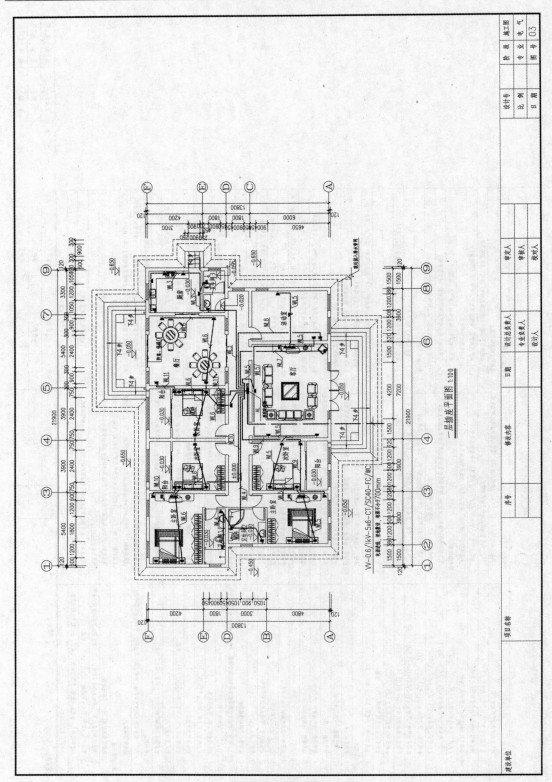

一层插座平面图 1:10.0

附图 15　电施 03

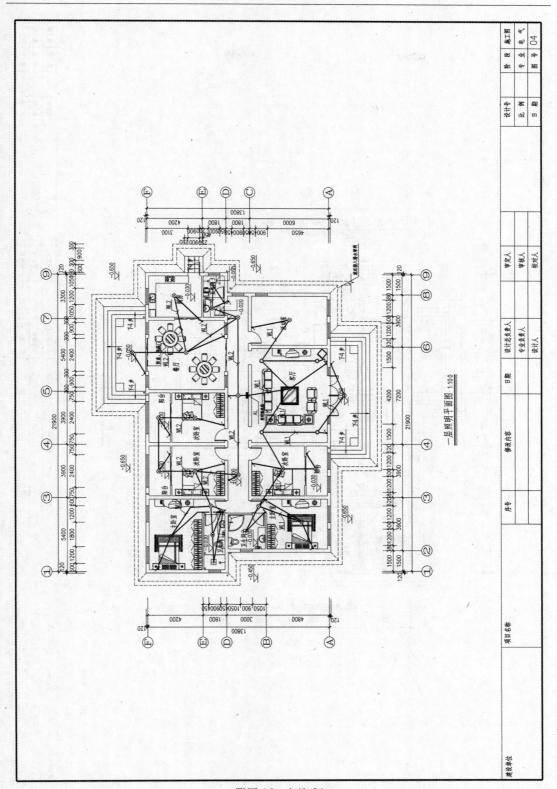

一层照明平面图 1:100

附图 16 电施 04

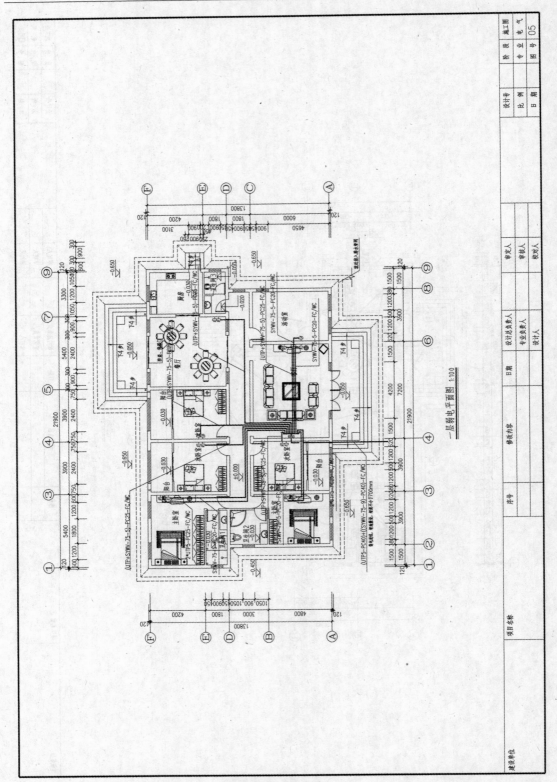

一层弱电平面图 1:100

附图17　电施05

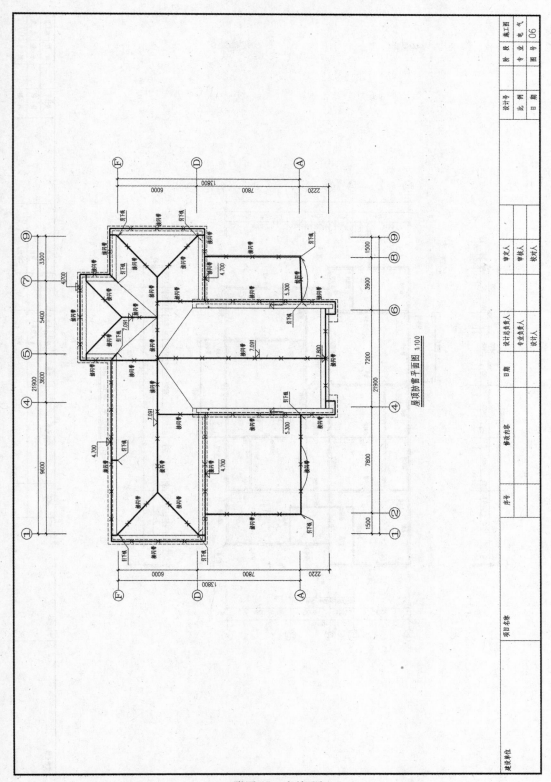

附图18 电施06

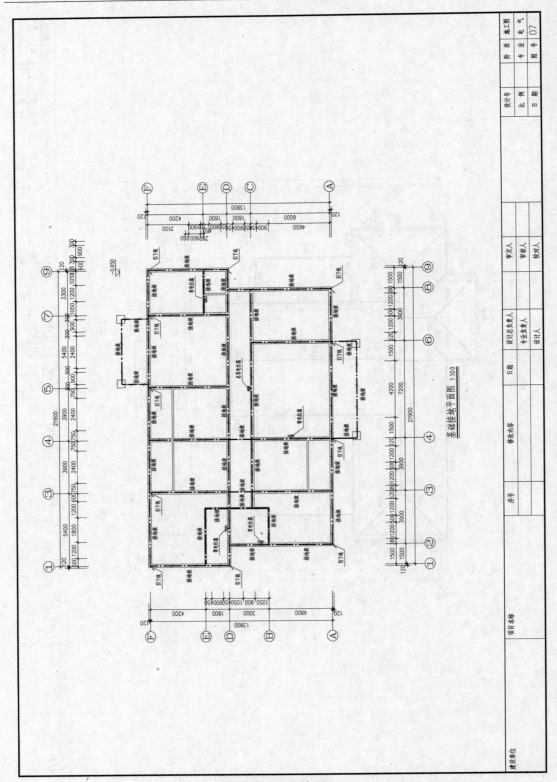

基础接地平面图 1:100

附图 19　电施 07

第三章 农房建造管理

第一节 发承包基本制度

一、发承包概述

1. 发包人与承包人

发包人是指与承包人签订合同协议书的当事人及取得该当事人资格的合法继承人。对于农民自建房工程，房屋的所有人就是工程发包人。而对于乡村的基础设施工程、公用事业工程，如道路、水电站、村民活动中心等，发包人既可以是法人企业，如电力公司；也可以是政府部门；也可以是自然人，如一些先致富的村民。

承包人是指与发包人签订合同协议书的，具有相应工程施工承包资质的当事人及取得该当事人资格的合法继承人。一般而言，承包人应该是具备相应资质的法人企业。但农村建设工程一般投资额小、结构简单。根据规定，只要工程发包金额在规定的限额以下，发包人就可以不用办理施工许可证，也就意味着发包人可以不用将工程发包给建筑企业。因此，作为农村建设工程的承包人，既可以是企业也可以是自然人，但不管是企业还是自然人，都必须符合我国关于工程施工承包资质的规定。

2. 发包方式

根据我国《建筑法》规定：建筑工程依法实行招标发包，对不适于招标发包的可以直接发包。也就是说发包的方式有两种，一种是招标发包，一种是直接发包。

(1) 招标发包

招标发包，是指发包方通过公告或者其他方式，发布拟建工程的有关信息，表明其将招请合格的承包商承包工程项目的意向，由各承包方按照发包方的要求提出各自的工程报价和其他承包条件，参加承揽工程任务的竞争，最后由发包方从中择优选定中标者作为该项工程的承包方，与其签订工程承包合同的发包方式。

招标投标的基本程序如图 3-1 所示。

(2) 直接发包

简单地讲，直接发包是指由发包方直接选定特定的承包方，与其进行一对一的协商谈判，就双方的权利义务达成协议后，与其签订建筑工程承包合同的发包方式。这种方式简便易行，节省发包费用，但缺乏竞争带来的优越性，这种发包方式应当只适用于少数不适用于采用招标方式发包的建设工程。

(3) 必须招标的项目范围和规模标准

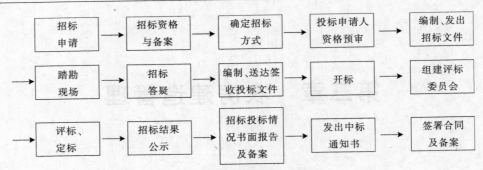

图 3-1 招标投标基本流程图

根据《招标投标法》第 3 条规定,在中华人民共和国境内进行下列工程建设项目,包括项目的勘察、设计、施工、监理以及与工程建设有关的重要设备、材料等的采购,必须进行招标:

① 大型基础设施、公共事业等关系社会公共利益、公共安全的项目;

② 全部或者部分使用国有资金投资或者国家融资的项目;

③ 使用国际组织或者外国政府贷款、援助资金的项目。

任何单位和个人不得将依法必须进行招标的项目化整为零或者以其他任何方式规避招标。

为进一步明确必须招标项目的规模标准,2000 年 4 月 4 日,经国务院批准由原国家计委发布的《工程建设项目招标范围和规模标准规定》规定,包括项目的勘察、设计、施工、监理以及与工程建设有关的重要设备、材料等的采购,达到下列标准之一的,必须进行招标:

① 施工单项合同估算价在 200 万人民币以上的;

② 重要设备、材料等货物的采购,单项合同估算价在 100 万元人民币以上的;

③ 勘察、设计、监理等服务的采购,单项合同估算价在 50 万元人民币以上的;

④ 单项合同估算价低于第①、②、③项规定标准,但项目总投资额在 3 000 万元人民币以上的。

(4) 农村建设应该选择哪种发包方式

农村建设应选择哪种发包方式要视具体情况而定。

首先,按照法律要求必须要招标的建设项目应当进行招标。其次,不属于《招标投标法》规定的项目范围,或者属于规定的项目范围但单项合同估算价及项目总投资均低于上述必须招标的规模标准的,发包人可以选择招标发包,也可以直接发包。

在市场经济环境下,发包人首选的发包方式还是招标发包,因为招标可以促进投标人之间的竞争,从而降低工程建设成本,节约投资。

从经济角度来说,虽然直接发包在促进竞争方面不如招标发包,但直接发包周期短、发包费用少,比较适用于投资额小、技术简单的工程,农房建设中大多采用直接发包。

【案例 3-1】张三的选择

张三是村里的致富能手,经过多年的努力,他办的养猪场成了县里最大的养猪场。手里有钱了,他想改善一下自己的住宿条件,盖个三层楼的住宅。同时作为张家村的一份子,张三为了感谢父老乡亲对他事业的支持,还准备个人出资为村里修一条公路,改善一下村里交通不便的现状。为此,他特意请了设计院的朋友做了设计,可接着问题来了!一个做包工头的亲戚找到他,想承包这两个项目,为此还请了他的几个叔舅姑嫂们讲情。

　　张三犯难了，因为这个亲戚的报价挺高的，特别是公路工程的报价，超出他的预算一大截，预算是 250 万，报价却是 300 万！这时有人给他提了个建议，要他招标。可他打听了一下，招标很麻烦，不但要向政府部门申请、备案，还要编招标文件、组织评标等。这些他都不会，请招标代理公司来做又要额外花钱，张三粗粗算了一下，请招标代理公司和向政府部门办理招标手续的各项费用得要四五万块钱。张三有点舍不得，他想还是直接发包给这个亲戚算了。

　　【分析】这时，一个大学的朋友提醒张三，他拟出资修的公路是属于关系社会公共利益、公众安全的基础设施项目，而且预算已经超过了 200 万，按照法律规定必须要进行招标，直接发包就违法了！

　　而且这个朋友还告诉他，招标虽然要花一定的成本，但通过竞标会降低工程造价。张三在详细咨询了朋友后，决定把自己的住宅直接发包给了包工头亲戚，因为这个项目的造价还不到 40 万，采用招标的方式经济上得不偿失，而且花的时间也太长。另一个公路项目他委托招标代理公司进行了公开招标，经过长达 3 个月的招标，近十家单位参与了投标，最终的中标价格是 220 万。虽然招标过程中花了几万块钱，但总的来说还是节省了资金。因为招标是公开进行的，既合法又合理，乡亲们都很满意！

二、建设许可

1. 基本规定

　　《建筑法》第 7 条规定：建筑工程在开工前，建设单位应当按照国家有关规定向工程所在地县级以上人民政府建设行政主管部门申请领取施工许可证；但是，国务院建设行政主管部门确定的限额以下的小型工程除外。

图 3-2　建筑工程施工许可证样本

　　这个规定确立了我国工程建设的施工许可制度。

　　上述规定中的小型工程是指投资额在 30 万元以下或者建筑面积在 300 m² 以下的建筑工程。也就是说工程投资额在 30 万元以下或者建筑面积在 300 m² 以下的建筑工程，可以不申请办理施工许可证。

建筑法还规定,申请领取施工许可证,应当具备下列条件:

(一)已经办理该建筑工程用地批准手续;

(二)在城市规划区的建筑工程,已经取得规划许可证;

(三)需要拆迁的,其拆迁进度符合施工要求;

(四)已经确定建筑施工企业;

(五)有满足施工需要的施工图纸及技术资料;

(六)有保证工程质量和安全的具体措施;

(七)建设资金已经落实;

(八)法律、行政法规规定的其他条件。

建设行政主管部门应当自收到申请之日起十五日内,对符合条件的申请颁发施工许可证。

上述中的建设资金已经落实是指,建设工期不足一年的,到位资金原则上不得少于工程合同价的 50%;建设工期超过一年的,到位资金原则上不得少于工程合同价的 30%。建设单位应当提供银行出具的到位资金证明,有条件的可以实行银行付款保函或者其他第三方担保。

施工单位从事建筑施工活动,必须遵守有关法律法规的规定,对建设单位未依法取得施工许可证或者开工报告的建设工程,不得组织施工。

【案例 3—2】张三需要办理施工许可证吗?

案例 1 中张三发包了两个工程,一个是村级道路,一个是自己的住房。前一个工程合同价 220 万,而且还通过了正规的公开招标,肯定得向路政部门申请办理施工许可证。但是自己的住房也必须办施工许可证吗?在张三的印象中,村里的乡亲们自家建房可从来没人办过这玩意啊!

【分析】按照《建筑工程施工许可管理办法》规定,工程投资额在 30 万元以下或者建筑面积在 300 m² 以下的建筑工程,可以不申请办理施工许可证。张三的住房虽然造价超过了 30 万,但是建筑面积只有 280 m²,因此可以不用办理施工许可证。

2. 从业单位资质许可

《建筑法》第 12 条规定:从事建筑活动的建筑施工企业、勘察单位、设计单位和工程监理单位,应当具备下列条件:

(一)符合国家规定的注册资本;

(二)与其从事的建筑活动相适应的具有法定执业资格的专业技术人员;

(三)有从事相关建筑活动所应有的技术装备;

(四)法律、行政法规规定的其他条件。

《建筑法》第 13 条规定:从事建筑活动的建筑施工企业、勘察单位、设计单位和工程监理单位,按照其拥有的注册资本、专业技术人员、技术装备和已完成的建筑工程业绩等资质条件,划分为不同的资质等级,经资质审查合格,取得相应等级的资质证书后,方可在其资质等级许可的范围内从事建筑活动。

承包建筑工程的单位应当持有依法取得的资质证书,并在其资质等级许可的业务范围内承揽工程。

　　禁止建筑施工企业超越本企业资质等级许可的业务范围或者以任何形式用其他建筑施工企业的名义承揽工程。禁止建筑施工企业以任何形式允许其他单位或者个人使用本企业的资质证书、营业执照，以本企业的名义承揽工程。

　　建筑业业，是指从事土木工程、建筑工程、线路管道设备安装工程，装修工程的新建、扩建、改建等活动的企业。

　　建筑企业资质分为施工总承包、专业承包和劳务分包三个序列。施工总承包资质、专业承包资质、劳务分包资质序列按照工程性质和技术特点分别划分为若干资质类别。各资质类别按照规定的条件划分为若干资质等级。

　　① 施工总承包企业可以承揽的业务范围

　　取得施工总承包资质的企业，可以承接施工总承包工程。施工总承包企业可以对所承接的施工总承包工程内各专业工程全部自行施工，也可以将专业工程或劳务作业依法分包给具有相应资质的专业承包企业或劳务分包企业。

　　② 专业承包企业可以承揽的业务范围

　　取得专业承包资质的企业，可以承接施工总承包企业分包的专业工程和建设单位依法发包的专业工程。专业承包企业可以对所承接的专业工程全部自行施工，也可以将劳务作业依法分包给具有相应资质的劳务分包企业。

　　③ 劳务分包企业可以承揽的业务范围

　　取得劳务分包资质的企业可以承接施工总承包企业或专业承包企业分包的劳务作业。

　　【案例3－3】张三把住宅发包给包工头是否合法？

　　通过上面的学习，我们知道国家对从事建筑活动的相关企业的资质要求做了十分明确且严格的规定。但在案例1中，张三把住宅发包给了自己的亲戚——一个私人包工头，这种行为是否违法？

　　【分析】我国目前只对需要办理施工许可证的建设项目，要求必须确定施工企业后才能申报施工许可证。而对不需要办理施工许可证的建设项目，比如：工程投资额在30万元以下或者建筑面积在300 m² 以下的建筑工程，并无明确规定是否一定要有资质的施工企业承建。张三的住宅只有280 m²，不需要办理施工许可证。根据法无禁止即合法的原则，张三的发包行为并未违法。

　　但从工程的质量和安全等方面出发，即使发包给包工头，也应当发包给具备相应资质的建筑工匠，关于建筑工匠的相关问题将在后面的《湖南省农村建筑工匠管理暂行制度》中详细介绍。

　　3. 从业人员资格许可

　　《建筑法》第14条规定：从事建筑活动的专业技术人员，应当依法取得相应的执业资格证书，并在执业资格证书许可的范围内从事建筑活动。

第二节 成本管理

一、建筑安装工程造价构成

建筑安装工程造价形成过程可以理解为计量与计价的组成。中华人民共和国建设部、财政部下发的建标【2013】44号文《关于印发〈建筑安装工程费用项目组成〉的通知》中规定：建筑安装工程费用项目按费用构成要素组成划分为人工费、材料费、施工机具使用费、企业管理费、利润、规费和税金。

为指导工程造价专业人员计算建筑安装工程造价，将建筑安装工程费用按工程造价形成顺序划分为分部分项工程费、措施项目费、其他项目费、规费和税金，如图3-3所示。

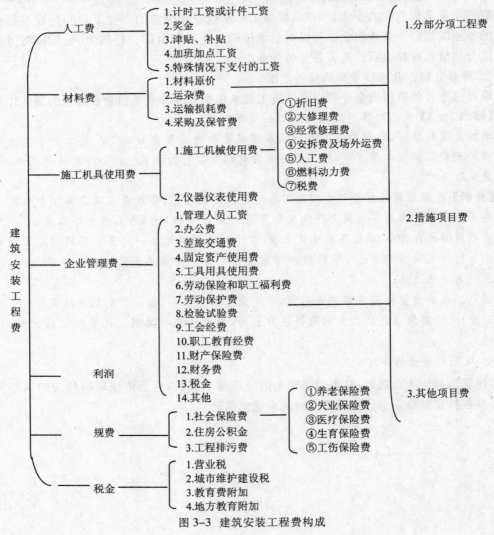

图3-3 建筑安装工程费构成

其中,分部分项工程费是指各专业工程的分部分项工程应予列支的各项费用。如房屋建筑与装饰工程划分的土石方工程、地基处理与桩基工程、砌筑工程、钢筋及钢筋混凝土工程等。

措施项目费是指为完成建设工程施工,发生于该工程施工前和施工过程中的技术、生活、安全、环境保护等方面的费用。内容包括:安全文明施工费、夜间施工增加费、二次搬运费、冬雨季施工增加费、已完工程及设备保护费、工程定位复测费、特殊地区施工增加费、大型机械设备进出场及安拆费、脚手架工程费等。

【小资料】现行湖南省建筑工程费用的取费标准、计费程序与计费方法

根据湘建价[2009]406 号文《湖南省建设工程工程量清单计价办法》规定,本省行政区域内的建筑工程、装饰工程、安装工程、市政工程(包括城市轨道交通工程)、仿古建筑及园林景观工程的工程计价不论资金来源,均应采用本办法工程量清单计价。

1. 湖南省现行建筑工程费用的取费标准(自 2010 年 1 月 1 日起施行)。

(1) 施工企业管理费及利润取费标准(表 3-1)

表 3-1 施工企业管理费及利润

项目名称		计费基础	费 率（%）	
			企业管理费	利 润
建筑工程		人工费＋机械费	33.30	22.00
装饰装修工程		人工费	32.20	29.00
安装工程		人工费	37.90	39.00
园林(景观)绿化工程		人工费	28.60	19.00
仿古建筑		人工费	33.10	24.00
市政工程	给水、排水、燃气、	人工费	35.2	34.00
	道路、桥涵、隧道	人工费＋机械费	31.00	21.00
机械土石方		人工费＋机械费	7.50	5.00
打桩工程		人工费＋机械费	14.4	12.00

(2) 安全文明施工费取费标准(表 3-2)

表 3-2 安全文明施工费

项目名称		计费基础	费 率（%）
建筑工程		人工费＋机械费	20.07
装饰装修工程		人工费	22.06
安装工程		人工费	21.26
园林(景观)绿化工程		人工费	14.95
仿古建筑		人工费	19.57
市政工程	给水、排水、燃气	人工费	14.95
	道路、桥涵、隧道	人工费＋机械费	15.19
机械土石方		人工费＋机械费	5.46
打桩工程		人工费＋机械费	6.54

注:安全文明施工费包括文明措施、安全措施、临时设施费和环境保护费。单位工程建筑面积在以下范围内的其建筑工程、装饰装修工程、安装工程安全文明施工费分别乘以下规定的系数:5 000 m² 以下乘 1.2;5 000~10 000 m² 乘 1.1;＞20 000 m² 且≤30 000 m² 乘 0.9;＞30 000 m² 乘 0.8。其他专业工程执行同一标准。

（3）规费取费标准（表3—3）

表3—3 规费

序号	项目名称	计费基础	费率（%）
1	工程排污费	分部分项工程费＋措施项目费＋其他项目费	0.4
2	职工教育经费	（分部分项工程费＋措施项目费＋计日工）中的人工费总额	1.5
3	养老保险费	分部分项工程费＋措施项目费＋其他项目费	3.5
4	其他规费	（分部分项工程费＋措施项目费＋计日工）中的人工费总额	18.9

说明：其他规费栏包括失业保险费、医疗保险费、工伤保险费、危险作业意外伤害保险费、住房公积金、工会经费等六项。

（4）税金取费标准（表3—4）

表3—4 税金

项目名称	计费基础	费率（%）
纳税地点在市区的企业	分部分项工程费＋措施项目费＋其他项目费＋规费	3.461
纳税地点在县城镇的企业		3.397
纳税地点不在市区、县城镇的企业		3.268

2. 现行湖南省建设工程人工工资单价标准，表3—5为湘建价【2012】237号。

表3—5 现行湖南省建设工程人工工资单价标准

湖南省住房和城乡建设厅文件

湘建价【2012】237号

市州住房和城乡建设局（建委、规划建设局），邵阳市建工局、株洲市招标局、各有关单位：

根据《建设工程工程量清单计价规范》（GB50500—2008）、《湖南省建设工程造价管理办法》的有关规定，我厅组织各市州对近期建设工程人工工资单价进行了调查与测算，同时征求了建设各方意见，现予发布（见附表），并就有关事项规定如下，请一并遵照执行。

一、人工工资单价适用的范围

本通知所指人工工资单价包括建安工程与装饰工程最低工资单价和综合工资单价。建安工程工资单价适用于建筑工程、安装工程、仿古建筑及园林景观工程（不含装饰部分）、市政工程（包括城市轨道交通工程）以及建筑工程概算；装饰装修工程工资单价适用于一般工业与民用建筑的装饰工程及《湖南省仿古建筑及园林景观工程消耗量标准》中的第五章木作、第六章楼地面、第七章抹灰、第九章油漆、第十章彩画装饰工程。

二、合同签定、招标投标或工程结算时，应按以下规定执行

1. 招标单位编制招标控制价（包括上限值、标底价）时，其工资单价应按综合工资单价计取，不得上调下浮。

2. 投标单位编制工程投标报价时，可根据企业的经营情况确定工资单价，但其最终体现的工资单价不得低于发布的当地最低工资单价，否则，其投标报价将按照低于成本价的规定处理。

3. 发包单位与承包单位签定施工承包合同时，其工资单价不得低于发布的当地最低工资单价。已签定的施工合同其工资单价低于施工期发布当地最低工资单价时，发包单位与承包单位应另行协商签定补充协议。

三、《湖南省建设工程消耗量标准》（基期基价）、《长株潭城市轨道交通工程单位估价表》及建筑工程概算定额取费基价，其人工工资单仍按30元计算，超过取费基价部分按价差考虑，计取相应规费与税金。

新的人工工资单价从2012年10月1日起执行。9月30日以前完成的工程量仍按原规定及合同约定执行。

二○一二年九月二十九日

表 3-6　湖南省各市州建设工程人工工资单价

单位：元/工日

地　区	最低工资单价		综合工资单价	
	建安工程	装饰工程	建安工程	装饰工程
长沙、株洲、湘潭市	60.00	70.00	75.00	91.00
衡阳、岳阳、益阳、常德、郴州、娄底、怀化、邵阳、永州、张家界市、自治州	55.00	65.00	70.00	86.00

3. 湖南省现行建筑工程费用的计费程序（表 3-7）。

表 3-7　湖南省建筑工程费用的计费程序一览表

序号	工程内容	计费基础说明	费率（%）	金额（元）	其中：暂估价（元）
1	分部分项工程量清单费合计	（工程量清单项目费：实体项目清单量×综合单价）			
2	措施项目费	2.1+2.2+2.3			
2.1	施工措施项目费				
2.2	冬雨季施工费	分部分项工程量清单费	0.16		
2.3	安全文明施工费	取费价的（人工费＋机械费）或取费价的（人工费）			
3	其他项目费	3.1+3.2+3.3+3.4			
3.1	暂列金额				
3.2	专业工程暂估价				
3.3	计日工				
3.4	总承包服务费				
4	规费	4.1+4.2+4.3+4.4			
4.1	工程排污费	分部分项工程费＋措施项目费＋其他项目费	0.4		
4.2	职工教育经费	（分部分项工程费＋措施项目费＋计日工）中人工费总额	1.5		
4.3	养老保险费	分部分项工程费＋措施项目费＋其他项目费	3.5		
4.4	其他规费	（分部分项工程费＋措施项目费＋计日工）中人工费总额	18.9		
5	税金	（1+2+3+4）			
6	含税工程造价	合计：1+2+3+4+5			

说明：① 本表适用于单位工程招标控制价或投标报价的汇总，如无单位工程划分，单项工程也使用本汇总表。

　　　② 其他规费栏包括失业保险费、医疗保险费、工伤保险费、危险作业意外伤害保险费、住房公积金、工会经费等六项。

二、人工费控制

人工工资单价是指一个建筑安装生产工人一个工作日（8 小时）在计价时应计入的全部人工费用，包括计时工资或计件工资、奖金、津贴补贴、加班加点工资、特殊情况下支付的工资。

（1）计时工资或计件工资：是指按计时工资标准和工作时间或对已做工作按计件单价支付给个人的劳动报酬。

（2）奖金：指对超额劳动和增收节支支付给个人的劳动报酬，如节约奖、劳动竞赛奖等。

（3）津贴补贴：指为了补偿职工特殊或额外的劳动消耗和因其他特殊原因支付给个人的津贴，以及为了保证职工工资水平不受物价影响支付给个人的物价补贴，如流动施工津贴、特殊地区施工津贴、高温（寒）作业临时津贴、高空津贴等。

（4）加班加点工资：指按规定支付的在法定节假日工作的加班工资和在法定日工作时间外延时工作的加点工资。

（5）特殊情况下支付的工资：指根据国家法律、法规和政策规定，因病、工伤、产假、计划生育假、婚丧假、事假、探亲假、定期休假、停工学习、执行国家或社会义务等原因按计件工资标准或计时工资标准的一定比例支付的工资。

三、材料费控制

1. 材料费的概念及其组成

材料费是指施工过程中耗费的原材料、辅助材料、构配件、零件、半成品或成品、工程设备的费用，其内容包括材料原价（供应价格）、运杂费、运输损耗费、采购及保管费等。

工程设备是指构成或计划构成永久工程一部分的机电设备、金属结构设备、仪器装置及其他类似的设备和装置。

2. 材料价格的计算方法

（1）材料原价（或供应价格）

材料原价是指材料的出厂价格、进口材料抵岸价或销售部门的批发价格和市场采购价（信息价）。

在确定材料原价时，如同一种材料，因来源地、供应单位或生产厂家不同，有几种价格时，要根据不同来源地的供应数量比例，采取加权平均法的方法计算其材料的原价。

原价包括为方便材料运输和保护材料而进行包装所需的一切费用。包装费包括包装品的价值和包装费用。包装品有回收价值的，应在材料价格中扣除。

（2）运杂费

材料运杂费是指材料由其来源地（交货地点）起（包括经中间仓库转运）运至施工工地仓库或堆放场地上，全部运输过程中所支出的一切费用，包括运输费，调车费、出入仓库费、装卸费等。

（3）运输消耗费

材料运输损耗是指材料在运输和装卸搬运过程中不可避免的损耗。一般通过损耗率来规定损耗标准。

材料运输损耗＝（材料原价＋材料运杂费）×运输损耗率

（4）采购及保管费

材料采购及保管费是指为组织采购、供应和保管材料过程中所需的各项费用,包括采购费、仓储费、工地保管费、仓储损耗。

材料采购及保管费＝（材料原价＋运杂费＋运输损耗费）×采购及保管费率

采购保管费的费率标准:建筑安装材料为 2.5％,金属构件成品和预制钢筋砼构件为 1％。即:

材料预算价格＝[（材料原价＋运杂费）×（1＋运输损耗费）]×（1＋采购及保管费率）

【例 3－1】某工地水泥从两个地方采购,其采购量及有关费用如下表 3－8 所示,求该工地水泥的基价。

表 3－8　水泥采购量及有关费用

采购处	采购量（吨）	原价（元）	运杂费（元/吨）	运输损耗率	采购及保管费费率
来源一	300	240	20	0.5％	3％
来源二	200	250	15	0.4％	

解:

材料基价＝[（材料原价＋运杂费）×（1＋运输损耗费）]×（1＋采购及保管费率）:

来源一:材料基价＝{（240＋20）×[1＋0.5％]}×[1＋3％]＝269.139 元/吨

来源二:材料基价＝{（250＋15）×[1＋0.4％]}×[1＋3％]＝274.0418 元/吨

该工地水泥的基价＝（300×269.139＋200×274.0418）/500＝271.1 元/吨

【例 3－2】某工程购进一批红砖,红砖出厂价 160 元/千块,运杂费 20 元/吨（每千块红砖重 3.0 吨）场外运输损耗率 3％,材料采购保管费率 2.5％,计算红砖的预算价格。

解:

红砖的预算价格＝[（红砖原价＋运杂费）×（1＋运输损耗率）]×（1＋采购及保管费率）

　　　　　　　＝[（160＋3＊20）×（1＋3％）]×（1＋2.5％）

　　　　　　　＝232.27 元/千块

四、施工机具使用费控制

1. 施工机具使用费的概念及其组成

施工机具使用费是指施工作业所发生的施工机械、仪器仪表使用费或其租赁费。

施工机具使用费按有关规定由七项费用组成,包括折旧费、大修理费、经常修理费、安拆费及场外运费、燃料动力费、人工费、税费等。

2. 施工机具使用费的计算方法

（1）折旧费

折旧费是指施工机械在规定的使用期限内,陆续收回其原值及购置资金的时间价值。

$$台班折旧费＝\frac{机械预算价格×（1－残值率）×时间价值系数}{耐用总台班}$$

（2）大修理费

大修理费是指施工机械按规定的大修理间隔台班进行必要的大修理,以恢复期正常功能所需的费用。

$$台班大修理费=\frac{一次大修理费\times寿命周期大修理次数}{耐用总台班}$$

（3）经常修理费

经常修理费是指施工机械除大修理以外的各级保养及临时故障排除所需的费用，包括为保障机械正常运转所需替换设备与随机配备工具附具的摊销及维护费用，机械运转及日常保养所需润滑与拭擦的材料费用及机械停置期间的维护保养费用等。

$$台班经常修理费=\frac{\sum（各级保养一次费用\times寿命周期各级保养次数）}{耐用总台班}+临时故障排除费+$$

$$替换设备工具附具台班摊销费+\frac{例保障铺料费}{耐用总台班}$$

或台班经常修理费＝台班大修费×K

式中，K 为经常修理费系数，可根据全国统一施工机械台班费用编制规则进行"基础数据"取值。

（4）安拆费及场外运输费

安拆费是指施工机械在现场进行安装与拆卸所需的人工、材料、机械和试运转费用以及机械辅助设施的折旧、搭设、拆除等费用。

场外运输费指施工机械整体或分体自停放地点运至施工现场或由一施工地点运至另一施工地点的运输、装卸、辅助材料以及架线费用。

$$台班安拆费及场外运输费=\frac{机械一次安拆费及场外运输费\times年平均安拆次数}{年工作台班}$$

（5）燃料动力费

燃料动力费是指机械在运转施工作业中所耗用的固定燃料（煤炭、木材）、液体燃料（汽油、柴油）、电力、水和风力等费用。

$$台班燃料动力费=台班燃料动力消耗量\times相应单价$$

（6）人工费

人工费是指机上司机（司炉）和其他操作人员的工作日人工费及上述人员在机械规定的年工作台班以外的工人费。

$$台班人工费=人工总消耗量\times\left[1+\frac{年度工作日-年工作台班}{年工作台班}\right]\times人工单价$$

（7）税费

税费指施工机械按照国家规定应缴纳的车船使用税、保险费及年检费等。

$$台班养路费及车船使用税=年养路费+车船使用税+年保险费+\frac{年检费用}{年工作台班}$$

【例 3－3】某施工机械预计使用 9 年，使用期内有 3 个大修理周期，大修间隔台班为 800 台班，一次大修理费为 4 500 元，计算其台班大修理费。

解：　　　台班大修费＝一次性大修费×寿命期内大修次数/耐用总台班＝

4 500×(3－1)/(800×3)＝9 000/2 400＝3.75 元。

五、定额的应用

定额是施工企业进行经济活动分析的依据。建筑工匠可根据定额，对施工中的劳动、材料、机械的消耗情况进行具体分析，以便找出低工效、高消耗的薄弱环节及其原因。为实现经济效益的增长由粗放型向集约型转变，提供对比数据，提高承包经营的管理水平和经济效益。

1. 劳动定额的应用

劳动定额是指在一定的生产组织和生产技术条件下，完成单位合格产品所必需的劳动时间。劳动定额是人工消耗定额，也称人工定额，以"工日"为计量单位，根据现行劳动制度，每"工日"是指一个工人工作一个工作日（按八小时计），现摘录《全国建筑安装工程统一劳动定额》第四分册砖石工程的砖墙砌体劳动定额表，如表3—9所示。

表3—9　砖墙砌体劳动定额

工日/m³

项　目		混水内墙			
		0.5 砖墙	0.75 砖墙	1 砖墙	1.5 砖及 1.5 砖以外
综合	塔吊	1.38	1.34	1.02	0.994
	机吊	1.59	1.55	1.24	1.21
其中	砌砖	0.865	0.815	0.482	0.448
	运输 塔吊	0.434	0.437	0.44	0.44
	运输 机吊	0.642	0.645	0.654	0.654
	调制砂浆	0.085	0.089	0.101	0.106
编号		12	13	14	15

【例3—4】某工程需砌筑 400 m³ 的 1 砖厚混水内墙，现场每天有 18 个工人施工，求完成该工程需要的施工天数。

解： 从表3—11知，完成 3/4 砖厚 1 m³ 混水砖内墙所需的综合工日为 1.34 工日（塔吊），则完成 300 m³ 混水砖内墙 3/4 厚所需的劳动量为 1.02×400＝408 工日。

$$施工天数＝（408÷18）＝22.7≈23 天$$

【例3—5】某住宅有内墙砌筑任务，总砌筑量为 120 厚内墙 2 000 m³，计划 60 天完成任务，求完成该项任务需要的人数。

解： 由砖墙砌体劳动定额可知一个工日可完成 120 厚混水砖内墙为 1/1.38＝0.724 工日/m³，则该工程所需的劳动量为 2 000÷0.724＝2 762.43 工日。

$$需要的人数＝2 762.43÷60＝46 人$$

2. 材料消耗定额的应用

（1）材料消耗定额的概念

材料消耗定额指在正常的施工条件、合理使用材料的情况下，生产质量合格的单位产品必须消耗的建筑安装材料的数量标准。

① 一次性使用材料的消耗量包括净用量和损耗量两部分

直接构成建筑安装工程实体的材料称为材料的净用量，不可避免的施工废料和施工操作损耗量称为材料损耗量额。

材料消耗定额（材料总消耗量）＝材料消耗净用量＋材料损耗量

材料损耗率＝材料损耗量/净用量 ×100％（即，材料损耗量＝材料净用量×损耗率）

材料消耗定额＝材料消耗净用量×（1＋损耗率）

② 周转性材料消耗量，用摊销量表示。

建筑安装施工中除了耗用直接构成工程实体的各种材料、成品、半成品外，还需要耗用一些工具性的材料，如挡土板、脚手架及模板等。这类材料在施工中不是一次消耗完，而是随着使用次数逐渐消耗的，故称为周转性材料。

（2）材料消耗量计算案例

【例 3－6】 计算 1.5 标准砖外墙 1 m³ 砌体中砖和砂浆的消耗量。（砖和砂浆损耗率均为 1％）

解：

砖的净用量：$A = 1.5 \times 2/(0.24 + 0.01) \times (0.053 + 0.01) \times 0.365 = 522$ 块

砖的消耗量：$522 \times (1 + 1\%) = 527$ 块

砂浆的净用量：$B = 1 - 522 \times 0.24 \times 0.115 \times 0.053 = 0.236$ m³

砂浆的消耗量：$0.236 \times (1 + 1\%) = 0.238$ m³

【例 3－7】 某彩色地板砖规格为 200 mm × 200 mm × 5 mm，灰缝为 1 mm，结合层为 20 厚 1：2 水泥砂浆，试计算 100 m² 地面中地板砖和砂浆的消耗量。（面砖和砂浆损耗率均为 1.5％）

解：

面砖的净用量：$100/(0.2 + 0.01) \times (0.2 + 0.001) = 2\,475$ 块

面砖的消耗量：$2475 \times (1 + 1.5\%) = 2\,512$ 块

灰缝砂浆的净用量：$(100 - 2\,475 \times 0.2 \times 0.2) \times 0.05 = 0.005$ m³

结合层砂浆的净用量：$100 \times 0.02 = 2$ m³

砂浆的消耗量：$(0.005 + 2) \times (1 + 1.5\%) = 2.305$ m³

3. 施工机械台班定额

（1）施工机械台班定额的确定

机械台班消耗定额是指施工机械在合理使用和合理的施工组织条件下，完成合格单位产品所必须消耗的机械台班数量标准。

施工机械台班产量定额＝机械纯工作 1 小时正常生产率×工作班延续时间×
机械正常利用系数

其中，① 施工机械纯工作 1 小时的正常生产率，就是在正常施工条件下，由具备一定技能的技术工人操作施工机械净工作 1 小时的劳动生产率。

② 机械的正常利用系数，是指机械在工作班内工作时间的利用率。机械正常利用系数与工作班内的工作状况有着密切的关系。

$$机械正常利用系数 = \frac{工作班内机械纯工作时间}{机械工作延续时间}$$

（2）施工机械台班定额的应用

【例 3－8】 混凝土搅拌机在正常施工条件下，每搅拌一罐混凝土的纯工作时间为 5 min，每罐体积为 0.25 m³，机械利用系数为 75％，确定搅拌机的时间定额和产量定额。

解：

搅拌机工作 1 h 的生产量：$0.25×(60÷5)=3\ m^3$

搅拌机台班产量定额$=(3×8×75\%)=18\ m^3/台班$

搅拌机时间定额$=(1÷18)=0.056\ 台班/m^3$

4. 建筑工程消耗量定额的应用方法

建筑工程消耗量定额是指确定完成一定计量单位的合格的分项工程或结构构件的人工、材料和机械台班消耗量的标准，是计算建筑安装产品价格的基础。

建筑工程消耗量定额一般是将施工定额中的劳动定额、材料消耗定额、机械台班消耗定额，经合理计算并考虑其他一些合理因素而综合编制的。

（1）定额的直接套用

当施工图的设计要求与定额的项目内容完全一致时，可以直接套用消耗量定额；当施工图的设计要求与定额项目规定的内容不一致时，如定额规定不允许换算和调整的，也应直接套用定额。在编制单位工程施工图预算的过程中，大多数项目可以直接套用建筑工程消耗量定额。套用时应注意以下几点：

① 根据施工图纸、设计说明和做法说明选择定额的项目；

② 从工程内容、技术特征和施工方法上仔细核对，准确确定相应的定额项目；

③ 分项工程项目名称和计量单位要与建筑工程消耗量定额相一致。

【例 3—9】某住宅楼共五层，其中三、四、五层用 M2.5 混合砂浆砌 1 砖混水墙，工程量为 $450\ m^3$，试写出其定额编号并求出人工和砖、砂浆的用量。

解：确定定额编号，查 2006 年《湖南省建筑及装饰工程消耗量标准》第三章砖石工程，得知套用定额编号：A3—10（A 表示建筑工程、B 表示装饰工程，A3—10 表示建筑工程第三章第三节的第十个定额子目）。

查定额含量：$10\ m^3$ 含人工 16.08 工日、标准砖 5.4 千块、砂浆含量 $2.25\ m^3$，所以，

人工用量$=450÷10×16.08=723.6$ 工日

砖用量$=45×5.4=243$ 千块

砂浆用量$=45×2.25=101.25\ m^3$

若要求计算砌筑砂浆中各成分用量，则查附录砌筑砂浆 $1\ m^3$ 的 M2.5 混合砂浆含水泥 32.5 级 186 kg、中净砂 $1.29\ m^3$、石灰膏 $0.13\ m^3$、水 $0.79\ m^3$。

水泥 32.5 级用量$=101.25×186=18\ 832.5\ kg$

中净砂用量$=101.25×1.29=130.61\ m^3$

石灰膏用量$=101.25×0.13=13.16\ m^3$

水用量$=101.25×0.79=79.98\ m^3$

【例 3—10】某办公楼中有 C25 砾 40 钢筋砼柱 $70\ m^3$，其断面为 $350×450$，层高均为 3.6 m，试求其所需的人工、水泥、砾石、砂的用量。

解：确定定额编号，查 2006 年《湖南省建筑及装饰工程消耗量标准》第四钢筋、混凝土工程得知套用定额编号：A4—83。

查定额含量：$10\ m^3$ 含人工 21.64 工日、C25 砾 40 现浇混凝土 $9.86\ m^3$、1∶2 水泥砂浆含量 $0.31\ m^3$。

人工用量$=70÷10×21.64=151.48$ 工日

查附录抹灰砂浆 $1\ m^3$ 的 1∶2 水泥砂浆含水泥 32.5 级 557 kg、中净砂 $1.11\ m^3$。

查附录 1 m³ 的 C25 砾 40 现浇混凝土含：32.5 级水泥 380 kg、40 mm 砾石 0.91 m³、中净砂 0.41 m³。

32.5 级水泥用量＝7.0×(9.86×380＋0.31×557)＝27 436.29 kg

砾石用量＝7.0×9.86×0.91＝62.81 m³

中净砂＝7.0×(9.86×0.41＋0.31×1.11)＝30.71 m³

（2）定额的换算

当分项工程的设计内容与定额项目的内容不完全一致时，不能直接套用定额，而定额又允许换算的，则可以采用定额规定的范围、内容和方法进行换算，从而使定额子目与分项工程内容保持一致。

定额换算包括系数换算法、强度换算法、配合比换算法和其他换算法。

换算后的定额项目，应在其定额编号后加注"换"字，以示区别。

1）换算的基本思路

根据相关规定，按定额规定换入增加的费用，扣除减少的费用。这一思路用下列表达式表述：

换算后的定额基价＝原定额基价＋换入的费用－换出的费用

2）建筑工程消耗量定额的换算

① 系数换算法

【例 3－11】试确定人工挖 100 m³ 桩间土方一、二类土（深度 2 m 以内）的定额基价。

解：查 2006 年《湖南省建筑、装饰工程消耗量标准》第一章土石方工程，得知套用定额 A1－1，该定额只有人工消耗量，人工消耗量为 18.05 工日/100 m³，人工基期单价为 30 元/工日。

查说明第 2.2 项可知，人工挖桩间土方时，人工乘以系数 1.25。

换算后的定额基价＝1.25×定额人工消耗量×基期人工工资单价

　　　　　　　　＝1.25× 18.05 工日/100m³×30 元/工日

　　　　　　　　＝676.88 元/100m³

【例 3－12】试计算走管式柴油打桩机在二级土中打 10 m³，桩长 8 m 以内的试验桩定额基价。

解：查 2006 年《湖南省建筑、装饰工程消耗量标准》第二章桩基础工程，得知套用定额 A2－13，按照分项工程单价确定方法计算得出，原分项工程定额基价为 5 407.53 元/10m³，其中，人工费为 1 707.90 元/10m³，机械费为 1 226.15 元/10m³。

查说明五项可知，打试验桩按相应项目人工、机械乘以系数 2.0 计算。

换算后的定额基价＝原定额基价＋(人工费＋机械费)×(调整系数－1)

　　　　　　　　＝5 407.53＋(1 707.90＋1 226.15)×(2－1)

　　　　　　　　＝8 341.58 元/10m³

② 强度换算法

当消耗量定额中混凝土或砂浆的强度等级与施工图设计要求不同时，定额规定可以进行强度换算。

换算步骤如下：

a. 查找两种不同强度等级的混凝土或砂浆的预算单价；

b. 计算两种不同强度等级材料的单价差；

c. 查找定额中该分项工程换算后的定额基价；

d. 进行调整，计算该分项工程换算后的定额差价。

换算公式为：

换算后的定额基价＝换算前的定额基价＋（换入单价－换出单价）×定额材料消耗量

【例 3－13】试计算 10 m^3 C30 混凝土矩形柱的定额基价。

解：查 2006 年《湖南省建筑、装饰工程消耗量标准》得知，套用定额 A4－83，按照分项工程单价确定方法计算得出，原分项工程定额基价为 2 626.97 元/10m^3，混凝土矩形柱消耗量材料是 C25 现浇混凝土，定额消耗量为 9.86 m^3/10m^3。查 C30 现浇混凝土基期单价为 194.47 元/m^3，C25 现浇混凝土基期单价为 183.37 元/m^3，则换算后

定额基价＝换算前的定额基价＋（换入单位－换出单价）×定额材料消耗量

$$＝2 626.97＋（194.47－183.37）×9.86$$

$$＝2 736.42 元/10m^3$$

③ 砂浆配合比换算

砂浆配合比不同时的换算与混凝土强度等级不同时的换算计算方法基本相同。

【例 3－14】试计算 M5 混合砂浆砌 1/2 厚混水砖墙 10 m^3 的定额基价。

解：查 2006 年《湖南省建筑、装饰工程消耗量标准》第三章砖石工程得知，套用定额 A3－8，按照分项工程单价确定方法计算得出，原分项工程定额基价为 2 122.40 元/10m^3，砌筑 1/2 厚混水砖墙定额规定使用的是 M5 水泥砂浆，定额消耗量为 1.95 m^3/10m^3。查 M5 混合砂浆单价为 150.192 元/m^3，M5 水泥砂浆单价为 135.935 元/m^3，则换算后

定额基价＝换算前的定额基价＋（换入单位－换出单价）×定额材料消耗量

$$＝2 122.40＋（150.192－135.935）×1.95 元/10m^3$$

$$＝2 150.20 元/10m^3$$

第三节　合同管理

一、建设工程合同的形式和内容

【案例 3－4】甲建筑公司作为施工总承包单位，将所承揽的部分施工项目分包给了乙建筑公司，并签订了书面分包协议。施工过程中，甲公司将原本不属于分包范围的外墙保温工程委托给了乙方施工，因为双方一直合作良好，增加的这一部分保温工程仅仅口头约定了相关的事项而没有签订书面合同。2006 年 9 月 8 日，乙建筑公司完成了甲方要求完成的施工项目后，向甲建筑公司要求支付工程款。甲建筑公司仅支付了原分包合同的款项，而增加部分以没有签订书面合同不符合法律规定为由拒绝承担支付工程款的义务。甲建筑公司的观点正确吗？

【问题】甲公司认为不签订书面合同不符合法律规定，这个说法正确吗？如果正确，那么口头约定的协议就不能得到法律的保护……

1.建设工程合同的形式

建设工程合同是指承包人进行工程建设,发包人支付价款的合同。

《合同法》第10条规定:"当事人订立合同,有书面形式、口头形式和其他形式。法律、行政法规规定采用书面形式的,应当采用书面形式。当事人约定采用书面形式的,应当采用书面形式。"

口头形式指当事人以对话的方式达成的协议。书面形式是指合同书、信件和数据电文(包括电报、电传、传真、电子数据交换和电子邮件)等可以有形地表现所载内容的形式。其他形式指推定形式和沉默形式。推定合同形式指以语言、文字以外的某种积极行为所进行的意思表示。比如:租期届满,承租人继续交纳房租,出租人接受的,可推定双方达成延长租期的合同。

【分析】《合同法》第270条规定:"建设工程合同应当采用书面形式。"这里的"应当"是必须的意思,案例中的工程施工分包合同属于建设工程合同,也就是说当事人必须签订书面补充协议。双方之前因为合作良好而没有签订书面协议,明显不符合法律规定,应当是无效的。但是,《合同法》第36条规定了例外的情况。《合同法》第36条规定:"法律、行政法规规定或者当事人约定采用书面形式订立合同,当事人未采用书面形式但一方已经履行主要义务,对方接受的,该合同成立。"施工分包合同作为建设工程合同应当采用书面形式而没有采用,但是乙建筑公司已经履行了主要义务,并且甲公司也予以了验收认可,有相关的验收文件可以证明,因此该合同是成立的,甲建筑公司应当支付工程款。

尽管在案例2中,乙公司的权利得到了法律保护,但在实际工作中我们切不可抱着侥幸的心理,毕竟口说无凭。如果应当签订书面合同而没有签订书面合同,在一方履行了口头约定的义务之后,另一方不予以认可的话,法律是不会予以支持的。本案例中,如果甲公司对外墙保温工程验收不合格,要求乙公司赔偿损失的话,乙公司又该怎么办呢?

2.建设工程合同的主要内容

【案例3-5】王先生购买了一套全装修房,在参观样板房时,王先生发现开发商采用的装修材料质量很好,于是毫不犹豫地在购房合同上签了字。但等到开发商交房之后他却发现有诸多地方与样板房标准不符。而更让他感到有些无奈的是,开发商在合同附件中并未明确规定装修材料的品牌。

案例分析:涉及到能够明确的内容必须具体,这样才能避免日后发生遭遇侵权而无法追究的尴尬局面。如全装修房关于装饰、设备标准的约定。对于购房人而言,此约定的关键是要把装修标准具体化。要避免采用诸如"高级面砖"、"高级外墙涂料"、"高级木地板"之类的模糊性标准。应当尽量写清装饰材料规格、颜色和设备的商品品牌(型号)及其质量标准。

从以上案例可以看到,签订合同如果内容不全面很有可能导致合同实施过程中的争议,并带来不必要的损失,那么作为建筑施工合同,应该必须具备哪些必需的要素呢?对此《合同法》做了明确规定,合同法第12条规定:合同的内容由当事人约定,一般包括以下条款:

(1)当事人的名称或者姓名和住所;

(2)标的;

(3)数量;

(4)质量;

(5)价款或者报酬;

（6）履行期限、地点和方式；

（7）违约责任；

（8）解决争议的方法。

当事人可以参照各类合同的示范文本订立合同。

二、建设工程合同的效力

1. 有效合同

一般来说只有符合法律所规定的生效条件合同，才是有效的合同，否则有可能不仅无效，而且会受到法律的制裁。合同的一般有效要件包括：

（1）行为人具有相应的民事行为能力；

（2）意思表示真实；

（3）不违反法律或者社会公共利益；

（4）合同标的须确定和可能。

【案例 3—6】1996 年 9 月，某钢铁总厂（甲方）与某建筑安装公司（乙方）签订建设工程施工合同，合同签订后，乙方按照约定完成工程，但甲方未支付全额工程款，截止 2000 年 6 月尚欠应付工程款 1 117 万元。2000 年 7 月 3 日，乙方起诉甲方要求支付工程款、延期付款利息及滞纳金。甲方主张，因合同中含有带资承包条款，所以合同无效，甲方不应承担违约责任。

【分析】这个案例的焦点在于，甲乙双方签订的合同是不是无效合同，如果不是无效合同，甲方的主张就不能得到法律支持，应承担违约责任。反之，甲方的主张就又能得到法院支持。刚刚介绍了有效合同的四个要件，其中第三个是不违反法律，那么带资承包条款是否与之冲突呢。对此《合同法》又怎么解释？

2. 无效合同

《合同法》规定，有下列情形之一的，合同无效：

（1）一方以欺诈、胁迫的手段订立合同，损害国家利益；

（2）恶意串通，损害国家、集体或者第三人利益；

（3）以合法形式掩盖非法目的；

（4）损害社会公众利益；

（5）违反法律、行政法规的强制性规定。

无效合同的确认权归合同管理机关和人民法院。

【案例 3—6 分析】就合同中带有垫资承包条款是否影响合同效力，生效判决认定：虽然垫资条款违反了政府行政主管部门的规定（建设部、国家计委、财政部于 1996 年发布的《关于严禁带资承包工程和垫资施工的通知》），但该通知不属于法律、行政法规文件，效力偏低，只要符合合同成立生效的其他条件，合同应为有效。

无效合同自合同签订时就没有法律约束力；合同无效分为整个合同无效和部分无效，如果合同部分无效的，不影响其他部分的法律效力；合同无效，不影响合同中独立存在的有关解决争议条款的效力。因该合同取得的财产，应予返还，有过错的一方应当赔偿对方因此所受到的损失。

3. 可变更或者可撤销合同

【案例 3—7】2003 年 6 月，某建筑施工企业从水泵厂购得 20 台 A 级水泵，在现场使用后反映效果良好。因进一步需要，该施工企业决定派采购员王某再购进同样的水泵 35 台 A 级水泵。该施工企业收到 35 台水泵后，即投入使用，与 2003 年 6 月所购水泵性能上存在较大差异，怀疑水泵厂第二次提供的水泵质量有问题，要求更换。水泵厂以提供产品均合格为由，拒绝更换。该施工企业遂诉至法院要求更换并赔偿损失。经查明：2003 年 6 月所供水泵实际上是 B 级水泵，由于水泵厂出厂环节的失误，所镶铭牌错为 A 级水泵；第二次所供水泵实际上是 B 级水泵。

【分析】施工企业本意是购买 A 级水泵，但由于水泵厂的原因，使其将本希望采购的 B 级水泵，错误地表达为 A 级水泵，与其真实意思表示发生重大错误，属于重大误解。因此，施工企业对第二次采购合同享有撤销权或者变更权，其主张变更标的物的主张很可能获得支持。

可变更、可撤销合同是指合同部分内容违背当事人的真实意思表示，当事人可以要求对该部分内容的效力予以撤销的合同。《合同法》规定下列合同当事人一方有权请求人民法院或者仲裁机构变更或撤销：

(1) 因重大误解订立的；

(2) 在订立合同时显失公平的。

一方以欺诈、胁迫的手段或者乘人之危，使对方在违背真实意思的情况下订立的合同，受损害方有权请求人民法院或者仲裁机构变更或者撤销。

三、建设工程合同的履行

1. 合同履行的原则

合同的履行是指合同生效后，当事人双方按照合同约定的标的、数量、质量、价款、履行期限、履行地点和履行方式等，完成各自应承担的全部义务的行为。

合同履行的基本原则，根据《合同法》第 60 条规定，在合同履行过程中必须遵行如下两个基本原则。

（1）全面履行原则

全面履行原则是指合同当事人应当按照合同的约定全面履行自己的义务，包括履行义务的主体、标的、数量、质量、价款或者报酬以及履行的方式、地点、期限等，都应当按照合同的约定全面履行，不能以单方面的意思改变合同义务或者解除合同。

（2）诚实信用原则

诚实信用原则是指在合同履行过程中，合同当事人讲究信用，恪守信用，以善意的方式履行其合同义务，不得滥用权力及规避法律或者合同规定义务。合同的履行应当严格遵循诚实信用原则。一方面要求当事人除了应履行法律和合同规定的义务外，还应当履行依据诚实信用原则所产生的各种附随义务，包括相互协作和照顾义务、瑕疵的告知义务、使用方法的告知义务、重要事情的告知义务、保密义务等。另一方面，在法律有合同规定的内容不明确或者欠缺规定的情况下，当事人应当依据诚实信用原则履行义务。

2. 合同内容约定不明确的履行规则

合同生效后,当事人就质量、价款或者报酬、履行地点等内容没有约定或者约定不明确的,可以协议补充;不能达成补充协议的,按照合同有关条款或者交易习惯确定,仍不能确定的,则按以下规定履行:

(1) 质量要求不明确的:按照国家标准、行业标准履行;没有国家标准、行业标准的,按照通常标准或者符合合同目的的特定标准履行。

(2) 价款或者报酬不明确的:按照订立合同时履行地的市场价格履行;依法应当执行政府定价或者政府指导价的,依照规定执行。在合同约定的交付期限内政府价格调整时,按照交付时的价格计价。逾期交付标的物的,遇价格上涨时,按照原价格执行;价格下降时,按照新价格执行。逾期提取标的物或者逾期付款的,遇价格上涨时,按照新价格执行;价格下降时,按照原价格执行。

(3) 履行地点不明确:给付货币的,在接收货币一方所在地履行;交付不动产的,在不动产所在地履行;其他标的,在履行义务一方所在地履行。

(4) 履行期限不明确的:债务人可以随时履行,债权人也可以随时要求履行,但应当给对方必要的准备时间。

(5) 履行方式不明确的:按照有利于实现合同目的的方式履行。

(6) 履行费用的负担不明确的:由履行义务一方负担。

【案例 3—8】乙建筑施工企业总部在湖南湘潭市,之前和甲房地产开发公司在湘潭合作多个项目,关系良好。现该开发商在上海有一住宅小区项目即将实施,鉴于以前双方合作愉快,该房地产开发商邀请乙公司继续合作。但乙施工企业之前从未在上海有过业务,对上海的建筑市场并不了解。于是双方协商同意,施工合同内部分专业工程暂不确定承包价格,并约定半年后再洽商相关问题。2005 年 6 月 22 日双方正式签订合同,同年 7 月 15 日项目正式开工,2006 年 1 月 15 日,乙公司向甲房地产商递交了合同内未确定价格部分工程的报价书,但经双方反复协商不能达成一致意见,并因此影响到中间结算和进度款支付。2007 年 6 月,乙公司向法院提起诉讼。

【分析】根据合同法规定,价款或者报酬不明确的,按照订立合同时履行地的市场价格履行。因为部分工程在合同内未明确价格,且双方协商也不能达成一致意见,那么只能按照2005 年 6 月时项目所在地区同类工程的市场价格进行确定。

四、建设工程合同的变更与转让

1. 合同的变更

合同的变更是指合同依法成立后,在尚未履行或未完全履行时,当事人双方经协商依法对合同的内容进行修订或调整所达到的协议。例如:对合同约定的数量、质量标准、履行期限、履行地点和履行方式等进行变更。

根据《建设工程施工合同(示范文本)GF—2013—0201》,合同履行过程中发生以下情形的均属于变更。

(1) 增加或减少合同中任何工作,或追加额外的工作;

(2) 取消合同中任何工作,但转由他人实施的工作除外;

(3) 改变合同中任何工作的质量标准或其他特性;

（4）改变工程的基线、标高、位置和尺寸；

（5）改变工程的时间安排或实施顺序。

一旦发生合同变更，因变更导致的工程造价的增减，由合同当事人按照合理的成本与利润构成的原则商定或确定变更工作的单价，因变更引起工期变化的，合同当事人均可要求调整合同工期。

【案例3—9】张三与李四的争议

张三准备在自己的宅基地上建一栋3层楼的住房。他计划自己购买主要材料，并把劳务报给以李四为首的4名建筑工匠。但是在建造期间，建筑材料涨价了，导致当房屋建造到2层的时候准备的资金全部用完。张三心想，反正家里只有5口人，儿子结婚还早，2层楼十几间房暂时已经足够用了。等到城里打一段时间的工，赚了钱再把剩下的一层楼建完。张三于是通知李四停工，等一年后再建。

但是李四不愿意，说我们原来的协议是一次性把房子建好，你现在中途停工，导致我们一段时间要失业，明年要重新建，还不知道能不能找到人来做，要求张三赔偿他们的损失。张三辩解说，我又没违约不让你们做，只是暂时没钱等明年再搞，不同意赔偿。

【分析】张三虽然并没有增减李四等人的工作量，只是将建造时间暂时中断一年，但根据《建设工程施工合同（示范文本）GF—2013—0201》规定，这也属于合同变更的一种形式，张三应当赔偿李四等人因停工造成的实际损失。

2. 合同的转让

合同的转让，是指当事人一方将合同的权利和义务转让给第三人，由第三人接受权利和承担的义务的法律行为。

在建设工程领域，合同的转让表现为总包、转包和分包等各种形式，其中有些是合法的，有些是违法的。我国的很多法律法规，如《建筑法》、《合同法》、《招投标法》等都对此进了规定。

（1）转包属于非法，严令禁止。转包的形式有将其承包的全部建设工程转包给第三人、将其承包的全部建设工程肢解以后以分包的名义分别转包给第三人、将主体工程或关键性工程转包给第三人完成等三种形式。

（2）在满足必要前提情况下，允许分包。工程合法分包需要满足的条件有三个，一是合同约定可以分包或者合同未约定，但经建设单位同意；二是分包单位具备法定的资质条件；三是分包的工程为非主体工程或非关键性工程。

（3）分包工程不得再次分包。所谓的不得再次分包是指专业工程的承包单位不能将其分包业务再次分包，但分包业务不包括劳务分包。比如，甲建筑公司将某工程的防水工程分包给了乙防水公司，则乙公司不能再将防水工程全部或部分再分包给第三人，但他可以将承包范围内的劳务作业委托给具备资质条件的劳务企业完成。

（4）总包单位和分包单位就分包工程承担连带责任。所谓连带责任是指两个或者两个以上当事人对其共同债务全部承担或部分承担，并能因此引起其内部债务关系的一种民事责任。当责任人为多人时，每个人都负有清偿全部债务的责任，各责任人之间有连带关系。

【案例3—10】甲公司承接了某大型商住楼的总包业务后，将其中的防水工程分包给了某专业公司施工。商住楼交付使用后，外墙出现了大面积的渗水现象，该防水施工单位多次维修也没有解决问题，严重影响了使用。建设单位以此为由通知甲公司，要求赔偿损失200

万元。甲公司以该项目已经分包，且该分包合同事先经过建设单位同意为由，拒绝赔偿。最后，建设单位向法院起诉了甲公司。

【分析】背景中甲公司将防水工程进行了分包，属于部分债务转让。根据合同法第65条：当事人约定由第三人向债权人履行债务的，第三人不履行债务或者履行债务不符合约定，债务人应当向债权人承担违约责任。因此，甲公司不能以分包为借口拒绝建设单位的索赔。但因为甲公司和防水单位之间存在连带责任，如果甲公司无力偿还赔款，则防水单位有义务继续偿还。并且甲公司在偿还建设单位的索赔后，可以根据具体情形再向分包单位进行索赔。

五、违约责任

违约责任是指合同当事人违反合同约定，不履行义务或者履行义务不符合约定所承担的责任。违约责任制度是保证当事人履行合同义务的重要措施，有利于促进合同的全部履行。没有违约责任制度，"合同具有法律约束力"就成了空话。

【案例3—11】某施工单位在某工程项目的施工中，因自身组织不当、管理不善而延误工期给建设单位造成损失。在接到建设单位的索赔报告后，该施工单位及时予以了处理，但拒绝再继续履行合同，理由是已经赔偿了建设单位的损失，并支付了一定的违约金。你认为这种说法正确吗？

【分析】合同双方的权利义务关系并不因为施工单位赔偿损失及支付违约金后归于消灭，该施工单位仍然要继续履行合同。

《合同法》第107条规定，当事人一方不履行合同义务或者履行合同义务不符合约定的应当承担继续履行、采取补救措施或者赔偿损失等违约责任。在这里不管主观上是否有过错，除不可抗力免责外，都要承担违约责任。违约责任的承担形式有：

1. 违约金

违约金是指按照当事人的约定或者法律直接规定，一方当事人违约的，应向另一方支付的金钱。违约金的标的物是金钱，也可约定为其他财产。

当事人可以约定一方违约时应当根据违约情况向对方支付一定数额的违约金，也可以约定因违约产生的损失赔偿额的计算方法。在合同实施中，只要一方有不履行合同的行为，就得按合同规定向另一方支付违约金，而不管违约行为是否造成对方损失。以这种手段对违约方进行经济制裁，对企图违约者起警戒作用。违约金的数额应在合同中用专用条款详细约定。

2. 定金

定金是在合同订立或在履行之前支付的一定数额的金钱作为担保的担保方式，又称保证金。给付定金的一方称为定金给付方，接受定金的一方称为定金接受方。定金的数额原则上是由当事人约定的，但担保法对其最高限额又作了限定，即不能超过主合同标的额的百分之二十。

合同法第115条规定：当事人可以依照《中华人民共和国担保法》约定一方向对方给付定金作为债权的担保。债务人履行债务后，定金应当抵作价款或者收回。给付定金的一方不履行约定债务的，无权要求返还定金；收受定金的一方不履行约定债务的，应当双倍返还定金。在未约定违约金的情况下,适用本条规定。

定金具有双重担保性,即同时担保合同双方当事人的债权。就是说,交付定金一方不履行债务的,丧失定金;而收受定金一方不履行债务的,则应双倍返还定金。当事人一方不完全履行合同的,应按照未履行部分所占合同约定内容的比例,适用定金罚则。

【案例3-12】建筑公司与采石场签订了一个购买石料的合同,合同中约定了违约金的比例。为了确保合同的履行,双方还签订了定金合同。建筑公司支付了5万元定金。2006年4月5日是合同中约定交货的日期,但是采石场却没能按时交货。建筑公司要求其支付违约金并返还定金。但是采石场认为如果建筑公司选择适用了违约金条款,就不可以要求返还定金了。你认为采石场的观点正确吗?

【分析】不正确。

《合同法》第116条规定:"当事人既约定违约金,又约定定金的,一方违约时,对方可以选择适用违约金或者定金条款。"采石场违约,建筑公司可以选择违约金条款,也可以选择定金条款。

建筑公司选择了违约金条款,并不意味着定金不可以收回。定金无法收回的情况仅仅发生在给付定金的一方不履行约定的债务的情况下。本案例中不存在这个前提条件,建筑公司是可以收回定金的。

3. 赔偿损失

赔偿损失是指合同当事人就其违约而给对方造成的损失给予补偿的一种方法。《合同法》规定:"当事人一方不履行合同义务或者履行合同义务不符合约定的,在履行义务或者采取措施后,对方还有其他损失的应当赔偿损失。"

赔偿损失的范围可由法律直接规定,或由双方约定。在法律没有特别规定和当事人没有另行约定的情况下,应按完全赔偿原则,赔偿全部损失,包括直接损失和间接损失。

赔偿损失不得超过违反合同一方订立合同时预见到或者应当预见到的因违反合同可能造成的损失。

赔偿损失的方式:一是恢复原状;二是金钱赔偿;三是代物赔偿。恢复原状指恢复到损害发生前的原状。代物赔偿指以其他财产替代赔偿。

4. 继续履行

继续履行合同要求违约人按照合同的约定,切实履行所承担的合同义务。

5. 采取补救措施

采取补救措施是在当事人违反合同后,为防止损失发生或者扩大,由其依照法律或者合同约定而采取的修理、更换、退货、减少价款或者报酬等措施。采用这一违约责任的方式,主要是在发生质量不符合约定的时候。合同法规定,质量不符合约定的,应当按照当事人的约定承担违约责任。

6. 违约责任的免除

合同生效后,当事人不履行合同或者履行合同不符合合同约定的,都应承担违约责任。但如果是由于发生了某种非常情况或者意外事件,使合同不能按约定履行时,就应当作为例外来处理。合同法规定,只有发生不可抗力才能部分或者全部免除当事人的违约责任。

【案例3-13】2005年3月5日,某路桥公司与建设单位签订了某高速公路的施工承包合同。合同中约定 2005 年 5 月 8 日开始施工,于 2006 年 9 月 28 日竣工。结果路桥公司在 2006 年 10 月 3 日才竣工,建设单位要求路桥公司承担违约责任。但是路桥公司以施工期间累计下了 10 天雨,属于不可抗力为请求免除违约责任。你认为路桥公司的理由成立吗?什么情况下属于不可抗力?

【分析】首先分析下雨是否属于不可抗力。

《合同法》第 117 条规定:本法所称不可抗力,是指不能预见、不能避免并不能克服的客观情况。

下雨要分为两种情况,正常的下雨和非正常的下雨。正常的下雨不属于不可抗力,因为每年都会下雨属于常识,谈不下不能预见。而且对其结果也是可以采取措施减少损失的;非正常的下雨属于不可抗力,例如多年不遇的洪涝旱灾。

本案例是的施工期间累计下雨 10 天显然不属于非正常的下雨,不属于不可抗力。在投标的时候是可以预见的,不能以此作为免责理由。

第四节　合同争议的处理方式

一、和解

1. 和解的概念

和解又称为协商,是指双方当事人之间在自愿互谅的基础之上,就已经发生的矛盾争议进行协调并达成一致协议,自行解决争议的一种方式。

和解达成的协议不具有强制执行的效力。但可以成为原合同的补充部分。当事人不按照和解达成的协议执行,另一方当事人不可以申请强制执行,但是可以追究其违约责任。

用协商的方式解决,程序简便,及时迅速,有利于减轻仲裁和审判机关的压力,节省仲裁、诉讼费用,有效地防止经济损失的进一步扩大,同时也有利于增强纠纷当事人之间的友谊,有利于巩固和加强双方的协作关系。

2. 和解的适用

(1) 未经仲裁和诉讼的和解

发生争议后,当事人可以自行和解。如果达成一致意见,就不需要进行仲裁或诉讼了。

(2) 申请仲裁后的和解

当事人申请仲裁后,可以自行和解。达成和解协议的,可以请求仲裁庭根据和解协议作出裁决书,也可以撤回仲裁申请。当事人达成和解协议,撤回仲裁申请后反悔的,可以根据仲裁协议申请仲裁。

(3) 诉讼后的和解

当事人在诉讼中和解的,应该由原告申请撤诉,经法院裁定撤诉后借宿诉讼。

(4) 执行中的和解

在执行中,双方当事人在自愿协商的基础上,达成的和解协议,产生结束执行程序的效力。如果一方当事人不履行和解协议或者反悔,对方当事人只可以申请人民法院按照原来生效法律文书强制执行。

3. 和解的原则

和解应当遵守以下原则:

(1) 平等自愿原则。不允许任何一方以行政命令手段,强迫对方进行协商,更不能以断绝供应、终止协作等手段相威胁,迫使对方达成只有对方尽义务,没有自己负责任的"霸王协议"。

(2) 合法原则。即双方达成的和解协议,其内容要符合法律和政策规定,不能损害国家利益,社会公共利益和他人的利益。否则,当事人之间为解决纠纷达成的协议无效。

二、调解

1. 调解的概念

调解,是指第三人(调解人)对纠纷当事人的请求,依法或者依照合同约定,对矛盾双方当事人进行说服教育,使得双方在互谅互解,相互让步的基础上解决纠纷一种途径。

调解有以下三个特征:

(1) 调解是在第三方的主持下进行的,这与双方自行和解有着明显的不同;

(2) 主持调解的第三方在调解中只是说服劝导双方当事人互相谅解,达成调解协议而不是作出裁决,这表明调解和仲裁不同;

(3) 调解是依据事实和法律、政策,进行合法调解,而不是不分是非,不顾法律与政策在"和稀泥"。

2. 调解的形式

(1) 民间调解

民间调解,即在当事人以外的第三人或组织的主持下,通过相互调解达成一致协议,使得纠纷得到解决的方式。民间调解达成的协议不具有强制约束力。

(2) 行政调解

行政调解,是指在有关行政机关的主持下,依据相关法律,行政法规,规章以及政策,处理纠纷的方式。行政调解达成的协议也不具有强制约束力。

(3) 法院调解

法院调解,是指在人民法院的主持下,在双方当事人自愿的基础上,经过法院调解,以制作调解书的形式,从而解决纠纷的方式。调解书经双方当事人签字后具有法律效力。

(4) 仲裁调解

仲裁庭在作出裁决前进行调解的解决纠纷的方式。当事人自愿调解,仲裁庭应当调解。仲裁的调解达成协议,仲裁庭应当制作调解书或者根据协议结果制作裁决书。调解书与裁决书具有同等法律效力,调解书经当事人签字后发生法律效力。

三、仲裁

仲裁也是解决民事纠纷的重要途径,由于仲裁本身的特点,在建设工程纠纷的解决过程中更是被广泛选用。

在民商事仲裁中,仲裁协议是仲裁的前提,没有仲裁协议就不存在有效的仲裁。

1. 仲裁协议

仲裁协议是指当事人自愿将他们之间已经发生或者可能会发生的争议提交给仲裁解决的协议。

合法有效的仲裁协议应当具备以下法定内容:

(1) 请求仲裁的意思表示

这是仲裁协议的首要内容,因为当事人以仲裁方式解决纠纷的意愿正是通过请求仲裁的意思表示体现出来。对仲裁协议中意思表示的要求明确肯定。

(2) 仲裁事项

仲裁事项时当事人提交仲裁的具体争议事项。仲裁庭只能在仲裁协议确定的仲裁事项范围内进行仲裁,超出这一范围进行仲裁,所作出的仲裁,经一方当事人申请,法院可以不予执行或者撤销。按照我国《仲裁法》规定,对于仲裁事项没有约定或者约定不明的,当事人应就此达成补充协议,达不成补充协议的,仲裁协议无效。

(3) 选定的仲裁委员会

仲裁委员会是受理仲裁案件的机构,由于仲裁没有法定的管辖规定,因此仲裁委员会是由当事人自主选定的。如果当事人在仲裁协议中不选定仲裁委员会,仲裁就无法进行。

2. 仲裁程序

仲裁程序即仲裁委员会对当事人提请仲裁争议案件进行审理并且做出仲裁裁决,以及当事人为解决争议案件进行仲裁活动所遵守的程序规定。

(1) 申请仲裁

当事人申请仲裁必须符合以下条件:

① 存在有效的仲裁协议;

② 具有具体的仲裁请求,事实和理由;

③ 属于仲裁委员会的受理范围。

当事人申请仲裁,应当向仲裁委员会递交仲裁协议、仲裁申请书以及副本。

【案例 3-14】仲裁申请书

申请人:×××,女,19××年××月出生,汉族,住永州市×××××幢×单元×××室,联系电话:135×××××××;

被申请人:湖南×××装饰工程有限公司永州分公司;地址:永州市×××号;负责人:××;联系电话:0571/×××××××;

请求事项:

① 要求被申请人一次性支付违约金 5 190 元;

② 要求被申请人赔偿损失 28 894 元(附清单);

③ 要求被申请人重新制作质量不合格的吊顶、鞋柜、油烟机排风管道;

④ 要求被申请人整改存在质量问题的电线直到符合国家规定的质量要求;

⑤ 要求被申请人承担本案仲裁费。

事实与理由:

2013 年 1 月 4 日,申请人与被申请人签订了《永州市住宅装饰装修施工合同》及相关附件,约定由被申请人对申请人的单元房进行装修,工期为 70 天,竣工期限为 2013 年 3 月 31

日。但被申请人自双方签订合同以来,一直没有按照国家的规定和双方合同约定履行义务。

　　被申请人派驻的装修施工人员完全不按照国家规定的规范进行,施工粗制滥造,质量根本达不到国家规定和合同约定的要求,还在施工中动手打伤了申请人。同时,由被申请人施工安装的室内电线,没有遵照国家相关规范标准,提供的开关插座质量不合格,导致申请人在正常使用小厨宝时被烧坏,在仅使用一台冰箱情况下屡次跳闸等等,根本不考虑到申请人的居住安全。

　　在申请人的抗议下,被申请人与申请人于2013年5月21日签订了《整改协议》,对存在的有明显质量问题的装修项目进行返工修整。但被申请人在返工拆除地板时,不按规范进行,直接造成地板损坏。而更让申请人痛心地是,施工人员居然把拆除下来的地板全部堆放在未封闭阳台,没有采取任何遮掩措施,导致地板表面全部发霉变质,进一步损坏了地板。

　　申请人一直相信被申请人的国际品牌,因此,本着尽快入住、息事宁人原则,在出现诸如此类的质量问题后,与被申请人达成《整改协议》,希望被申请人能认认真真把有质量问题的整改过来,把没有装修完毕的尽快施工。但令申请人失望的是,被申请人居然在签订《整改协议》后消极怠工,拒绝施工,还倒咬一口,把全部责任推到申请人身上。鉴于被申请人存在以上几个方面违约,申请人特向仲裁委员会提出申请,请求贵委依法支持申请人的五个请求,维护申请人的合法权益。

　　此致

永州仲裁委员会

申请人:×××

2013年××月××日

　　附:证据目录一份

　　(2)审查与受理

　　仲裁委员会收到仲裁申请书之日起5日内经审查认为符合受理条件的,应予受理,并通知当事;认为不符合条件的,应以书面形式通知当事人不予受理,并说明理由。

　　(3)组成仲裁庭

　　仲裁庭是行使仲裁权主体,在我国,仲裁庭的组成形式有两种,即合议仲裁庭和独任仲裁庭。仲裁庭的组成必须按照法定程序进行。

　　3.仲裁审理

　　仲裁审理的主要任务是审查、核实证据,查明案件事实,分清是非责任,正确适用法律,确认当事人之间的权利和义务关系,解决当事人之间的纠纷。

　　(1)仲裁审理的方式

　　仲裁审理的方式可以分为开庭审理和书面审理两种。所谓开庭审理,是指在仲裁庭的主持下,在双方当事人和其他仲裁审理参与人的参与下,按照法定程序,对案件进行审理并作出裁决的方式。开庭审理是仲裁审理的主要方式。开庭审理不公开进行,当事人的协议公开的,可以公开进行,但是涉及国家秘密的除外。

　　所谓书面审理,是指在双方当事人以及其他仲裁参与人不到庭参加审理的情况之下,仲裁庭根据当事人提供的仲裁申请书、答辩书以及其他书面材料作出的裁决过程。书面审理是开庭审理的必要补充。

　　(2)开庭通知

仲裁委员会应在仲裁规则规定的期限内将开庭日期通知双方当事人,向双方当事人通知开庭日期是仲裁程序的重要环节,有利于切实际的保障当事人参加仲裁审理的权利。

(3)开庭审理程序

① 开庭仲裁

由首席仲裁员或者独任仲裁员宣布开庭。随后,首席仲裁员或者独任仲裁员核对当事人,宣布案由,宣布仲裁庭组成人员和记录人员名单,告知当事人有关权利义务,询问是否提出回避申请。

② 开庭调查

仲裁庭按照下列顺序进行开庭调查:当事人陈述、证人作证、出示书证、物证和视听资料、宣读勘验笔录、现场笔录以及宣读鉴定结论。

③ 当事人辩论

当事人在仲裁过程中有权辩论。辩论终结时,首席仲裁员应当征询当事人的最后意见。当事人辩论时开庭审理重要程序。辩论通常按照下列顺序进行:申请人及代理人发言;被申请人及代理人发言;双方相互辩论。

在仲裁程序中,仲裁申请人和被申请人都应当按时出庭,未经仲裁庭许可不得中途退庭,否则对申请人经书面通知,无正当理由不到庭或者中途退出庭的,视为撤回仲裁申请;对被申请人书面通知。无正当理由不到庭或未经允许中途退出的,则按照缺席判决。

④ 仲裁和解、调解

仲裁和解,是指仲裁当事人通过协商,自行解决已经提交的仲裁争议事项的行为。在当事人申请仲裁后,可以自行和解,当事人达成和解协议的,可以请求仲裁庭根据和解协议作出裁决书,也可以撤回仲裁申请。如果当事人撤回仲裁申请后反悔的,则可以仍根据原仲裁协议申请仲裁。

仲裁调解,是指在仲裁庭的主持下,仲裁当事人在自愿协商基础上达成一致协议从而解决纠纷的一种制度。

经仲裁庭调解,双方当事人达成协议的,仲裁庭应当制作调解书,经双方当事人签收后发生法律效力。如果在调解书签收前当事人反悔的,仲裁庭应当及时作出裁决。仲裁庭除了可以制作仲裁调解书之外,也可以根绝协议的结果制作裁决书,调解书与裁决书具有同等法律效力。

当事人请求不予执行仲裁调解书或者根据当事人之间的和解协议作出的仲裁裁决书,人民法院不予支持。

⑤ 仲裁裁决

仲裁裁决是指仲裁庭对当事人之间争议的事项进行审理后所作出的终局的权威性判定。仲裁裁决的作出标志着当事人之间的纠纷的最终解决。

仲裁裁决是由仲裁庭作出的。独任仲裁庭审理的案件是由独任仲裁员作出的仲裁裁决。合议仲裁庭审理的案件由3名仲裁员集体作出仲裁裁决。当仲裁庭成员不能形成一致时,按照多数仲裁员的意见作出仲裁裁决;在仲裁庭无法形成多数意见时,由首席仲裁员的意见作出裁决。

仲裁裁决书是由仲裁庭对纠纷案件作出的裁决的法律文书,按照法定要求,仲裁裁决书应当写明仲裁请求、争议事实、裁决理由、裁决结果、裁决费用的负担和裁决日期。如果当事人不愿意写明争议事实和裁决理由的，可以不写。仲裁裁决书由仲裁员签名以及仲裁委员会盖章。

仲裁裁决从裁决书作出之日起发生法律效力，其效力具体体现以下几点：

（一）当事人不得就已经裁决的事项再行申请仲裁，也不得就此提起诉讼。

（二）仲裁机构不得随意更改已生效的仲裁裁决。

（三）其他任何机关或个人不得更改仲裁裁决。

（四）仲裁裁决具有执行力。

四、诉讼

民事诉讼是以司法方式解决平等主体之间的纠纷，是由法院代表国家行使审判权解决民事争议的方式。民事诉讼是解决民事纠纷的最终方式，只要没有仲裁协议的民事纠纷最终都是可以通过民事诉讼解决的。

1. 诉讼管辖

（1）级别管辖

级别管辖，是指按照一定的标准，划分上下级法院之间受理第一审民事案件的分工和权限。我国（民事诉讼法）主要根据案件的性质、复杂程度和案件的影响来确定级别管辖。各级人民法院都管辖第一审民事案件。

（2）地域管辖

地域管辖，是指按照各法院的辖区和民事案件的隶属关系，划分同级法院受理第一审民事案件的分工和权限。地域管辖实际上是着重于法院与当事人、诉讼标的以及法律事实之间的隶属关系和关联关系来确定。

建筑工匠一般都在本乡村从事承包业务，所以都在本地区的初级人民法院进行民事诉讼。

2. 审判程序

审判程序是民事诉讼法规定的最为重要的内容，它是人民法院审理案件适用的程序，可以分为一审程序、二审程序和审判监督程序。现主要介绍一审程序的基本过程。

（1）起诉

起诉，是指公民、法人和其他组织在其民事权益受到侵害或者发生争议时，请求人民法院通过审判给予司法保护的诉讼行为。起诉时当事人获得司法保护的手段，也是人民法院对民事案件行使审判的前提。

起诉的方式分为书面形式和口头形式两种。我国《民事诉讼法》规定起诉形式是以书面为原则的。但当事人书写起诉状有困难的，也可以口头起诉，由人民法院记入笔录，并且告知对方当事人。

（2）审查与受理

人民法院对原告的起诉情况进行审查后，认为符合起诉条件的，在7日内立案，并且通知当事人。认为不符合起诉条件的，也应在7日内裁定不予受理，原告对不予受理裁定不服的，可以提起上诉。如果人民法院在立案后发现起诉不符合法定条件的，裁定驳回起诉，当事对驳回起诉不服的，可以上诉。

（3）审理前准备

审理前准备，是指人民法院接受原告起诉并决定立案受理后，在开庭审理之前，由承办案件的审判员依法所做的各项准备工作。

经当事人申请，人民法院可以组织当事人在开庭审理之前交换证据或者也可以委托外地人民法院调查。

（4）开庭审理

开庭审理是指人民法院在当事人和其他诉讼参与人参与下，对案件进行实体审理的诉讼活动。主要有以下几个步骤：

① 准备开庭

由书记员查明当事人和其他诉讼参与人是否到庭，宣布法庭纪律，由审判长核对当事人，宣布开庭并公布法庭组成人员。

② 法庭调查阶段

这是一个证明过程，由举证、质证、认证组成。经过庭审质证的证据，能够当即认定的应当当庭认定。未经庭审质证的证据资料不能作为定案依据。

审判员如果认为案情已经查清，即可宣布终结法庭调查，转入法庭辩论阶段。

③ 法庭辩论

其顺序为：原告及其诉讼代理人发言；被告及其诉讼代理人答辩；第三人及其诉讼代理人发言或答辩；相互辩论。法庭辩论终结后，由审判长按原告、被告、第三人的先后顺序征得各方面最后意见。

法庭辩论结束后，法院作出判决前，对于能够调解的，可以在事实清楚基础上进行调解，调解不成的应当及时判决。

④ 合议庭评议和宣判

法庭辩论结束后，调解又没有达成协议的，合议庭成员退庭进行评议。评议是秘密进行的。合议庭评议完毕后应该制作判决书，宣告判决公开进行。宣告判决时，必须告知当事人上诉权利、上诉期限和上诉法院。

人民法院适用普通程序审理案件，应该在立案之日起 6 个月内审结，有特殊情况需要延长的，由本院院长批准，可以延长 6 个月；还需要延长的，需要报请上级人民法院批准。

以上是第一审程序的基本过程。第二审程序又叫终审程序，是指民事诉讼当事人不服地方各级人民法院未生效的第一审裁判，在法定期限内向上级人民法院提起上诉，上级人民法院对案件进行审理所适用的程序。第二审程序并不是每一个民事案件的必经程序，如果当事人在案件一审过程中达成调解协议或者在上诉期内未提起上诉，一审法院的裁决就发生法律效力，第二审程序也就不必进行，当事人上诉是第二审程序发生的前提。

第四章　农房建造质量与安全

第一节　影响农房建设质量的主要因素

一、施工质量五大影响因素

影响施工质量的因素主要有五大方面，即 4M1E，人(Man)、材料(Material)、机械(Machine)、方法(Method)和环境(Environment)。对这五大要素严加控制，是保证工程质量的关键。

1. 人的因素控制

人，是指直接参与施工的组织者、指挥者和操作者。人，作为控制的对象，要避免由于人的失误，给工程质量带来不良的影响。要充分调动人的积极性，发挥人的主导作用。强调"人的因素第一"。用人的工作质量，来保证工序质量，用每个工序质量来保证整个工程质量。

(1) 工作人员的素质

工作人员的素质好，必然工作能力强，实践经验丰富，善于协作配合。这样就有利于合同执行，有利于确保质量、投资、进度三大目标的控制。事实证明，领导层的整体素质，是提高工作质量和工程质量的关键。

(2) 人的理论、技术水平

人的理论、技术水平直接影响工程质量水平，尤其是对技术复杂、难度大、精度高、工艺新的建筑结构设计或建筑安装的工序操作。必要时，还应对他们的技术水平予以考核，进行资质认证。

(3) 人的违纪违章

人的违纪违章，指人粗心大意、漫不经心、注意力不集中、不懂装懂、无知而又不虚心、不履行安全措施、安全检查不认真、随意、碰运气、图省事、玩忽职守、有意违章等。

(4) 管理人员和操作人员控制

人员素质高低及质量意识的强弱都直接影响到工程产品的优劣。应认真抓好操作者的素质教育，不断提高操作者的生产技能，严格控制操作者的技术资质条件，是工程质量管理控制的关键途径。

2. 机械设备控制

(1) 施工现场机械设备控制的任务

现场施工机械设备管理主要是正确选择(或租赁)和使用机械设备，及时做好施工机械设备的维护和保养，按计划检查和修理，建立现场施工机械设备使用管理制度等。其主要任务是采取技术、经济、组织措施对机械设备合理使用,用养结合,提高施工机械设备的使用效率,尽可能降低工程的机械使用成本,提高工程项目的经济效益。

（2）施工机械设备使用控制

① 合理配备各种机械设备

由于工程特点及生产组织形式各不相同,因此,在配备现场施工机械设备时必须根据工程特点,经济合理地为工程配备好机械设备,同时又必须根据各种机械设备的性能和特点,合理安排施工生产任务,避免"大机小用"、"精机粗用",以及超负荷运转的现象;而且还应随工程任务的变化及时调整机械设备,使各种机械设备的性能与生产任务相适应。

② 实行人机固定的操作证制度

为了使施工机械设备在最佳状态下运行使用,合理配备足够数量的操作人员并实行机械使用、保养责任制是关键。无证人员登机操作应按严重违章操作处理,坚决杜绝为了赶进度任意指派无证人员上机操作事情的发生。

③ 建立健全现场施工机械设备使用的责任制和其他规章制度

人员岗位责任制,操作人员在开机前、使用中、停机后,必须按规定的项目要求,对设备进行检查和例行保养,做好清洁、润滑、调整、紧固和防腐工作。

④ 现场施工机械设备使用控制建立"三定"制度

"三定"制度是指定人、定机、定岗位职责,它是人机固定原则的具体表现,是保证现场施工中机械设备得到最合理使用的精心维护的关键。"三定"制度是把现场施工机械设备的使用、保养、保管的责任落实到个人。

3. 材料控制

材料是工程施工的物质条件,没有材料就无法施工。材料的质量是工程质量的基础,材料质量不符合要求,工程质量也就不可能符合标准。所以,加强材料的质量控制,是提高工程质量的重要保证,也是创造正常施工条件的前提。

（1）材料质量控制的要点

① 材料质量控制的基本要求

虽然工程使用的建筑材料种类很多,其质量要求也各不相同,但是从总体上来说,建筑材料可以分为直接使用的进场材料和现场进行第二次加工后使用的材料两大类。前者如砖块或砌块,后者如混凝土和砌筑砂浆等。

② 强化进场材料质量的验收

对材料的外观、尺寸、形状、数量等进行检查。对材料外观等进行检查,是任何材料进场验收必不可缺的重要环节。检查材料的质量证明文件。检查材料性能是否符合设计要求。材料质量不仅应该达到规范规定的合格标准,当设计有要求时,还必须符合设计要求。因此,材料进场时,还应对照设计要求进行检查验收。为了保证工程质量,对涉及地基基础与主体结构安全或影响主要建筑功能的材料,还应当按照有关规范或行政管理规定进行抽样复试,以检验其实际质量与所提供的质量证明文件是否相符。

③ 新材料的使用贯彻"严格"、"稳妥"的原则

新材料通常指新研制成功或新生产出来的未曾在工程上使用过的材料。使用新材料时,由于缺乏相对成熟的使用经验,对新材料的某些性能不熟悉,因此必须贯彻"严格"、"稳妥"的原则。

（2）材料的选择和使用要求

材料的选择和使用不当，均会严重影响工程质量或造成质量的事故。因此，必须针对工程特点，根据材料的性能、质量标准、适用范围和对事故要求等方面进行综合考虑，慎重地选择和使用材料。如不同品种、强度等级的水泥，由于水化热不同，不能混合使用。

4. 方法控制

方法控制是指为达到合同条件的要求，所采取的技术方案、工艺流程、组织措施、检测手段、施工组织设计等的控制。

施工方案正确与否，是直接影响工程的进度、质量、投资三大目标能否顺利实现的关键。往往由于施工方案考虑不周而拖延进度，影响质量，增加投资。为此，在制定和审核施工方案时，必须结合工程实际从技术、组织、管理、工艺、操作、经济等方面进行全面分析、综合考虑，力求方案技术可行、经济合理、工艺先进、措施得力、操作方便，有利于提高质量、加快进度、降低成本。

5. 环境因素控制

施工阶段是施工形成的关键阶段，此阶段是施工现场将设计蓝图建造成实物，因而施工阶段的环境因素对施工项目质量起着非常重要的影响，在施工项目质量的控制中应重视施工现场环境因素的影响，并加以有效合理的控制。

二、影响农村建设质量的其他因素

1. 农村建设方面的法律、法规的宣传和贯彻力度不够

我国在依法管理农村建设方面，从国家到地方，相继出台了如《村庄和集镇规划建设管理条例》、《村镇建筑工匠从业资格管理办法》等配套法规文件，对村镇建设管理工作作出了具体规定，对促进村镇建设工作的开展提供了有力的依据和重要保障。

但是，由于各级领导和从事村镇建设的执法人员对法律、法规宣传贯彻力度不够，未能及时把与广大农民有密切联系的相关法律、法规宣传贯彻到位，致使相当一部分农民法律意识淡薄，甚至不懂法。有的人认为自己花钱建房子是自己的事，别人管不着。在农村，农民自建房施工工匠大都是"土瓦匠"，今天在地里插秧种田，明天摇身一变就是一个堂堂的"项目经理"。无资质施工，质量安全意识本身就很淡薄，为了节省时间、多赚钱，施工队常常"加班加点"、偷工减料，施工粗制滥造的现象相当普遍。不到几天工夫，一座楼房就能竣工。

2. 农村建房的监督机制滞后

当前，农民建造住房，只要经过村镇建设部门的规划，土地管理部门的定点丈量，即可建造，再无什么约束可言。然而国家规定，农民住房建筑的质量、施工安全的检查和监管职责由当地政府的村镇建设部门负责，而在实践中，村镇建设部门极少对承建者的资质进行查验，管理力度极其薄弱，没有严格的规章制度和专职的管理人员。在施工中，房主可随时随意变更自己的要求和放任雇主违章施工。

3. 农民法律意识淡薄

在农村，群众文化素质普遍不高，自我保护意识不强。在实践中往往由于房主、雇主和雇工的法律意识淡薄，安全防范意识欠缺，在施工中又疏于防范和管理，给农房的施工留下安全隐患，伤亡事故频频发生。受经济利益的驱动，为节省建筑成本，农民往往雇佣无建筑

资质的个体建造住房,与雇主之间无书面协议或虽订有书面协议,但其内容不规范。所涉权利、义务方面约定不明确,在风险责任承担和涉及第三者权益时,以在协议中约定由雇主承担一切责任一推了之。

在施工中,监督不力,缺乏科学和实事求是的精神,没有严格规范的设计图纸或方案,所谓的设计方案也存在不合理、不科学之处,且随时随意变更自己的要求和放任雇主违章施工。

第二节　常见施工质量问题及其预防、处理

施工产品的形成过程,从控制影响工程质量五大因素入手,对施工实施全过程、全方位、全面的控制,才能保证施工的质量。以下介绍几种在农村建房时常见的施工质量问题及其预防、处理措施:

一、模板常见质量问题及预防措施

1. 轴线位移

现象:混凝土浇筑后拆除模板时,发现柱、墙实际位置与建筑物轴线位置有偏移。

防治措施:

(1)模板轴线测放后,组织专人进行技术复核验收,确认无误后才能支模;

(2)墙、柱模板根部和顶部必须设可靠的限位措施,如采用现浇楼板混凝土上预埋短钢筋固定钢支撑,以保证底部位置准确;

(3)支模时要拉水平、竖向通线,并设竖向垂直度控制线,以保证模板水平、竖向位置准确;

(4)根据混凝土结构特点,对模板进行专门设计,以保证模板及其支架具有足够强度、刚度及稳定性;

(5)混凝土浇筑前,对模板轴线、支架、顶撑、螺栓进行认真检查、复核,发现问题及时进行处理;

(6)混凝土浇筑时,要均匀对称下料,浇筑高度应严格控制在施工规范允许的范围内。

2. 标高偏差

现象:测量时,发现混凝土结构层标高及预埋件、预留孔洞的标高与施工图设计标高之间有偏差。

防治措施:

(1)每层楼设足够的标高控制点,竖向模板根部须做找平;

(2)模板顶部设标高标记,严格按标记施工;

(3)楼梯踏步模板安装时应考虑装修层厚度。

(4)预埋件及预留孔洞,在安装前应与图纸对照,确认无误后准确固定在设计位置上。

3. 接缝不严

现象:由于模板间接线不严、有间隙,混凝土浇筑时产生漏浆,混凝土表面出现蜂窝,严重的出现孔洞、露筋。

图 4-1　混凝土孔洞、露筋　　　　　　图 4-2　混凝土蜂窝、露筋

防治措施:

(1) 翻样要认真,严格按 1∶10～1∶50 比例将各分部分项细部翻成详图,详细编注,经复核无误后认真向操作工人交底,强化工人质量意识,认真制作定型模板和拼装;

(2) 严格控制木模板含水率,制作时拼缝要严密;

(3) 木模板安装周期不宜过长,浇筑混凝土时,木模板要提前浇水湿润,使其密缝胀开;

(4) 钢模板变形,特别是边框外变形,要及时修整平直;

(5) 钢模板间嵌缝措施要控制,不能用油毡、塑料布、水泥袋等去嵌缝堵漏;

(6) 梁、桩交接部位支撑要牢靠,拼缝要严密,发生错位要校正好。

4. 模板未清理干净

现象:模板内残留木板、浮浆残渣、碎石等建筑垃圾,拆模后发现混凝土中有缝隙,且有垃圾夹杂物。

图 4-3　拆模后模板清理　　　　　　图 4-4　模板清理

防治措施:

(1) 钢筋绑扎完毕,用压缩空气或压力水清除模板内垃圾;

(2) 在封模前,派专人将模内垃圾清除干净;

(3) 墙柱根部、梁柱接头外预留清扫孔,预留孔尺寸≥100 mm×100 mm,模内垃圾清除完毕后及时将清扫口处封严。

5. 模板支撑选配不当

现象:由于模板支撑系选配和支撑方法不当,结构混凝土浇筑时产生变形。

防治措施:

(1) 模板支撑系统根据不同的结构类型和模板来选配,以便相互协调配套。使用时,应

对支撑系统进行必要的验算和复核,尤其是支柱间距应经计算确定,确保模板支撑系统具有足够的承载能力、刚度和稳定性;

(2) 木质支撑体系如与木模板配合,木支撑必须钉牢楔紧,支柱之间必须加强拉结连紧;

(3) 钢质支撑体系应满足模板设计要求,并能保证安全承受施工荷载,其立柱纵横间距一般为1 m左右,同时应加设斜撑和剪力撑;

(4) 支撑体系的基底必须坚实可靠,竖向支撑基底如为土层时,应在支撑底铺垫型钢或脚手板等硬质材料;

(5) 在多层或高层施工中,应注意逐层加设支撑,分层分散施工荷载。侧向支撑必须支顶牢固,拉结和加固可靠,必要时应打入地锚或在混凝土中预埋铁件和短钢筋头做撑脚。

二、钢筋安装常见质量问题及其防治措施

1. 柱子外伸钢筋错位

现象:下柱外伸钢筋从柱顶甩出,由于位置偏离设计要求过多,与上柱钢筋搭接不上。

预防措施:

(1) 在外伸部分加一道临时箍筋,按图纸位置安设好,然后用样、铁卡或木方卡好固定;浇筑混凝土前再复查一遍,如发生移位,则应矫正后现浇筑混凝土。

(2) 注意浇筑操作,尽量不碰撞钢筋;浇筋过程中由专人随时检查,及时校核改正。

2. 露筋

现象:混凝土结构构件拆模时发现其表面有钢筋露出。

图4-5　柱子表面露筋　　　　　　　图4-6　板底表面露筋

预防措施:砂浆垫块垫得适量可靠;对于竖立钢筋,可采用铁丝的垫块,绑在钢筋骨架外侧;同时,为使保护层厚度准确,需用铁丝将钢筋骨架拉向模板,挤牢垫块;竖立钢筋虽然用埋有铁丝的垫块垫着,垫块丝与钢筋绑在一起却不能防止它向内侧倾倒,因此,需用铁丝将其拉向模板挤牢,以免解决露筋缺陷的同时,使得保护层厚度超出允许偏差。此外,钢筋骨架如果是在模外绑扎,要控制好它的总体尺寸,不得超过允许偏差。

三、混凝土常见质量问题及其防治措施

1. 麻面

现象:混凝土表面出现缺浆和许多小凹坑与麻点,形成粗糙面,影响外表美观,但无钢筋

外露现象。

图 4-7　混凝土表面麻面 1　　　　　图 4-8　混凝土表面麻面 2

预防措施:

(1) 模板表面应清理干净,不得粘有干硬水泥砂浆等杂物;

(2) 浇筑混凝土前,模板应浇水充分湿润,并清扫干净;

(3) 模板拼缝应严密,如有缝隙,应用油毡纸、塑料条、纤维板或腻子堵严;

(4) 模板应选用长效的隔离剂,涂刷要均匀,并防止漏刷;

(5) 混凝土应分层均匀振捣密实,严防漏振,每层混凝土均应振捣至排除气泡为止;

(6) 拆模不宜过早。

2. 露筋

现象:钢筋混凝土结构内部的主筋、副筋或箍筋等裸露在表面,没有被混凝土包裹。

预防措施:

(1) 浇筑混凝土,应保证钢筋位置和保护层厚度正确,并加强检查,发现偏差,及时纠正。受力钢筋的保护层厚度如设计图中未注明,可参照表 4-1 的要求执行。

表 4-1　钢筋的混凝土保护层厚度 (mm)

环境与条件	构件名称	混凝土强度等级		
		低于 C25	C25 至 C30	高于 C30
室内正常环境	板、墙、壳	15	15	15
	梁和柱	25	25	25
露天或室内高湿度环境	板、墙、壳	35	25	15
	梁和柱	45	35	25
有垫层	基础	35	35	35
无垫层		70	70	70

注:1. 轻骨料混凝土的钢筋保护层厚度应符合国家现场标准《轻骨料混凝土结构设计规程》的规定。

2. 钢筋混凝土受弯构件钢筋端头的保护层厚度一般为 10 mm。

3. 板、墙、壳中分布钢筋的保护层厚度不应小于 10 mm;梁柱中箍筋和构造钢筋的保护层厚度不应小于 15 mm。

(2) 钢筋密集时,应选用适当粒径的石子。石子最大颗粒尺寸不得超过结构截面最小尺寸的 1/4,同时不得大于钢筋净距的 3/4。截面较小钢筋较密的部位,宜用细石混凝土浇筑。

(3) 混凝土应保证配合比准确及良好的和易性。

(4) 浇筑高度超过 2 m,应用串筒或溜槽下料,以防止离析。

(5) 模板应充分湿润并认真堵好缝隙。

(6) 混凝土振捣严禁撞击钢筋,在钢筋密集处,可采用直径较小或带刀片的振动棒进行振捣;保护层处混凝土要仔细振捣密实;避免踩踏钢筋,如有踩踏或脱扣等应及时调直纠正。

(7) 拆模时间要根据试块试压结果正确掌握,防止过早拆模,损坏棱角。

3. 缝隙、夹层

现象:混凝土内成层存在水平或垂直的松散混凝土或夹杂物,使结构的整体性受到破坏。

预防措施:

(1) 按施工验收规范要求处理施工缝及后浇缝表面;接缝外的锯屑、木块、泥土、砖块等杂物必须彻底清除干净,并将接缝表面洗净;

(2) 混凝土浇筑高度大于 2 m 时,应设串筒或溜槽下料。

4. 凹凸、鼓胀

现象:柱、墙、梁等混凝土表面出现凹凸和鼓胀,偏差超过允许值。

图 4-9　混凝土表面出现凹凸和鼓胀

预防措施:

(1) 模板支架及墙模板斜撑必须安装在坚实的地基上,并应有足够的支承面积,以保证结构不发生下沉。如为湿陷性黄土地基,应有防水措施,防止浸水面造成模板下沉变形。

(2) 柱模板应设置足够数量的柱箍,底部混凝土水平侧压力较大,柱箍适当加密。

(3) 混凝土浇筑前应仔细检查模板尺寸和位置是否正确,支撑是否牢固,穿墙螺栓是否锁紧,发现松动,应及时处理。

(4) 墙浇筑混凝土应分层进行,第一层混凝土浇筑厚度为 50 cm,然后均匀振捣;上部墙体混凝土分层浇筑,每层厚度不得大于 1.0 m,防止混凝土一次下料过多。

(5) 为防止构造柱浇筑混凝土时发生鼓胀,应在外墙每隔 1 m 左右设两根拉条,与构造柱模板或内墙拉结。

四、砖砌体工程常见质量问题及其防治措施

1. 砂浆强度不稳定

现象:砂浆强度的波动性较大,匀质性差,其中,低强度等级的砂浆特别严重,强度低于

设计要求的情况较多。

预防措施：

（1）砂浆配合比的确定，应结合现场材质情况进行试配，试配时应采用重量比，在满足砂浆和易性的条件下，控制砂浆强度。如低强度等级砂浆受单方水泥预算用量的限制而不能达到设计要求的强度时，应适当调整水泥预算用量；

（2）砂浆搅拌加料顺序为：用砂浆搅拌机搅拌应分两次投料，先加入部分砂子、水和全部塑化材料，通过搅拌叶片和砂子搓动，将塑化材料打开，再投入其余的砂子和全部水泥。

2. 砖缝砂浆不饱满，砂浆与砖粘结不良

现象：砌体水平灰缝砂浆饱满度低于 80％；竖缝出现瞎缝，特别是空心砖墙，常出现较多的透明缝；砌筑清水墙采取大缩口铺灰，缩口缝深度甚至达 20 mm 以上，影响砂浆饱满度。砖在砌筑前未浇水湿润，干砖上墙，或铺灰长度过长，致使砂浆与砖粘结不良。

图 4-10 竖缝出现瞎缝   图 4-11 砖缝砂浆不饱满

防治措施：

（1）改善砂浆和易性是确保灰缝砂浆饱满度和提高粘结强度的关键。

（2）改进砌筑方法。不宜采取铺浆法或摆砖砌筑，应推广"三一砌砖法"，即使用大铲，一块砖、一铲灰、一挤揉的砌筑方法。

（3）当采用铺浆法砌筑时，必须控制铺浆的长度，一般气温情况下不得超过 750 mm；当施工期间气温超过 30 ℃时，不得超过 500 mm。

（4）严禁用干砖砌墙。砌筑前 1～2 d 应将砖浇湿，使砌筑时烧结普通砖和多孔砖的含水率达到 10％～15％；灰砂砖和粉煤灰砖的含水率达到 8％～12％。

（5）冬期施工时，在正温度条件下也应将砖面适当湿润后再砌筑。负温下施工无法浇砖时，应适当增大砂浆的稠度。

3. 墙体留槎形式不符合规定，接槎不严

现象：砌筑时不按规范执行，随意留直槎，且多留置阴槎，槎口部位用砖渣填砌，留槎部位接槎砂浆不严，灰缝不顺直，使墙体拉结性能严重削弱。

防治措施：

（1）对施工留槎应做统一考虑。外墙大角尽量做到同步砌筑不留槎，或一步架留槎，二步架改为同步砌筑，以加强墙角的整体性。纵横交接处，有条件时尽量安排同步砌筑，如纵墙、横墙可以同步砌筑，工作面互不干扰。这样可尽量减少留槎部位，有利于房屋的整体性。

（2）应注意接槎的质量。首先应将接槎处清理干净，然后浇水湿润，接槎时，槎面要填实砂浆，并保持灰缝平直。

（3）后砌非承重隔墙，可于墙中引出凸槎，对抗震设防地区还应按规定设置拉结钢筋，非抗震设防地区的 120 mm 隔墙，也可采取在墙面上留榫式槎的做法。接槎时，应在榫式槎洞口内先填塞砂浆，顶皮砖的上部灰缝用大铲或瓦刀将砂浆塞严，以稳固隔墙，减少留槎洞口对墙体断面的削弱。

（4）外清水墙施工洞口留槎部位，应加以保护和遮盖，防止运断小车碰撞槎子和撒落混凝土、砂浆造成污染。为使填砌施工洞口用砖规格和色泽与墙体保持一致，在施工洞口附近应保存一部分原砌墙用砖，供填砌洞口时使用。

五、屋面工程

1. 找坡不准、排水不畅

现象：找平层施工后，在屋面上容易发生局部积水现象，尤其在天沟、檐沟和水落口周围，下雨后积水不能及时排出。

防治措施：

（1）根据建筑物的使用功能，在设计中应正确处理分水、排水和防水之间的关系。平屋面宜由结构找坡，其坡度宜为 3%；当采用材料找坡时，宜为 2%。

（2）天沟、檐沟的纵向度不应小于 1%；沟底水落差不得超过 200 mm；水落管内径不应小于 75 mm；一根水落管的屋面最大汇水面积宜小于 200 m^2。

（3）屋面找平层施工时，应严格按设计坡度拉线，并在相应位置上设基准点（冲筋）。

（4）屋面找平层施工完成后，对屋面坡度、平整度应及时组织验收。必要时可在雨后检查屋面是否积水。

（5）在防水层施工前，应将屋面垃圾与落叶等杂物清扫干净。

2. 找平层起砂、起皮

现象：找平层施工后，屋面表面出现不同颜色和分布不均的砂粒，用手一搓，砂子就会分层浮起；用手击拍，表面水泥胶浆会成片脱落或有起皮、起鼓现象。

预防措施：

（1）严格控制结构或保温层的标高，确保找平层的厚度符合设计要求。

（2）在松散材料保温层上做找平层时，宜选用细石混凝土材料，其厚度一般为 30～35 mm，混凝土强度等级应大于 C20。

（3）水泥砂浆找平层宜采用 1∶2.25～1∶3（水泥∶砂）体积配合比，水泥强度等级不低于 32.5 级；不得使用过期和受潮结块的水泥，砂子含水量不应大于 5%。当采用细砂骨料时，水泥砂浆配合比宜改为 1∶2。

（4）水泥砂浆摊铺前，屋面基层应清扫干净，并充分湿润，但不得有积水现象。摊铺时应用水泥净浆薄薄涂刷一层，确保水泥砂浆与基层粘结良好。

（5）水泥砂浆宜用机械搅拌，并要严格控制水灰比（一般为 0.6～0.65），砂浆稠度为 70～80 mm，搅拌时间不得少于 1.5 min。搅拌后的水泥砂浆宜达到"手捏成团、落地开花"的操作要求，并应做到随拌随用。

（6）做好水泥砂浆的摊铺和压实工作。推荐采用木靠尺刮平，木抹子初压，并在初凝收水前再用铁抹子二次压实和收光。

(7) 屋面找平层施工后应及时覆盖浇水养护,养护时间宜为 7～10 d。也可使用喷养护剂、涂刷冷底子油等方法进行养护,保证砂浆中的水泥能充分水化。

治理方法:

(1) 对于面积不大的轻度起砂,在清扫表面浮砂后,可用水泥净浆进行修补;对于大面积起砂的屋面,则应将水泥砂浆找平层凿至一定深度,再用 1∶2(体积比)水泥砂浆进行修补,修补厚度不宜小于 15 mm,修补范围宜适当扩大。

(2) 对于局部起皮或起鼓部分,在挖开后可用 1∶2(体积比)水泥砂浆进行修补。修补时应做好与基层及新旧部位的接缝处理。

(3) 对于成片或大面积的起皮或起鼓屋面,则应铲除后返工重做。为保证返修后的工程质量,此时可采用"滚压法"抹压工艺。先以 φ200 mm、长为 700 mm 的钢管制成压辊,在水泥砂浆找平层摊铺、刮平后,随即用压辊来回滚压,要求压实、压平,直到表面泛浆为止,最后用铁抹子赶光、压平。采用"滚压法"抹压工艺,必须使用半干硬性的水泥砂浆,且在滚压后适时地进行养护。

3. 找平层开裂

现象:找平层出现无规则裂缝的现象比较普遍,主要发生在有保温层的水泥砂浆找平层上。这些裂缝一般分为断续状和树枝状两种,裂缝宽度一般在 0.2～0.3 mm 以下,个别可达 0.5 mm 以上,出现时间主要发生在水泥砂浆施工初期至 20 d 左右龄期内。不少工程实践证明,找平层中较大的裂缝还易引发防水卷材开裂,且两者的位置、大小互为对应。

预防措施:

(1) 找平层应设分格缝,分格缝宜设在板端处,其纵横的最大间距为:水泥砂浆或细石混凝土找平层不宜大于 6 m(根据实际观察最好控制在 5 m 以下);沥青砂浆找平层不宜大于 4 m。水泥砂浆找平层分格缝的缝宽宜小于 10 mm,如分格缝兼作排气屋面的排气道时,可适当加宽至 20 mm,并与保温层相连通。

(2) 对于抗裂要求较高的屋面防水工程,水泥砂浆找平层中,宜掺微膨胀剂。

治理方法:

(1) 对于裂缝宽度在 0.3 mm 以下的无规则裂缝,可用稀释后的改性沥青防水涂料多次涂刷,予以封闭。

(2) 对于裂缝宽度在 0.3 mm 以上的无规则裂缝,除了对裂缝进行封闭外,还宜在裂缝两边加贴"一布二涂",有胎体材料的涂膜防水层,贴缝宽度一般为 70～100 mm。

(3) 对于横向有规则的裂缝,则应在裂缝处将砂浆找平层凿开,形成温度分格缝。

4. 卷材起鼓

现象:热熔法铺贴卷材时,因操作不当造成卷材起鼓。

防治措施:

(1) 高聚物改性沥青防水卷材施工时,加热要均匀、充分、适度。在操作时,首先持枪人不能让火焰停留在一个地方的时间过长,而应沿着卷材宽度方向缓缓移动,使卷材横向受热均匀。其次要求加热充分,温度适中。第三要掌握加热程度,以热熔后沥青胶出现黑色光泽、发亮并有微泡现象为度。

(2) 趁热推滚,排尽空气。卷材被热熔粘贴后,要在卷材尚处于较柔软时,就及时进行滚压。滚压时间可根据施工环境、气候条件调节掌握。气温高冷却慢,滚压时间宜稍紧密接触,排尽空气,而在铺压时用力又不宜过大,确保粘结牢固。

5. 转角、立面和卷材接缝处粘结不牢

现象:卷材铺贴后易在屋面转角、立面处出现脱空。而在卷材的搭接缝处,还常发生粘结不牢、张口、开缝等缺陷。下图4—12、13为阴、阳处卷材铺贴,其中1为转折处卷材加固层,2为角部加固层,3为抹灰层,4为卷材。

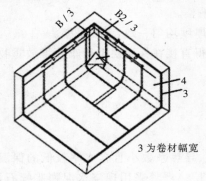
图 4–12　阴角处卷材铺贴

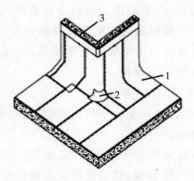
图 4–13　阳角处卷材铺贴

防治措施:

(1) 基层必须做到平整、坚实、干净、干燥。

(2) 涂刷基层处理剂,并要求做到均匀一致,无空白漏刷现象,但切勿反复涂刷。

(3) 屋面转角处应按规定增加卷材附加层,并注意与原设计的卷材防水层相互搭接牢固,以适应不同方向的结构和温度变形。

(4) 对于立面铺贴的卷材,应将卷材的收头固定于立墙的凹槽内,并用密封材料嵌填封严。

(5) 卷材与卷材之间的搭接缝口,亦应用密封材料封严,宽度不应小于 10 mm。密封材料应在缝口抹平,使其形成明显的沥青条带。

6. 屋面保温层表面铺设不平

现象:屋面保温层表面铺设不平整。

防治措施:

(1) 保温层的导热系数是一个重要技术指标,它与材料的堆积密度密不可分,材料质量要求应满足表 4—2 的有关规定。

表 4—2　松散保温材料的质量要求

项　目	膨胀蛭石	膨胀珍珠岩
粒径(mm)	3～15	≥0.15(≤0.15 的含量不大于 8%)
堆积密度(kg/m³≤)	≤300	≤120

(2) 松散保温材料的粒径应进行筛选,筛出的细颗粒及粉末严禁使用。

(3) 保温层施工前要求基层平整,屋面坡度符合设计要求。施工时可根据保温层的厚度设置基准点,拉线找平。

(4) 松散保温材料应分层铺设,并适当压实,每层虚铺厚度不宜大于 150 mm;压实程度与厚度应经过试验确定。

　　（5）干铺的板状保温材料应紧靠在需保温的基层表面上,并应铺平垫稳。分层铺设的板块上下层接缝应相互错开,板间缝隙应采用同类材料嵌填密实。

　　（6）粘贴的板状保温材料应贴严铺平,分层铺设的板块上下层接缝应相互错开,保温灰浆的配合比宜为 1∶1∶10。

　　（7）沥青膨胀蛭石、沥青膨胀珍珠岩宜用机械搅拌至色泽均匀一致,无沥青团;压实程度根据试验确定,其厚度应符合设计要求,表面平整。

　　（8）发泡聚氨酯应按配合比准确计量,发泡厚度均匀一致,表面平整。

　　（9）松散材料保温层因强度较低,压实后不得直接在保温层上行车或堆放重物,施工人员需穿软底鞋进行操作。

　　7. 保温层起鼓、开裂

　　现象:保温层乃至找平层出现起鼓、开裂。

　　预防措施:

　　（1）为确保屋面保温效果,应优先采用质轻、导热系数小且含水率较低的保温材料,如聚苯乙烯泡沫塑料板、现喷硬质发泡聚氨酯保温层。严禁采用现浇水泥膨胀蛭石及水泥膨胀珍珠岩材料。

　　（2）控制原材料含水率。封闭式保温层的含水率应相当于该材料在当地自然风干状态下的平衡含水率。

　　（3）倒置式屋面采用吸水率小于 6%、长期浸水不腐烂的保温材料。此时,保温层上应用混凝土等块材、水泥砂浆或卵石,保护层与保温之间,应干铺一层无纺聚酯纤维面做隔离层。

　　（4）保温层施工完成后,应及时进行找平层和防水层的施工。在雨季施工时保温层应采取遮盖措施。

　　（5）材料堆放、运输、施工以及成品保护等环节都应采取措施,防止受潮和雨淋。

　　（6）屋面保温层干燥有困难时,应采用排气措施。排气道应纵横贯通,并应与大气连通的排气孔相通,排气孔宜每 25 m² 设置 1 个,并做好防水处理。

　　（7）为减少保温屋面的起鼓和开裂,找平层宜选用细石混凝土或配筋细石混凝土材料。

　　治理方法:

　　屋面保温层的主要质量通病虽然表现为起鼓、开裂,但其根源在于施工后保温层中窝有大量的积水。解决办法之一,就是排除保温层内多余的水分。

　　保温层内积水的排除可在保温层上或在防水层完工后进行。具体做法是:先在屋面上凿一个孔洞,然后在孔洞的周围,用半干硬性水泥砂浆和素水泥封严,不得有漏水现象,封闭好后即可开机。待 2~3 min 后就可连续出水,每个吸水点连续作业 45 min 左右,即可将保温层内达到饱和状态的积水抽尽。

六、地面工程

　　1. 水泥地面起砂

　　现象:地面表面粗糙,光洁度差,颜色发白,不坚实。走动后,表面先有松散的水泥灰,用手摸时像干水泥面。随着走动次数的增多,砂粒逐步松动或有成片水泥硬壳剥落,露出松散的水泥和砂子。

图 4-14 水泥地面起砂   图 4-15 水泥地面起砂

预防措施：

（1）严格控制水灰比。用于地面面层的水泥砂浆的稠度不应大于 35 mm，用混凝土和细石混凝土铺设地面时的坍落度不应大于 30 mm。施工前要充分湿润，水泥浆要涂刷均匀，冲前间距不宜太大，最好控制在 1.2 m 左右，随铺灰随用短杠刮平。混凝土面层宜用平板振捣器振实，细石混凝土宜用辊子滚压或用木抹子拍打，使表面泛浆，以保证面层的强度和密实度。

（2）掌握好面层的压光时间。水泥地面的压光一般不应少于三遍。第一遍应在面层铺设后随即进行。先用木抹子均匀搓打一遍，使面层材料均匀、紧密、抹压平整，以表面不出现水层为宜。第二遍压光应水泥初凝后、终凝前完成，将表面压实、压平整。第三遍压光主要是消除抹痕和闭塞细毛孔，进一步将表面压实、压光滑，但切忌在水泥终凝后压光。

（3）水泥地面压光后，应视气温情况，一般在一昼夜进行洒水养护，或用草帘、锯末覆盖后洒水养护。有条件的可用黄泥或石灰膏在门口做坎后进行蓄水养护。使用普通硅酸盐水泥的水泥地面，连续养护的时间不应少于 7 昼夜；用矿渣硅酸盐水泥的水泥地面，连续养护的时间不应少于 10 昼夜。

（4）合理安排施工流向，避免上人过早。水泥地面应尽量安排在墙面、顶棚的粉刷等装饰工程完成后进行，避免对面层产生污染和损坏。

（5）在低温条件下抹水泥地面，应防止早期受冻。抹地面前，应将门窗玻璃安装好，或增加供暖设备，以保证施工环境温度在 5 ℃以上。采用炉火烤火时，应设有烟囱，有组织地向室外排放烟气。温度不宜过高，并应保持室内有一定的湿度。

（6）水泥宜采用早期强度较高的普通硅酸盐水泥，强度等级不应低于 32.5 级，稳定性要好。过期结块或受潮结块的水泥不得使用。砂子宜采用粗、中砂，含泥量不应大于 3%。用于面层的细石和碎石粒径不应大于面层厚度的 2/3，含泥量不应大于 2%。

（7）采用无砂水泥地面，面层拌合物中不用砂，用粒径为 2～5 mm 的米石拌制，配合比采用水泥：米石＝1：2，稠度亦应控制在 35 mm 以内。这种地面压光后，一般不起砂，必要时还可以磨光。

2. 水泥地面空鼓

现象：地面空鼓多发生于面层和垫层之间，或垫层与基层之间，用小锤敲声。使用一段时间后，容易开裂。严重时大片剥落，破坏场面使用能力。

预防措施

（1）严格处理底层（垫层或基层）

认真清理表面的浮灰并冲洗干净。如底层表面太光滑,则应凿毛。门口处砖层过高时再予剔凿。控制基层平整度,用 2 m 直尺检查,其凹凸度不应大于 10 mm,以保证面层厚度均匀一致,防止厚薄差距过大,造成凝结硬化时收缩不均而产生裂缝、空鼓。面层施工前1~2 d,应对基层认真进行浇水湿润,使基层具有清洁、湿润、粗糙的表面。

(2)注意结合层施工质量

素水泥浆结合层在调浆后均匀涂刷,不宜采用先撒干水泥面后浇水的扫浆方法。素水泥浆水灰比以 0.4~0.5 为宜。刷素水泥浆应与铺设面层紧密配合,严格做到随刷随铺。铺设时,如果素水泥浆已风干硬结,则应铲去后重新涂刷。在水炉渣或水泥石灰炉渣垫层上涂刷结合层时,宜加砂子,其配合比可为水泥:砂子=1:1(体积比)。刷浆前,应将表面松动的颗粒扫除干净。

(3)保证炉渣垫层和混凝土垫层的施工质量

拌制水泥炉渣或水泥石灰炉渣垫层应用"陈渣",严禁用"新渣"。炉渣使用前应过筛,其最大粒径不应大于 4 mm,且不得超过垫层厚度的 1/2。粒径在 5 mm 以下者,不得超过总体积的 40%。炉渣内不应含有机物和未燃尽的煤块。炉渣采用"焖渣"时,其焖透时间不应少于 5 d。石灰应在使用前 3~4 d 用清水熟化,并加以过筛。

(4)冬期施工如使用火炉采暖养护时,炉子下面要架高,上面要吊铁板,避免局部温度过高而使砂浆或混凝土失水过快,造成空鼓。

七、抹灰饰面工程

1. 墙体与门窗框交接处抹灰层空鼓、裂缝、脱落

现象:工程竣工后,由于门窗扇开启的振动,门窗框两侧墙面出现抹灰层空鼓、裂缝或脱落。

预防措施:

(1)抹灰前用水湿墙面时,门窗口两侧的小面墙湿水程度应与大面墙相同,且此处为通风口,抹灰时还应当浇湿。

(2)门窗框塞缝应作为一道工序由专人负责。木门窗框和墙体之间的缝隙应用水泥砂浆全部塞实并养护,待达到一定强度后再进行抹灰。

(3)门窗口两侧及大面墙必须抹出不小于 50 mm 宽,高度不低于 2 m 的水泥砂浆护角。

治理方法:将空鼓、开裂的抹灰层铲除,如框口松动,用长 50~60 mm 的 40×40 角钢嵌入框内,用木螺丝固定,并用射钉固定在墙体上,间距同木砖,然后将墙面湿润,重新抹灰。

2. 砖墙、混凝土基层抹灰空鼓、裂缝

现象:墙面抹灰后过一段时间,往往在不同基层墙面交接处,基层平整度偏差较大的部位,墙裙、踢脚板上口、线盒周围、砖混结构顶层两山头、圈梁与砖砌体相交等处出现空鼓、裂缝情况。

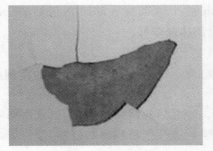
图 4-16　墙面空鼓

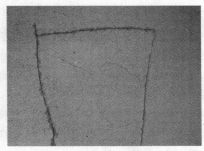
图 4-17　墙面裂缝

防治措施：

（1）认真处理好抹灰前的基层。

（2）抹灰前墙面应浇水。砖墙基层一般浇水两遍，砖面渗水深度为 8～10 mm，即可达到抹灰要求。

（3）主体施工时应建立质量控制点，严格控制墙面的垂直和平整度，确保抹灰厚度基本一致。如果抹灰较厚时，应挂钢丝网分层进行抹灰，一般每次抹灰厚度应控制在 8～10 mm 为宜。

（4）全部墙面上接线盒的安装时间应在墙面找点冲筋后进行，并应进行技术交底，作为一道工序，由抹灰工配合电工安装，安装后线盒面同冲筋面平，牢固、方正，一次到位。

（5）外墙内面抹保温砂浆应同内墙面或顶板的阴角处相交。方法一是先抹完保温墙面，再抹内墙或顶板砂浆，在阴角处砂浆层直接顶压在保温层平面上；方法二是先抹内墙和顶板砂浆，在阴角处楼出 30°角斜面，保温砂浆压住砂浆斜面。

（6）砖混结构的顶层两山头开间，在圈梁和砖墙间出现水平裂缝。这主要是温差较大，不同建材的膨胀系数不同而造成温度缝。一般做法是将顶层山头构造柱适当加密，间距为 2～3 m；山头开间除有构造柱外，在门窗口两侧增加构造柱，使得圈梁和砖墙相交处的间距适当缩短，有利于温度缝变小或消失。

（7）抹灰用的砂浆必须具有良好的和易性，并具有一定的粘结强度。和易性良好的砂浆能涂抹成均匀的薄层，而且与底层粘结牢固，便于操作和保证工程质量。砂浆和易性的好坏取决于砂浆的稠度和保水性能。

（8）墙面抹灰底层砂浆与中层砂浆配合比应基本相同。一般混凝土砖墙面底层砂浆不宜高于基层墙体，中层砂浆不能高于底层砂浆，以免在凝结过程中产生较强的收缩应力，破坏底层灰或基层而产生空鼓、裂缝等质量问题。加气混凝土的抗压强度约为 3～5 MPa，因此，加气混凝土墙体底层抹灰使用的砂浆强度不宜过高。

（9）抹灰工程使用的水泥除有合格证外，还应进行凝结时间和稳定性复验，合格后才能使用。

3. 混凝土顶板抹灰空鼓、裂缝

现象：混凝土现浇楼板底抹灰，往往产生不规则的裂纹，预制空心楼板抹灰后沿板缝产生纵向裂缝和空鼓现象。

预防措施：

（1）预制楼板安装采用硬架支模，使楼板端头同支座处紧密结合，形成一个整体。

（2）预制楼板灌缝的时间最好是选择隔层灌缝，可避免灌缝后产生施工荷载，也便于养护。

治理方法：预制楼板顺板缝裂缝较严重者应从上层地面上剔开板缝，重新认真施工；如裂缝不十分严重,可将顶缝处剔开抹灰层 60 mm 宽,认真勾缝后,用 108 胶粘玻纤带孔网带条(一般成品 50 mm 宽),再满刮 108 胶一遍,重新抹灰即可。

4. 外墙面空鼓、裂缝

现象:外墙面用水泥砂浆抹灰后,有的部位出现空鼓、裂缝,严重的会有脱落现象发生。

防治措施:

(1) 主体施工中严格控制垂直度和平整度。砖混结构四角的砌筑,不宜由同一个人从下砌到顶,避免产生视力误差;混凝土结构应对模板进行严格检测和控制,层与层之间用经纬仪找直,防止过大偏差的产生。

(2) 水泥砂浆抹面宜选用较低强度等级的水泥或掺加适当的掺合料,砂子宜采用中砂,含泥量不大于 5%。

(3) 外墙面的脚手孔洞、框架结构中梁与砌体交接处的缝隙必须作为一道工序,由专人负责堵孔和勾缝工作。

(4) 抹灰前应将基层表面清扫干净,混凝土墙面凸出的地方要剔平刷净,蜂窝、凹洼、缺棱掉角处,应先刷一道 1:4(108 胶:水)的胶水溶液,并用 1:3 水泥砂浆分层补平;加气混凝土墙面缺棱掉角和缝隙处,宜先刷一道掺水泥重 20% 的 108 胶素水泥浆,再用 1:1:6 水泥混合砂浆分层修补平整。

(5) 从上到下进行抹灰打底,并进行一次质量验收(标准同面层),合格后再进行罩面,不允许分段打底,随后进行罩面施工。

(6) 表面光滑的混凝土和加气混凝土墙面,抹灰前应先刷一道 108 胶素水浆粘结层,以增加砂浆与基层的粘结能力,可避免空鼓和裂缝。

(7) 室外水泥砂浆抹灰一般长度较长,高度较高,为了不显接槎,防止抹灰砂浆收缩开裂,应设分格缝。

(8) 炎热夏天应避免在日光暴晒下进行抹灰,砂浆应随拌随用,停放时间不应超过 3 h(当气温高于 30 ℃时,不应超过 2 h),抹灰后 24 h 后应进行保湿养护,养护期应不少于 7 d。

(9) 冬期室外抹灰,砂浆使用温度不宜低于 5 ℃,当室外气温低于 0 ℃时,应掺加能降低冰点的外加剂,其掺量按冬施规定并经试验确定,以确保抹灰层硬化初期不受冻。

5. 外墙面接槎有明显抹纹,色泽不匀

现象:外墙抹水泥砂浆后,留有明显的抹纹和接槎或颜色不一致。

防治措施:

(1) 严把材料进场关,做到先试验合格后再使用,确保货源充足并按计划进场,杜绝施工过程中更换不同品种和强度等级的水泥。

(2) 主体施工搭设脚手架时,不仅应满足主体施工的要求,也应照顾到装修时分格施工的部位,便于装修施工方便及外墙面抹灰后的艺术效果。

(3) 外墙抹灰的接槎应留在分格条或阴阳角落水管等部位,阳角抹灰用反贴八字尺的方法操作。

(4) 要求压光的水泥外墙面,提倡在抹面压光后用细毛刷醮清水轻刷表面,这种做法不仅可以解决表面接槎和抹纹明显的缺陷,也不易出现表面的龟裂纹。

(5) 毛面水泥面施工中用木抹子槎抹时,要做到轻重一致,先以圆弧形槎抹,然后上下抽拉,方向要一致,这样可以避免表面出现色泽深浅不一致、起毛纹等毛病。

八、饰面砖工程

1. 面砖墙面渗漏

现象:雨水从面砖板缝浸入墙体,致使外墙地室内墙壁出现水迹。

预防措施:

(1) 外墙饰面砖工程应有专项设计,并有节点大样图。对窗台、檐口、装饰线、雨篷、阳台和落水口等墙面凹凸部位,应采用防水和排水构造。

(2) 外墙面找平层至少要求两遍成活,并且喷雾养护不少于 3 天,3 天之后再检查找平层抹灰质量,在粘贴外墙砖之前,先将基层空鼓、裂缝处理好,确保找平层的施工质量。

(3) 精心施工结构层和找平层,保证其表面平整度和填充墙紧密程度,使饰面层的平整度完全由基层控制,从而避免基层凹凸不平,并可避免粘结层局部过厚或饰面不平整带来的弊病,也避免因填充墙顶产生裂缝。

(4) 找平层应具有独立的防水能力,可在找平层上涂刷一层结合层,以提高界面间的粘结力,兼封闭找平层上的残余裂纹和砂眼、气孔。

(5) 外墙砖接缝宽度不应小于 5 mm,不得采用密缝粘贴。缝深不宜大于 3 mm,也可采用平缝。良好的勾缝质量,不但能防水,而且有助于外墙砖的牢固粘贴,勾缝砂浆表面不开裂、不起皮,防止板缝减免析白流挂等。

治理方法:对发生渗漏的外墙面可喷涂有机硅憎水剂。有机硅憎水剂是乳白色水性液体,pH 值 4~5,无腐蚀性,不燃烧,不污染环境;72 h 吸水率 5%±1%;常温下建筑物表面涂刷 24 h 后即可阻断雨水浸入。有机硅憎水剂固化后无色、透明,饰面砖外观和颜色无变化,具有防霉、保色,防冻融、剥落风化,防泛碱、析盐等作用,可广泛用于各种材质的墙面及砖、石质文物的保护;仓库、档案室、图书馆的防潮防霉等。

2. 饰面不平整,缝格不均匀、不顺直

现象:外墙砖粘贴后,墙面凹凸不平;板块接缝横不水平、竖不垂直,板缝大小不一,板缝两侧相邻板块高低不平;套割不吻合,严重影响观感质量。

防治措施:

(1) 精心施工,尽量减少几何尺寸偏差。主体结构宜按清水墙要求施工,表面平整度和垂直度偏差应控制在 5 mm 以内。基体处理完毕后,进行挂线、贴灰饼、冲筋,其间距不宜超过 2 m;找平层的表面平整度允许偏差为 4 mm,立面垂直度允许偏差为 5 mm。不得采用加厚粘结层的办法调整大面平整度。

(2) 板块进场应按标准进行验收。

(3) 外墙饰面砖工程应进行专项设计,并对以下内容提出明确要求:

外墙饰面砖的品种、规格、颜色、图案和主要技术性能;找平层、结合层、粘结层、勾缝等所用材料的品种和技术性能;外墙饰面砖的排列方式、分格和图案;外墙饰面砖的伸缩缝位置,接缝和凹凸部位的墙面构造;墙面凹凸部位的防水、排水构造。

3. 饰面色泽不匀

现象:面砖粘贴后,面砖与面砖、板缝与板缝之间颜色深浅不一,勾缝砂浆脱皮变色、开裂析白,致使墙面色泽不匀,影响装饰效果。

防治措施：

（1）订货前应先有装饰设计预算。同一炉批产品如不能满足整幢建筑物的需要，则应分别按不同立面需要的数量订货，保证同一立面不出现影响观感的色差；相邻立面可采用不同炉批产品，但应是同一颜色编号的产品，以免出现过大的色差。

（2）运输、保管过程中谨防混杂。

（3）后封口的卷扬机进料口、大型设备预留口，应预留足够数量的同一炉批饰面砖；精心施工，避免返工。预留口或返工部位勾缝砂浆应使用原批水泥。

（4）保证勾缝质量，不仅是防水、防脱落的要求，也是饰面工程外表观感的要求，因此，必须十分重视板缝的施工质量。认真做好专项装饰设计，粘贴保证板缝宽窄一致，勾缝保证深浅一致。优先采用专用勾缝材料或胶粘剂作勾缝材料，并坚持"二次勾缝"。

（5）"金属釉"的饰面砖应特别注意板块外观质量检验，重视粘贴的平整度和垂直度，并先做样板墙，经远近、视角、阴晴观察检查色差情况，与周围环境是否相衬，满意后方可大面积粘贴。

4. 瓷砖饰面不平整，缝隙不顺直

现象：瓷砖面粘贴后，墙面凹凸不平，瓷砖板缝错位明显，板缝横竖线条不顺直。

防治措施：

根据房间主体结构实际尺寸，进场瓷砖的外观质量必须符合规定。设计要求密缝法施工的，对瓷砖的材质挑选应作为一道主要工序，色泽不同的瓷砖应分别堆放，挑出翘曲、变形、裂纹、面层有杂质等缺陷的瓷砖。瓷砖勾缝线条宽度 2 mm 左右，与外墙勾缝宽度 5 mm 左右相比，美观效果好，还消除了密缝法粘贴的一系列弊病。

5. 瓷砖空鼓脱落

现象：瓷砖粘贴质量不好，造成局部或较大面积的空鼓，严重时瓷砖脱落掉下。

 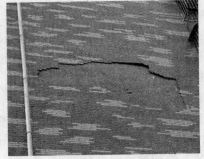

图 4-18　瓷砖空鼓脱落 1　　　　　图 4-19　瓷砖空鼓脱落 2

预防措施：

（1）进场瓷砖质量应符合国家标准要求。瓷砖粘贴前，必须清洗干净，用水浸泡到瓷砖不冒泡为止，且不少于 2 h，待表面晾干后方可粘贴。没有浸泡或浸泡时间不够的瓷砖，与砂浆粘结性能差，而且吸水性大，粘结砂浆中的水分会很快被瓷砖吸收掉，造成砂浆早期失水；表面有水迹的瓷砖，粘贴时容易产生浮动自坠，这些都会导致饰面空鼓。

（2）瓷砖粘结砂浆厚度一般应控制在 6～10 mm（宜为 6～7 mm）左右，过厚或过薄均易产生空鼓。为改善砂浆的和易性，提高操作质量，掺用水泥重量 3% 的 108 胶水泥砂浆，和易性和保水性均较好，并有一定的缓凝作用，用做粘结砂浆，不但可增强瓷砖与基层的粘结力,而且可以减薄粘结层的厚度,校正表面平整和对缝时间可稍长些,便于操作,易于保证粘贴质量。

(3)施工顺序为先墙面、后地面;墙面由下往上分层粘贴,先粘墙面砖,后粘阴角及阳角,其次粘压顶,最后粘底座阴角。但在分层粘贴程序上,应用分层回旋式粘贴法,即每层瓷砖按横向施工:墙面砖→阴阳角→墙面砖→阴阳角→墙面砖→……

(4)当采用水泥砂浆粘结层时,粘贴后的瓷砖可用小铲木把轻轻敲击;瓷砖粘贴 20 min 后,切忌挪动或振动。遇粘贴不密实缺灰时,应取下瓷砖重新粘贴,不得在砖口处塞灰,防止空鼓。

第三节 影响农房建设安全的主要因素

一、农房建设安全生产概述

1. 施工安全管理的任务

(1)正确贯彻执行国家和地方的安全生产、劳动保护和环境卫生的法律法规、方针政策和标准规程,使施工现场安全生产工作做到目标明确,组织、制度、措施一一落实,施工安全有保障。

(2)建立完善施工现场的安全生产管理制度,制定本工程的安全技术操作规程,编制有针对性的安全技术措施。

(3)组织安全教育,提高职工安全生产素质,促进职工掌握生产技术知识,遵章守纪地进行施工生产。

(4)运用现代管理和科学技术,选择并实施实现安全目标的具体方案,对工程安全目标的实现进行控制。

2. 建筑工程安全生产管理的特点

(1)安全生产管理涉及面广

由于建筑工程规模大,生产工艺复杂、工序多,在建造过程中流动作业多,作业位置多变,遇到不确定因素多,所以安全管理工作涉及范围大、控制面广。

(2)安全生产管理动态性

由于建设工程的单件性,所面临的危险因素和防范措施也会有所改变,例如,员工在转移工地后,熟悉一个新的工作环境需要一定的时间,有些制度和安全技术措施会有所调整,员工同样有个熟悉的过程。

(3)安全生产管理的交叉性

建筑工程是开放系统,受自然环境和社会环境影响很大,安全生产管理需要把工程和环境及社会相结合。

(4)安全生产管理的严谨性

安全状态真有触发性,安全管理措施必须严谨,一旦失控,就会造成损失和伤害。

3.建筑工程安全生产管理的方针

"安全第一"是原则和目标,是把人身安全放在首位,安全为了生产,生产必须保证人身安全,充分体现了"以人为本"的理念。"安全第一"的方针,就是要求所有参与建设的人员,包括管理者和操作人员等树立安全的观念,不能为了经济的发展牺牲安全,当安全与生产发生矛盾时,必须先解决安全问题。

4.管生产必须管安全

"管生产必须管安全"是施工项目必须坚持的基本原则。保护劳动者的安全与健康,保证国家财产和人民生命财产的安全,尽一切努力避免一切可以避免的事故。

5.人的不安全行为

人既是管理的对象,又是管理的动力,人的行为是安全控制的关键。人与人之间有不同,即使是同一个人,在不同地点、不同时期、不同环境,他的劳动状态、注意力、情绪、效率也会有变化,这就决定了管理好人是难度很大的问题。

6.物的不安全状态

人的生理、心理状态能适应物质、环境条件,若物质、环境条件也能满足劳动者生理、心理需要时,则不会产生不安全行为;反之,就可能导致事故的发生。

二、农房建设安全生产管理

1.施工安全生产的特点

(1)建筑产品的固定性和生产的流动性

建筑工程在有限的场地上集中了大量的工人、建筑材料、设备零部件和施工机具进行作业,有的需要持续几个月或更长。完成后,施工队伍就要转移到新的地点完成另一个工程。建筑产品生产过程中生产人员、工具与设备的流动性,主要表现为:同一工地不同建筑之间的流动;同一建筑不同建筑部位上的流动;一个建筑工程项目完成后,又要向另一新项目动迁的流动。

(2)受外部环境影响的因素多

工作条件差,建筑产品受不同外部环境影响的因素多,主要表现为:露天作业多;气候条件变化的影响;工程地质和水文条件的变化;地理条件和地域资源的影响。一栋建筑物从基础、主体结构到屋面工程、室外装修等,露天作业约占整个工程的70%,建筑都是由低到高建起来的,绝大部分工人,都在高空露天作业。夏天热冬天冷,工作条件差。

(3)产品的多样性和生产的单件性

主要表现是:不能按同一图纸、同一施工工艺、同一生产设备进行批量重复生产。施工生产组织及机构变动频繁,生产经营的"一次性"特征特别突出。生产过程中所碰到的新技术、新工艺、新设备、新材料给安全管理带来不少难题。

因此,对于每个建设工程项目都要根据其实际情况,制定不同的安全管理计划。

2.施工安全管理的基本要求

必须具备相应的执业资格才能上岗;所有新员工必须经过安全教育,并严格按规定定期进行复查;施工机械必须经安全检查合格后方可使用。

3. 建筑工程施工安全管理的程序

（1）确定安全目标

按"目标管理"方法进行分解，从而确定每个岗位的安全目标，实现全员安全控制。

（2）编制安全技术措施计划

对生产过程中的不安全因素，用技术手段加以消除和控制，并用文件化的方式表示，这是落实"预防为主"方针的具体体现，是进行工程项目安全控制的指导性文件。

（3）安全技术措施计划的验证

包括安全检查、纠正不符合情况，并做好检查记录工作。根据实际情况补充和修改安全技术措施，直至完成所有工作。

4. 建立施工安全生产管理

安全生产管理是为确保"安全第一、预防为主、综合治理"及安全管理目标实现所需要的组织机构、程序、过程和资源。可以理解为：安全生产管理是以安全生产为目的，由确定的组织结构形式，明确的活动内容，配备必需的人员、资金、设施和设备，按规定的技术要求和方法，去展开安全管理工作一个整体。

（1）建筑工程安全生产管理的作用

职业安全卫生状况是经济发展和社会文明程度的反映。它使所有劳动者获得安全与健康，是社会公正、安全、文明、健康发展的基本标志，也是保持社会安定团结和经济可持续发展的重要条件。

安全生产管理是一个动态、自我调整和完善的管理系统，即通过策划（plan）、实施（do）、检查（check）和改进（act）四个环节构成一个动态循环上升的系统化管理模式。

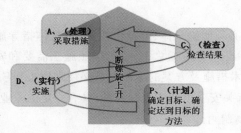

图 4-20　PDCA 循环原理

（2）建立安全生产管理原则

贯彻"安全第一、预防为主、综合治理"的方针，有针对性，要适用于施工全过程的安全管理和安全控制；持续改进的原则，施工企业应加强对建设工程施工的安全管理，指导、帮助现场建立、实施并持续改进安全生产管理。

三、施工安全技术措施

1. 基本概念

安全技术措施是指为防止工伤事故和职业病的危害，从技术上采取的措施。在工程施工中，是指针对工程特点、环境条件、劳动组织、作业方法、施工机械供电设施等制定确保安全施工的措施,安全技术措施也是实施规划或施工组织设计的重要组成部分。

施工安全技术措施包括安全防护设施的设置和安全预防措施,主要有 17 个方面的内容,如防火、防毒、防爆、防汛、防尘、防坍塌、防物体打击、防机械伤害、防溜车、防高空坠落、防交通事故、防寒、防疫、防环境污染等。

2. 施工安全技术措施的编制依据和编制要求

(1) 编制依据

工程施工组织或施工方案中必须有针对性的安全技术措施,特殊的工程必须编制施工方案或安全技术措施。

(2) 编制要求

① 及时性

安全技术措施在施工前必须编制好,以指导施工;在施工过程中,发生设计变更时,安全技术措施必须及时变更或做补充,否则不能施工;施工条件发生变化时,必须变更安全技术措施内容。

② 针对性

针对工程的结构特点,凡在施工生产中可能出现的危险源,必须从技术上采取措施,消除危险,保证施工安全。针对不同的施工方法和施工工艺制定相应的安全技术措施。不同的施工方法要有不同的安全技术措施,技术措施要有设计、有安全验算结果、有详图、有文字说明。

针对施工现场及周围环境中可能给施工人员及周围居民带来的危险,以及材料、设备运输的困难和不安全因素,制定相应的安全技术措施。针对季节性、气候施工的特点,编制施工安全措施,具体有雨期施工安全措施,冬期施工安全措施,夏季施工安全措施等。

③ 可操作性、具体性

安全技术措施及方案必须明确具体、可操作性强,能具体指导施工,绝不能一般化和形式化;安全技术措施及方案中必须有施工总平面图,按照施工需要和安全堆放的要求明确定位,并提出具体要求。安全技术措施及方案的编制人员必须掌握工程项目概况、施工方法、场地环境等第一手资料,并熟悉有关安全生产法规和标准,具有一定的专业水平和施工经验。

3. 安全技术措施的编制内容

对于结构复杂、特殊的工程,应单独编制施工方案,如土方工程、基坑支护、模板工程、脚手架工程及拆除等要有设计依据、有安全验算结果、有详图、有文字说明。

高温作业安全措施:夏季气候炎热,高温时间持续较长,制定防暑降温等安全措施。

雨期施工安全方案:雨期施工,制定防止触电、防雷、防塌等安全技术措施。

冬期施工安全方案:冬期施工,制定防火、防风、防滑、防煤气中毒、防冻等安全措施。

4. 安全技术交底

安全技术交底是指导工人安全施工的技术措施,是工程安全技术方案的具体落实。安全技术交底一般由该工程负责人根据工程的具体要求、特点和危险因素编写,是操作者的指令性文件。因而,要具体、明确、针对性强。

四、建设安全教育

1. 施工安全教育的意义与目的

安全是生产赖以正常进行的前提,也是社会文明与进步的重要尺度之一,而安全教育又是安全管理工作的重要环节。安全教育的目的,是提高全员安全素质、安全管理水平和防止事故,实现安全生产。

安全教育是提高全员安全素质,实现安全生产的基础。通过安全教育,提高广大职工做好安全工作的责任感和自觉性,增强安全意识,掌握安全生产的科学知识,不断提高安全管理水平和安全操作技术水平,增强自我防护能力。

安全工作是与生产活动紧密联系的,只有加强安全教育工作才能使安全工作不断适应改革形势的要求。

2. 安全教育的内容

安全教育,主要包括安全生产思想、安全知识、安全技术技能和法制教育四个方面的内容。

(1) 安全生产思想教育

要提高全体员工对安全生产重要意义的认识,从思想上认识提高安全生产的重要意义。通过安全生产方针、政策教育,提高全体员工的政策水平。

(2) 安全知识教育

员工都应具备安全基本知识,必须接受安全知识教育和每年按规定学时进行安全培训。

(3) 安全技能教育

结合工种专业特点,实现安全操作、安全防护所必须具备的基本技能知识要求。每个员工都要熟悉本工种、本岗位专业安全技能知识。

(4) 法制教育

采取有效形式,对员工进行安全生产法律法规、行政法规和规章制度方面教育,从而提高员工学法、知法、懂法、守法的自觉性,以达到安全生产的目的。

3. 施工现场常用几种安全教育形式

(1) 新工人安全教育

安全教育是必须坚持的安全生产基本教育制度,对新工人进行安全教育,以加深安全的感性和理性认识。

(2) 特种作业人员的培训

特种作业的定义是"对操作者本人,尤其是对他人和周围设施的安全有重大危害因素的作业,称为特种作业"。直接从事特种作业者,称为特种作业人员。

特种作业的范围:电工、电(气)焊工、架子工、信号指挥、厂内车辆驾驶、起重机机械拆装作业人员、物料提升机。

从事特种作业的人员,必须经国家规定的有关部门进行安全教育和安全技术培训,并经考核合格取得操作证者,方准独立作业。

(3) 经常性教育

经常性的普及教育贯穿于管理工作的全过程,并根据接受教育对象的不同特点,采取多层次、多渠道和多种方法进行,可以取得良好的效果。采用新技术、新工艺、新设备、新材料和调换工作岗位时,要对操作人员进行新技术操作和新岗位的安全教育,未经教育不得上岗操作。

（4）适时安全教育

突击赶任务，往往不注意安全，要抓紧安全教育；接近收尾时，容易忽视安全，要抓紧安全教育；施工条件好时，容易麻痹，要抓紧安全教育；季节气候变化，外界不安全因素增多，要抓紧安全教育；节假日前后，思想不稳定，要抓紧安全教育，使之做到警钟长鸣。

（5）纠正违章教育

教育内容为：违反规章条文，产生不良影响，务必使受教育者充分认识自身的过失和吸取教训。至于情节严重的违章事件，除教育责任者本人外，还应通过适当的形式扩大教育面。

五、建设安全检查

1. 施工安全检查的目的及分类

（1）施工安全检查的目的

安全检查是消除隐患、防止事故、改善劳动条件及提高员工安全生产意识的重要手段，是安全控制工作的一项重要内容。通过安全检查可以发现工程中的危险因素，以便有计划地采取措施，保证安全生产。

（2）安全检查的类型

① 日常性检查

日常性检查即经常的、普遍的检查，每周、每班次都应进行检查。针对重点部位周期性地进行。

② 专业性检查

专业性检查是针对特种作业、特种设备、特殊场所进行的检查，如电焊、气焊、起重设备、运输车辆等。

③ 季节性检查

季节性检查是指根据季节特点，为保障安全生产的特殊要求所进行的检查。如春季风大，要着重防火、防爆；夏季高温多雨雷电，要着重防暑、降温、防雷击、防触电；冬季着重防寒、防冻等。

④ 节假日前后的检查

节假日前后的检查是针对节假日期间容易产生麻痹思想的特点而进行的安全检查，包括节日前进行安全生产综合检查，节日后要进行遵章守纪的检查等。

⑤ 不定期检查

不定期检查是指在工程或设备开工和停工前、检修中，工程或设备竣工及试运转时进行的安全检查。

（3）安全检查的注意事项

明确检查的目的和要求，既要严格要求，又要防止一刀切，从实际出发，分清主次矛盾，力求实效。把自查与互查有机结合起来，基层以自检为主，取长补短，相互学习和借鉴。坚持查改结合，检查不是目的，只是一种手段，整改才是最终目的。发现问题，要及时采取切实有效的防范措施。

2. 安全检查的主要内容

（1）查思想

主要检查职工对安全生产工作的认识。

（2）查管理

检查工程的安全生产管理是否有效，主要内容包括：安全生产责任制，安全技术措施计划，安全组织机构，安全保证措施，安全技术交底，安全教育，持证上岗，安全设施，安全标识，操作规程，违规行为，安全记录等。

（3）查隐患

主要检查作业现场是否符合安全生产、文明生产的要求。

（4）查整改

主要检查对过去提出问题的整改情况。

（5）查事故处理

对安全事故的处理应达到查明事故原因、明确责任并对责任者作出处理、明确和落实整改措施等要求。同时还应检查对伤亡事故是否及时报告，认真调查、严肃处理。

安全检查的重点是违章指挥和违章作业。安全检查后应编制安全检查报告，说明已达标、未达标、存在问题、原因分析、纠正和预防措施。

3. 安全检查的方法

建筑施工安全检查的方法主要有"看"、"量"、"测"、"现场操作"。

①"看"：主要查看管理记录、持证上岗、现场标识、交接验收资料、"三宝"使用情况、"洞口"、"临边"防护情况、设备防护装置等。

②"量"：主要是用尺进行实测实量。例如：脚手架各种杆件间距、电气开关箱安装高度、在建工程邻近高压线距离等。

③"测"：用仪器、仪表实地进行测量。例如：用水平仪测量纵、横向倾斜度等。

④"现场操作"：由司机对各种限位装置进行实际操作，检验其灵敏程度。

总之，能测量的数据或操作试验，不能用估计、步量或"差不多"等来代替，要尽量采用定量方法检查。

六、农房质量造成的安全隐患

1. 地基基础处理不当

很多农房建设者，由于受技术、资金的制约，对农房地基的地质构造、水文地质条件、地基承载力等都缺乏了解。再加上农民建房大多数都图便宜、图方便，导致了农房选址的盲目性和不科学性。如基础的形式、断面、埋置深度的确定，在没有第一手资料的情况下，只能凭经验办事，不是造成材料的浪费，就是基础的强度和稳定性不够。有些基础砌筑不合理，如有的基础底面用立砖摆砌，有的用岩石打根基时，只是把石头简单的相叠，用沙土填缝，中间不用混凝土粘结，错误的施工方式严重影响地基的整体强度，为以后的建设埋下隐患。

2. 墙体质量问题多

农房建设中大部分采用砖混结构，在砖墙砌筑中出现留槎、接槎错误较多。内外墙之间无拉结措施，接头处只留直槎，以及砌筑的墙位不正或墙体歪斜；纵、横墙体间及其他构件间的连接不牢。

砂浆强度低，或任意往砂浆中浇水或加塑化剂，从而影响了砂浆的强度，还有个别农户使用强度很低的石灰砂浆;砌筑方法不当,如只砌包心柱,或灰缝不饱满,甚至用带刀灰砌砖,以及其他方面的施工错误等。

多数房屋都采用空斗墙,2~3 层的楼房,由于空间较大,设置有横梁,梁下也采用空斗墙,存在着墙体开裂的安全隐患。此外,还有上下层砖不错缝搭接,干砖上墙,因砂浆严重失水,砌体砂浆也没有配合比,这些现象导致了砌体强度的降低,墙面多处出现裂纹、裂缝。

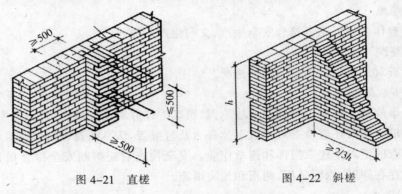

图 4-21　直槎　　　　　　　图 4-22　斜槎

3. 混凝土强度不够

大部分现浇混凝土无配合比,搅拌时材料任意增减,造成搅拌的混凝土强度波动性较大;浇筑混凝土时不按规范、规程操作,振捣不密实,有的根本不振捣。有的由于模板强度和刚度不够,造成构件几何尺寸不规则、错位,甚至整个构件强度严重不足。有的现浇构件,凝固期不到就提前拆模,影响了构件的强度。

4. "结构设计"不合理

部分砖混结构农房二楼外走廊预制板中部用挑梁支撑,两端用有漏花的墙体支撑,墙的端部实际形成了砖柱,且大多为 240 mm×240 mm 砖柱,墙体承载力非常有限,砖柱被推裂。有的房屋阳台现浇楼板厚度偏小,阳台上无栏杆,房屋建成后五年还没有装修,表层砖和梁柱已有严重风化现象,板和柱中有些部位钢筋已经漏出锈蚀,人走在上面心惊胆战。

此外,在调查中还发现室外阳台的装饰柱是直接简易固定在阳台的挑梁端部,不符合结构设计的要求,阳台楼板的设计存在可能脱落的危险。地圈梁设置过大,采用的是250 mm×500 mm 的截面,上下均配置 3 根 16 mm 或 18 mm 的二级钢筋,浪费严重。他们认为这样可能"安全"些,其中在多数农房均未设置构造柱圈梁。

建筑材料质量监控是一个盲区,目前社会上的建材市场相当混乱,不合格、不标准、低质量的产品,冲击整个建材市场。许多外地产品,质次价廉,挤占市场。据调查,农民建房时只重外表装饰材料的新颖美观,对主体材料,主要是要求价格不能太贵,对质量的要求很少讲究,所购进的钢材、水泥、砂、石、砖等主要材料,不仅根本没有出厂合格证,更没有取样做试验,多种型号、多种规格的同一材料凑合在一起使用。

第四节　常见施工安全问题及其预防、处理

一、从"五大伤害"进行分析

【案例4—1】2010年2月27日，××花园三期工地，施工单位安排作业人员对装修验收中发现的问题进行缺陷修补。约上午9时50分，杂工李×翻过5层的花坛内侧栏杆，站到5层花坛外侧约30 cm宽、没有任何防护的飘板上向下溜放电焊机电缆，不慎从飘板面坠落至一层地面，坠落高度约15 m，经抢救无效死亡，如图4—28所示。

图4-23　违章作业高处坠落

问题：事故发生的原因有哪些？如何防止该类事故的发生？

提示：(1) 直接原因：李×违章冒险作业，在未系安全带、没有任何安全防护措施的情况下进行高处临边悬空作业。

(2) 间接原因：① 死者进场仅3天，未进行三级安全教育记录；② 施工单位安全管理混乱，现场无专职安全员，未进行安全技术交底；③ 施工单位对工人只使用、不管理、不教育。

1. 劳动保护常识

(1) 基本要求

要戴好安全帽，高空作业要系好安全带。在搅拌灰浆、顶棚抹灰时，要防止砂浆溅入眼睛内烧伤眼睛，如果溅到，尽快用清水冲洗干净，不得用手揉眼睛。在坡面施工时，操作人员要穿软底鞋，要有防滑措施。施工人员不得翻越外架子和乘坐运料专用吊栏。严禁立体交叉作业，以免坠物伤人。生活区宿舍，严禁使用电炉、电热毯、煤炭炉，严禁使用热得快，严禁用明火取暖，宿舍内严禁使用功率大于等于100 W的灯泡，严禁长明灯和长流水，如图4—29所示。

附：安全生产"十不准"

一、不准未经安全培训的工人上岗。

二、不准未戴安全帽、穿拖鞋的工人进入施工场地。

三、不准未穿救生衣的工人水上作业。

四、不准酒后作业。

五、不准吊车、挖掘机下站人。

六、不准使用"带病"的机具和物资设备。

七、不准使用没有"三级配电,两级保护"的机电设备。

八、不准深基坑($H\geqslant1.5$ m)施工不设支护措施及安全警示标志。

九、不准沿街施工不设安全醒目的防护及疏导标志。

十、不准工人住在没有消防设施的宿舍里。

图 4-24 注意安全防止高空坠物

(2)安全注意事项

① 认真学习遵守项目部的安全管理制度,如不许酒后上岗,不许穿高跟鞋、打赤膊、不戴安全帽进入施工现场等。

② 自觉接受三级安全教育。

③ 认真进行安全技术交底并严格执行。

④ 必须正确使用、维护爱惜防护用品和安全设施,严格遵守劳动纪律和安全操作规程,严禁进行违章作业。

⑤ 遇到有危害人身安全而无安全措施作业时,有权拒绝,同时有权立即报告或越级报告有关部门。

⑥ 冬季施工中室内热作业要防止煤气中毒和火灾发生,外架要经常清理干净并注意防滑。

⑦ 雨季施工要注意机具设备的防护,以免造成漏电事故,做好场地排水、防水。让整个工地道路畅通。

⑧ 如发生了伤害事件,要尽快告诉项目施工管理人员,进行处理治疗。

总之,每个施工作业人员均应树立牢固的安全意识,在安全和进度发生矛盾时,要考虑安全第一。每个操作者都不能违章作业,在发现有安全隐患时,要及时或越级汇报,并可依法拒绝违章施工。

表 4-3　建筑工地常见伤害与预防

类别	常见伤害种类、形式	预控措施
物体打击	空中落物,碰块和滚动的物体砸伤	设立警戒线、警示标语;做好安全教育和安全技术交底;现场设立专人监护;脚手架安全平网(水平支护网)内的杂物清理,按要求设立安全防护和挡脚板;严格执行工地安全文明管理规定,做到工完场地清;应尽量避免立体交叉作业
	触及固定或运动中的硬物、反弹物的碰伤、撞伤	
	器具、硬物的击伤	
	碎片物的飞溅伤害	

类别	常见伤害种类、形式	预控措施
高处坠落	从脚手架或垂直运输设施上坠落的伤害	检查临边防护是否符合规范要求、工人安全教育、安全技术交底是否进行;检查工人是否按规定正确佩戴劳动防护用品;检查现场脚手架、操作平台、脚手扳上是否有探头板、飞跳板、花铺板;检查水平网内是否有杂物;相关材料是否符合要求(架管、卡口、脚手板等);为防止坠落伤害到别人应设立的警戒线、警示标语及有专人监护
高处坠落	从四口、五临边坠落的伤害	
高处坠落	从楼面、屋顶、建筑高台边缘坠落的伤害	
高处坠落	从施工安装工程结构上坠落的伤害	
高处坠落	从机械设备上坠落的伤害	
高处坠落	其他因滑落、踩空、拖带、碰撞、翘翻、失衡等引起的伤害	
机械伤害	机械转动部分的绞入、碾压和拖带伤害	机械安装场地、环境符合规范要求;检查机械旋转部位的防护是否到位;检查机械启动部位的安全状态;重型机械安装定位时夯实基础;定期保养、检查和维修,防止机械带病作业;悬挂安全警示标志;机械作业人员的定期培训与教育;属于特种设备要严格按照特种作业要求操作,做好安全技术交底,作业过程中穿戴好安全防护
机械伤害	机械工作部分的钻、刨、削、锯、击、撞、挤、砸、扎等伤害	
机械伤害	滑入、误入机械容器和运转部分的伤害	
机械伤害	机械部件的飞击伤害	
机械伤害	机械失稳和倾翻事故的伤害	
机械伤害	其他因机械安全保护,设施欠缺、失灵和违章操作所引起的伤害	
火灾伤害	电器和电源线着火引起的火灾伤害	临时用电符合安全用电规范,严禁私拉乱接现象;施工现场严禁吸烟;按规定配备符合现场要求的灭火器材及消防设施;机械设备、高层建筑按要求做好防雷接地;严格动火作业的审批制度;定期组织消防安全演练,全员熟练掌握和使用消防器材,掌握应急逃生技能;做好安全警示标志;做好安全技术交底和安全教育
火灾伤害	违章用火和乱扔烟头引起的火灾伤害	
火灾伤害	电、气焊作业时引燃易燃物引起的火灾伤害	
火灾伤害	爆炸引起的火灾伤害	
火灾伤害	雷击引起的火灾伤害	
火灾伤害	自然和其他因素引起的火灾伤害	
起重伤害	起重机械设备的折臂、断绳、失稳、倾翻以及倒塌事故伤害	培训考核持证上岗,严格遵守安全操作规程和交接班制度;检查起重装置、信号是否失灵可靠;检查机械部件如钢丝绳、链条、吊钩、吊环及滚筒;定期检查和保养;机械旋转半径内的安全警戒和安全防护;严格执行安全十不吊;夜间要有足够的照明措施;悬挂张贴安全警示标语;做好安全技术交底和安全教育
起重伤害	吊物失衡、脱钩、倾翻、变形和折断事故的伤害	
起重伤害	操作失控、违章操作和载人事故的伤害	
起重伤害	加固、翻身、支撑、临时固定等措施不当引起的伤害事故	
起重伤害	其他起重作业中出现的砸、碰、撞、挤、压、拖作用的伤害	
触电事故的伤害	起重机臂杆或其他导电物体搭碰高压线事故的伤害	施工现场实行"三相五线制",并按规定正确使用;电、气焊,电工作业须经过培训考核持证上岗;严格遵守临时用电安全操作规程;移动有电源线的机械设备,须先切断电源,不能带电搬动;机械设备均须采用保护接零,并安装漏电保护器等措施;电箱等用电危险部位挂立安全警示标志;用电作业做好安全绝缘保护措施;后勤、生活区、施工现场不得私拉乱接;潮湿地、容器内、危险性较大的地方使用照明应严格执行国家关于安全压的标准;做好安全用电技术交底和安全教育
触电事故的伤害	带电电线(电缆)断头、破口的触电伤害	
触电事故的伤害	挖掘作业损坏埋在地下的电缆触电伤害	
触电事故的伤害	电动设备漏电伤害	
触电事故的伤害	雷击伤害	
触电事故的伤害	拖带电线机具、电线绞断、破皮引起的触电伤害	
触电事故的伤害	电闸箱、控制箱漏电和误触电伤害	
触电事故的伤害	强力自然因素致电线断开的触电伤害	

类别	常见伤害种类、形式	预控措施
坍塌事故伤害	沟壁、坑壁、边坡、掏空等土石坍塌伤害	深度超过2 m的坑、沟、槽按规定做好放坡、支护，随时检查做好加固处理，并要有临边防护措施，边沿1 m内不得堆放物料，并做好排水措施；地基开挖不得采用挖空底角的方法，应充分考虑相邻结构、建筑的稳固性；模板、大型构件要有支撑方案并按要求施工；围墙2 m内不得搭建宿舍、仓库等设施；安装、拆卸大木板要检查吊具的安全性，拆除建筑物应自上而下严禁数层同时拆除；物料码放应考虑结构、建筑的承载能力，防止因堆放过高、过重而造成坍塌、倒塌事故
	因基础挖空、沉降、滑移地基不牢引起的上壁体和建（构）筑物的坍塌伤害	
	施工中的建（构）筑物的坍塌伤害	
	施工临时设施的坍塌伤害	
	堆置物过高、不牢引起的坍塌伤害	
	脚手架、井架、支撑架的倾翻和坍塌伤害	
	强力自然因素引起的坍塌伤害	
	支撑不牢引起的上物体的坍塌伤害	
中毒和窒息伤害	一氧化碳中毒、窒息伤害、亚硝酸钠的中毒伤害	冬季生产保温、取暖过程中做好通风处理，建立夜间施工巡查、值班制度；后勤严格控制食物采购环节，建立食物采购台账，禁止腐烂变质食品流向工地食堂；食品生、熟分开，防止生、熟食品交叉感染，食堂工作人员定期体检，做好工地食堂、员工宿舍的卫生，随时消灭苍蝇、老鼠、蟑螂等害虫
	沥青中毒的伤害	
	在有毒气体存在和空气不流通场所施工的中毒窒息伤害	
	炎夏和高温场所作业以及后勤腐烂、变质食物的中毒伤害	
	其他化学物品的中毒伤害	
爆炸伤害	工程爆破措施不当引起的爆破伤害	爆破作业前应编制专项施工方案；爆破人员须经过专业培训考核，持证上岗，设立专人警戒、岗哨和标志；建立发放、回收台账，爆炸品严格使用审批程序；罐装、桶装各种油料应储存在阴凉、通风场所，容器密闭，注意隔绝热源和火源；工地大量使用的乙炔、氧气、氢气要严格按照相关安全规定施工、安全储存、安全运输的要求进行作业，乙炔瓶必须安装回火装置。高压容器内作业照明应采用符合国家安全的低压照明设施
	雷管、火药和其他易燃爆炸物保管不当引起的爆炸事故伤害	
	施工中电火花和其他明火引燃易爆物事故伤害	
	瞎炮处理中的事故伤害	
	在生产的工厂进行施工中出现的爆炸事故伤害	
	高压作业中的爆炸事故伤害	
	乙炔罐回火爆炸伤害	

2. 机械操作安全技术

遵守安全规程，经培训合格后持证上岗。不能私自搭接电源，不能乱接乱搭。电缆电线不能拖地，不能使用花线，做好绝缘工作。电缆线严禁附着在金属外架上，以防漏电伤人。如果电路出现故障，须由持证专职电工负责检修，严禁私自乱动，如图4—25所示。

图4—25 机械伤害

不该私自开动的机械严禁使用,使用无齿锯、打磨机等操作时,面部不能直接对机械,使用机械设备要带防护罩。使用砂浆机等搅拌操作时,不要用手脚进料口处直接送料,在倒料时,要先拉电闸再用工具扒灰,不可在机械运转时扒灰,以免事故发生。进出施工电梯必须及时关好防护门,违者电梯司机可不予开动施工电梯。施工电梯严禁超载、超员、超规范运行。

【案例4-2】触电

基本情况:××市××区某小区十号楼地下室有一电气设备,该设备一次电源线使用二芯绕线,缆线长度为10.5 m;接头处没有用橡皮包布包扎,绝缘处磨损,电源线裸露;安装在该设备上的漏电开关内的拉杆脱落,漏电开关失灵。某工程在该地下室施工中,付某等3名抹灰工将该电气设备移至新操作点,移动过程中付某触电死亡。

事故原因分析:

(1)违章操作,移动电器设备未切断电源;

(2)操作人员不是专业电工,不能移动电气设备;

(3)缺乏日常安全检查,未及时发现事故隐患;

(4)可能造成付某触电的漏电原因有电气设备漏电,一次电源线使用了二芯绕线,接头处没有用橡皮包布包扎,绝缘处磨损,电源线裸露,安装在该设备上的漏电开关失灵等。

3. 运输、清理安全技术

贴面用的预制件、大理石、瓷砖等饰面块材,应堆放整齐平稳,边用边运。安装时要稳拿稳放,待灌浆凝固稳定后,方可拆除临时支撑,以免倒塌、掉落伤人。运送料具时,要把脚下的路铺平稳,小推车不能装得过满,以免溢出,小推车不能倒拉,而且不能运行太快,转弯时要注意安全,不要碰到堆放的料具和操作人员。

向脚手架上运料时,多立杆式外脚手架每平方米荷载不得超过270 kg。架子上的灰盆间距不得小于6 m,灰盆要顺着脚手架放稳,不得放在立杆外侧。上料前应先检查脚手架搭设和跳板的铺设,推车运料一律单行,严禁倒拉车,严禁平行超车。室内外抹灰上料用的物料平台不能超载,下面要设平网,在平网下面铺设架板,防止吊盘落物伤人。

4. 高处作业安全技术

抹灰使用的木凳、金属支架应平稳牢固地搭设,并满铺架板。架子的立杆下要铺垫脚手板或绑有扫地杆以防下沉,小横杆间距不得大于2 m。外脚手架(分单、双排)、马道、平台要挂设安全网,安全网要挂设牢固、完整,不能破坏,以免坠落伤害。脚手板必须铺满,最窄处不得小于3块。脚手板严禁搭设探头板,以免坠落伤害。

严禁操作人员集中在一块脚手板上操作,架上堆放材料不要过于集中,以免超载,造成安全事故。严禁将工具、材料、杂物堆放在窗台、栏板上,以免掉落造成伤害。不准在门窗、暖气片、洗脸池等物体上搭设脚手板,阳台部位粉刷,外侧必须挂设安全网。严禁踩踏在脚手架的护身栏杆和阳台栏板上施工作业。所有施工人员严禁在抹灰架上戏嬉、吵闹。

【案例4-3】高处坠物

基本情况:2009年9月29日上午7时20分,某建设公司项目部承建的六层砖混公寓,抹灰工赵某与刘某准备在工地前坪合搬一块木板至一层室内搭脚手粉墙,当刘某弯腰搬木板时,被从6层楼操作层竹篱子上弹跳下来的一块红砖击中后脑勺,经医院抢救无效死亡。经调查,红砖系普工戴某所放。

事故原因分析：

（1）1～6 层操作层防护网防护不严密，事发段 6 层有一张防护网被人拆除；

（2）普工戴某向操作层上放砖时安全意识不强；

（3）刘某未戴安全帽。

5．其他安全技术

（1）安全措施

① 进入施工现场，必须戴安全帽，禁止穿硬底鞋和拖鞋。

② 距地面 3 m 以上作业要有防护栏杆、挡板或安全网。

③ 安全设施和劳动保护用具应定期检查，不符合要求的严禁使用。

④ 禁止采用运料的吊篮、吊盘上下人。乘人的外用电梯、吊笼应安装可靠的安全装置。

⑤ 施工现场的脚手架、防护设施、安全标志和警告牌等，不可擅自拆动，确需拆动应经施工负责人同意。

⑥ 施工现场的洞口、坑、沟、升降口、漏斗、架子出入口等，应设防护设施及明显标志。

⑦ 搭设抹灰用高大架子必须有设计和施工方案，参加搭架子的人员，必须经培训合格，持证上岗。

⑧ 遇有恶劣气候（如风力在四级以上），影响安全施工时禁止高空作业。

（2）环保措施

① 采用机械集中搅拌灰料时，所使用机械必须是完好的，不得有漏油现象，维修机械时应采取接油滴漏措施，以防止机油滴落在大地上造成土壤污染。对清擦机械使用的棉丝及清除的油污要装袋集中回收，并交合格消纳方消纳，严禁随意丢弃或燃烧消纳。

② 施工现场搅拌站应制定施工污水处理措施，施工污水必须经过处理达到排放标准后再进行有组织的排放或回收再利用施工。施工污水不得直接排放，以防造成污染。

③ 抹灰施工过程中所产生的所有施工垃圾必须及时清理、集中消纳，做到活完底清。

④ 高处作业清理施工垃圾时不可抛撒，以防造成粉尘污染。

二、施工阶段常见的安全问题

1．安全资料不真实

安全资料和技术资料一样，应与工程进度同步，是施工安全检查、隐患整改及排除的真实记录。但实际上，多数工地负责人对安全资料的整理不够重视，认为主要是应付检查，整理的安全资料，并非从项目搜集而来，而是抄录其他工程的。

2．模板施工无方案，模板支撑系统无设计计算

模板工程应有经过审批的施工方案，并根据混凝土输送方法制定有针对性的安全措施。模板上堆料具必须均匀，施工荷载不能超过规定要求，大模板存放应有防倾倒措施，模板拆除区域应设警戒线和监护人员，任何地方不能留有未拆除的悬空模板，在模板上运混凝土应在走道垫板上进行，对作业面的孔洞临边及垂直作业均应有隔离防护措施。现浇混凝土模板支撑系统应经过设计计算，并按规定设置立杆，纵横向支撑立柱底部设垫板。而实际施工中，部分模板工程无施工方案，模板支撑亦无计算，出现了模板倾倒伤人、支撑系统整体垮倒的现象。

3. 现场防护不到位,安全设施投入不足

施工期,所有进入现场的人员均应佩戴质量合格的安全帽,在施工过程中不做防护或防护不规范、不到位,个别工人高处作业不系挂安全带,形成严重安全隐患,导致安全事故发生。

4. 施工用电无设计方案,外电防护及现场用电安全隐患较大

施工现场临时用电应有设计方案,配电系统要符合"三级配电二级保护"要求,开关箱应设有效的漏电保护器,并达到"一机一闸一箱一漏"的配电线路要求。专用保护零线与工作零线不能混接,破皮、老化电线要更换,与建筑物相邻的外电必须有足够的安全距离,尺寸不够须认真防护和封闭严密。

三、施工安全控制

1. 施工中土石方工程安全技术控制

土方工程施工条件比较复杂,如土质、地下水、气候、开挖深度、施工现场与设备等,对于不同的工程要求都不相同。施工安全在土方工程施工中是一个很突出的问题。

(1) 基坑开挖安全技术

基坑开挖包括人工开挖和机械开挖两类。

图 4-26　人工开挖　　　　　　　　　　　图 4-27　　机械开挖

人工开挖的作业条件为:土方开挖前,应摸清地下管线等障碍物,根据施工方案要求,清除地上、地下障碍物。建筑物或构筑物的位置或场地的定位控制线、标准水平桩及基槽的灰线尺寸,必须经检验合格。在施工区域内,要挖临时排水沟。当开挖面标高低于地下水位时,在开挖前应采取降水措施,一般要求降至开挖面下 500 mm,再进行开挖作业。

机械开挖安全作业条件:对进场挖土机械、运输车辆及各种辅助设备等应进行维修,按平面图要求堆放。清除地上、地下障碍物,做好地面排水工作。

(2) 土方开挖施工安全的控制措施

施工安全是土方施工中一个很突出的问题,土方塌方是伤亡事故的主要原因。为此,在土方施工中应采取以下措施预防土方坍塌:土方开挖前要做好排水处理,防止地表水、施工用水和生活用水侵入施工现场或冲刷边坡。开挖坑(槽)、沟深度超过 1.5 m 时,一定要根据土质和开挖深度按规定进行放坡或加可靠支撑。如果既未放坡,也不加支撑,不得施工。坑(槽)、沟边 1 m 以内不得堆土、堆料或停放机具。1 m 以外堆土,其高度不超过 1.5 m。坑(槽)、沟与附近建筑物的距离不得小于 1.5 m,危险时必须采取加固措施。挖土方不得在

石头的边坡下或贴近未加固的危险楼房基底下进行。

操作时应随时注意上方土壤的变动情况,如发现有裂缝或部分塌落应及时放坡或加固。操作人员上下深坑(槽)应预先搭设稳固安全的阶梯,避免上下时发生人员坠落事故。

开挖深度超过 2 m 的坑(槽)、沟边沿处,必须设置两道 1.2 m 高的栏杆和悬挂危险标志,并在夜间挂红色标志灯。任何人严禁在深坑(槽)、悬崖、陡坡下面休息。在雨季挖土方时,必须保持排水畅通,并应特别注意边坡的稳定。大雨时应暂时停止土方工程施工。夜间挖土方时,应尽量安排在地形平坦、施工干扰较少和运输道路畅通的地段,施工场地应有足够的照明。

土方施工中,施工人员要经常注意边坡是否有裂缝、滑坡迹象,一旦发现情况有异,应该立即停止施工,待处理和加固后方可继续进行施工。

(3)边坡的形式、放坡条件及坡度规定

边坡可做成直坡式、折线式和阶梯式三种形式。

当地下水位低于基坑,含水量正常,且敞露时间不长时,基坑(槽)深度不超过表 4—4 规定深度,可挖成直壁。

表 4—4　基坑(槽)作成直立壁不加支撑的深度规定

土的类别	深度不超过 / m
密实、中密的砂土和碎石类(砂填充)	1.00
硬塑、可塑的轻亚黏土及亚黏土	1.25
硬塑、可塑的黏土及碎石类(黏土填充)	1.50
坚硬的黏土	2.00

当地质条件较好,且地下水位低于基坑,深度超过上述规定,但开挖深度在 5 m 以内,不加支护的最大允许坡度规定见表 4—5。对深度大于 5 m 的土质边坡,应分级放坡并设置过渡平台。

表 4—5　基坑不加支护的最大允许坡度规定

土的类别	密实度或状态	坡度允许值(高宽比)
碎石土(硬塑黏性土填充)	密实	1∶0.35～1∶0.50
	中密	1∶0.50～1∶0.75
	稍密	1∶0.75～1∶1.00
粉性土	土的饱和度小于或等于 0.5	1∶1.00～1∶1.25
粉质黏土	坚硬	1∶0.75
	硬塑	1∶1.00～1∶1.25
	可塑	1∶1.25～1∶1.50
黏土	坚硬	1∶0.75～1∶1.00
	硬塑	1∶1.00～1∶1.25
花岗岩残积黏性土		1∶0.75～1∶1.00
		1∶0.85～1∶1.25
杂填土	中密或密实的建筑垃圾	1∶0.75～1∶1.00
砂土		1∶1.00 或自然休止角

（4）地下基坑施工安全控制措施

严禁超挖，改坡要规范，严禁坡顶和基坑周边超重堆载。必须具备良好的降、排水措施，边挖土边做好纵横明排水沟的开挖工作，并设置足够的排水井并及时抽水。

2. 土方回填安全技术

（1）人工回填安全技术

① 安全作业条件

回填前，应清除基底的垃圾等杂物，清除积水、淤泥，对基底标高以及相关基础、墙或地下防水层、保护层等进行验收，并要办好隐蔽工程检验手续。

施工前应根据工程特点、填方土料种类、密实度要求、施工条件等，合理确定填方土料含水率控制范围、虚铺厚度和压实遍数等参数；重要回填土方工程，应通过试验来确定。房心和管沟的回填，应在完成上下水管道的安装或墙间加固后再进行。

② 安全控制要点

管道下部应按要求夯实回填土，如果漏夯或夯不实会造成管道下方空虚，管道折断而渗漏。夜间施工时，应合理安排施工顺序，设有足够的照明设施，防止铺填超厚，严禁汽车直接倒土入槽。

基坑（槽）或管沟的回填土应连续进行，尽快完成。施工中注意雨情，雨前应及时夯完已填土层或将表面压光，并做成一定坡势，以利排除雨水。施工时应有防雨措施，要防止地面水流入基坑（槽）内，以免边坡塌方或基土遭到破坏。

在地形、工程地质复杂地区内的填方，且对填方密实度要求较高时，应采取相应措施如设排水暗沟、护坡桩等，以防填方土粒流失，造成不均匀下沉和坍塌等事故。填方基土为杂填土时，应按设计要求加固地基，并要妥善处理基底下的软硬点、空洞、旧基以及暗塘等。

3. 主体工程安全技术控制

（1）钢筋加工与安装安全技术

钢筋焊接机械主要有对焊机、点焊机和手工弧焊机。

图 4-28　钢筋对焊　　　　　　　　　图 4-29　钢筋手工弧焊

① 钢筋切断机安全使用要点

接送料的工作平台应和切刀下部保持水平，工作台的长度应根据待加工材料长度设置。机械未达到正常运转时，不可切料。切料时必须使用切刀的中、小部位，紧握钢筋对准刃口迅速投入。送料时应在固定刀片一侧握紧并压住钢筋，以防钢筋末端弹出伤人。严禁用两手分在刀片两边握住钢筋俯身送料。

②　钢筋调直机安全使用要点

在调直机未固定、防护罩未盖好前不得送料。作业中严禁打开各部防护罩及调整间隙。当钢筋送入后,手必须保持一定的距离,不得接近。送料前应将不直的料头切除。导向筒前应装一根 1 m 长的钢管,钢筋必须先穿过钢管再送入调直筒前端的导孔内。

③　钢筋弯曲及安全使用要点

作业时,将钢筋需弯一端插入转盘固定销的间隙内,另一端紧靠机身固定销,并用手压紧,检查机身固定销确实安放在挡住钢筋的一侧,方可开动。作业中,严禁更换轴芯、销子和变换角度以及调速等作业,也不得进行清扫和加油。严禁在弯曲钢筋的作业半径内和机身不设固定销的一侧站人。弯曲好的半成品,应堆放整齐,弯钩不得朝上。

④　对焊机安全使用要点

使用前要先检查手柄、压力机构、夹具等是否灵活可靠,根据被焊钢筋的规格调好工作电压,通入冷却水并检查有无漏水现象。调整断路限位开关,使其在焊接到达预定挤压量时能自动切断电源。

⑤　点焊机安全使用要点

焊机通电后,应检查电气设备、操作机构、冷却系统、气路系统及机体外壳有无漏电等现象。焊机工作时,气路系统、水冷却系统应畅通。气体必须保持干燥,排水温度不应超过40 ℃,排水量可根据季节调整。

⑥　交流弧焊机安全使用要点

多台弧焊机集中使用时,应分接在三相电源网络上,使三相负载平衡。多台焊机的接地装置,应分别由接地极处引接,不得串联。移动弧焊机时,应切断电源,不得用拖拉电缆的方法移动焊机。如焊接中突然停电,应立即切断电源。

⑦　直流弧焊机安全使用要点

数台焊机需同一场地作业时,应逐台启动,避免启动电流过大,引起电源开关掉。运行中,如需调节焊接电流和极性开关时,不得在负荷时进行。调节时,不得过快、过猛。

⑧　运输、制作和绑扎

人工垂直传递钢筋时,上下作业人员不得在同一垂直方向上,并必须有可靠的立足点,高处传递时必须搭设符合要求的操作平台。在建筑物内堆放钢筋应分散。钢筋在模板上短时堆放,不宜集中,且不得妨碍交通,脚手架上严禁堆放钢筋。在新浇的楼板混凝土强度未达到 1.2 Mpa 前,严禁堆放钢筋。

人工调直钢筋时,铁锤的木柄要坚实牢固,不得使用破头、缺口的锤子,敲击时用力应适中,前后不准站人。人工錾断钢筋时,作业前应仔细检查使用的工具,以防伤人。

钢筋除锈时,操作人员要戴好防护眼镜、口罩手套等防护用品,并将袖口扎紧。使用电动除锈时,应先检查钢丝刷固定有无松动,检查封闭式防护罩装置、吸尘设备和电气设备的绝缘及接零或接地保护是否良好,防止机械和触电事故。送料时,操作人员要侧身操作,严禁在除锈机前方站人,长料除锈要两人操作,互相配合。

拉直钢筋,卡头要卡牢,地锚要结实牢固,拉筋 2 m 区域内禁止行人。人工绞磨钢筋拉直,要步调一致,稳步进行,缓慢松解,不得一次松开,以防回弹伤人。

（2）模板安拆安全技术

① 使用材料

一般模板通常由三部分组成:模板面、支撑结构和连接配件。

② 模板专项方案内容

模板使用时需要经过设计计算,模板设计的内容:根据混凝土施工工艺和季节性施工措施,确定其构造和所承受的荷载;绘制模板设计图,支撑设计布置图,细部构造和异型模板大样图;按模板承受荷载的最不利组合对模板进行验算;制定模板安装及拆除的程序和方法;编制模板及构件的规格、数量汇总表和周转使用计划。

③ 常用扣件式钢管模板支架的设计与施工

模板支架的钢管应采用标准规格 ϕ 48×3.5 mm,壁厚不得小于 3.0 mm。模板支架必须设置纵横向扫地杆。纵向扫地杆应采用直角扣件固定在距底座上皮不大于 200 mm 处的立杆上,横向扫地杆亦应采用直角扣件固定在紧靠纵向扫地杆下方的立杆上。当立杆基础不在同一高度上时,必须将高处的纵向扫地杆向低处延长两跨与立杆固定,高低差不应大于 1 m。靠边坡上方的立杆轴线到边坡的距离不应小于 500 mm。立杆接长除顶部可采用搭接外,其余各步接头必须采用对接扣件连接。

柱模板的安装应符合下列要求:现场拼装柱模时,应及时加设临时支撑进行固定,四片柱模就位组拼经对角线校正无误后,应立即自下而上安装柱箍。柱模校正后,应采用斜撑或水平撑进行四周支撑,以确保整体稳定。

其他结构模板的安装应符合下列要求:安装圈梁、阳台、雨篷及挑槽等模板时,其支撑应独立设置,不得支搭在施工脚手架上。安装悬挑结构模板时,应搭设脚手架或悬挑工作台,并设置防护栏杆和安全网;作业处的下方不得有人通行或停留;在悬空部位作业时,操作人员应系好安全带。

④ 模板拆除

拆模时,混凝土的强度应符合设计要求。模板及其支架拆除的顺序及安全措施应按施工技术方案执行。模板及其支架拆除的顺序及相应的施工安全措施对避免重大工程事故非常重要,在制订施工技术方案时应考虑周全。由于过早拆模、混凝土强度不足而造成混凝土结构构件沉降变形、缺棱掉角、开裂、甚至塌陷的情况时有发生。底模拆除时的混凝土强度要求见表 4—6。

表 4—6　底模拆除时的混凝土强度要求

构件类型	构件跨度(m)	达到设计的混凝土立方体抗压强度标准值的百分率(%)
板	≤2	≥50
	>2,≤8	≥75
	>8	≥100
梁、拱、壳	≤8	≥75
	>8	≥100
悬臂构件	—	≥100

模板拆除的顺序和方法:应根据模板设计的规定进行。若无设计规定,可按先支的后拆,后支的先拆,先拆非承重模板,后拆承重模板的顺序进行拆除。

(3)混凝土浇筑安全技术

① 混凝土搅拌机的安全使用要点

作业中,应观察机械运转情况,当有异常或轴承温升过高等现象时,应停机检查;当需检修时,应将搅拌筒内的混凝土清除干净,然后再进行检修。加入强制式搅拌机的骨料最大粒径不得超过允许值,并应防止卡料。每次搅拌时,加入搅拌筒的物料不应超过规定的进料容量。强制式搅拌机的搅拌叶片与搅拌筒底及侧壁的间隙,应经常检查并确认符合规定,当间隙超过标准时,应及时调整。

作业后,应对搅拌机进行全面清理;当操作人员需进入筒内清理、维修时,必须切断电源或卸下熔断器,锁好开关箱,挂上"禁止合闸"标牌,并应有专人在外监护。应将料斗降落到坑底,当需升起时,应用保险铁链或插销扣牢。

冬期作业后,应将水泵、放水开关、量水器中的积水排尽。搅拌机在场内移动或远距离运输时,应将进料斗提升到上止点,用保险铁链或插销锁住。

② 混凝土搅拌输送车

混凝土搅拌输送车是运输混凝土的专用车辆,由于它在运输过程中,装载混凝土的搅拌慢速旋转,有效地使混凝土不断受到搅动,防止产生分层离析现象,因而能保证砼的输送质量。

③ 混凝土振动器

混凝土振动器是一种借助动力通过一定装置作为振源产生频繁的振动,并使这种振动传给混凝土,以振动捣实混凝土的设备。混凝土振动器的种类繁多,按传递振动的方式可分为内部式、外部式、平板式等。

④ 混凝土工程安全注意事项

注意梯口、预留洞口和建筑物边沿,防止坠落事故;覆盖养护时,应先将预留孔洞采取可靠措施封盖;预应力灌浆,应严格按照规定压力进行,输浆管应畅通,阀门接头要严密、牢固。

(4) 砌筑工程安全技术

脚手架上堆料不得超过规定荷载,堆砖高度不得超过 3 皮砖;在同一块脚手板上不得超过两人以上同时砌筑作业。不准用不稳固的工具或物体垫高作业,不准使用施工用木模板、钢模板等代替脚手板。

如遇雨天下班时,要做好防雨遮盖措施,以防大雨将砌筑砂浆冲洗,使砌体倒塌。砌基础前必须检查槽壁土质是否稳定,如发现有土壁裂纹,水浸化冻或变形等坍塌危险时,应立即报告施工现场负责人处理,不得冒险作业。对槽边有可能坠落的危险物,在进行清理后,方可作业。

在加固支撑的基槽内砌筑基础时,特别在雨后及排水过程中,应随时检查支撑有无松动变形,如发现异状,应立即进行重新加固后,方可操作。拆除基槽内的支撑,应随着基础砌筑进度由下向上逐步拆除。

4. 扣件式脚手架搭设安全技术

立杆间距一般不大于 2.0 m,立杆横距不大于 1.5 m,连墙件不少于三步三跨,脚手架底层满铺一层固定的脚手板,作业层满铺脚手板,自作业层往下计,每隔 12 m 须满铺一层脚手板。

立杆接长除顶层顶步外,其余各层各步接头必须采用对接扣件连接。两根相邻立杆的接头不得设置在同一步距内,同步内隔一根立杆的两个相隔接头在高度方向错开的距离不宜小于 500 mm,各接头的中心至主节点的距离不宜大于步距的 1/3。顶层顶步立杆如采用搭接接长,其搭接长度不应小于 1 000 mm,并采用不少于 2 个旋转扣件固定,端部扣件盖板边缘至杆端距离不应小于 100 mm。

脚手架必须设置纵、横向扫地杆。纵、横向扫地杆应采用直角扣件固定在距底座上皮不大于 200 mm 处的立杆上。当立杆基础不在同一水平面上时,必须将高处的纵向扫地杆向低处延长两跨与立杆固定,高低差不应大于 1 m。靠边坡上方的立杆轴线到边坡的距离不应小于 500 mm。一字形、开口形双排钢管扣件式脚手架的两端均必须设置横向斜撑。

5. 临边作业安全技术

工作人员大部分时间处在未完成建筑物的各层各部位或构件的边缘处作业。临边的安全施工一般须注意三个问题:临边处在施工过程中是极易发生坠落事故的场合;必须明确那些场合属于规定的临边,这些地方不得缺少安全防护设施;必须严格遵守防护规定。

要保证临边作业安全必须做好以下几方面的工作:

(1) 临边防护

在施工现场,当作业中工作面的边沿没有围护设施或围护设施的高度低于 80 cm 时的作业称为临边作业。在进行临边作业时设置的安全防护设施主要为防护栏杆和安全网。

(2) 防护栏杆

三种情况必须设置防护栏杆:基坑周边,尚未安装栏板的阳台、料台与各种挑平台周边、雨篷与挑檐边、无外脚手架的屋面和楼层边,以及水箱与水塔周边等处,都必须设置防护栏杆。

(3) 防护栏杆的构造要求

临边防护用的栏杆是由栏杆立柱和上下两道横杆组成,上横杆称为扶手。栏杆的材料应按规范标准的要求选择,选材时除需满足力学条件外,其规格尺寸和连接方式还应符合构造上的要求,应紧固而不动摇,能够承受突然冲击,阻挡人员在可能状态下的下跌和防止物料的坠落,还要有一定的耐久性。

第五章　农村常见其他工程

第一节　村镇道路工程

一、村镇道路常见的类型

依据村庄整治技术规范的规定，村镇内部道路按其使用功能划分为三个层次，即主要道路、次要道路和宅间道路。

（1）主要道路是村镇内各条道路与村镇入口连接起来的道路，以车辆交通功能为主，同时兼顾步行、服务和村民人际交流的功能（图 5－1）。

（2）次要道路是村内各区域与主要道路的连接道路，在担当交通集散功能的同时，承担步行、服务和村民人际交流的功能（图 5－2）。

（3）宅间道路是村民宅前屋后与次要道路的连接道路，以步行、服务和村民人际交流功能为主（图 5－3）。

图 5-1　村镇内部主要道路

图 5-2　村镇内部次要道路

图 5-3　村镇内部宅间道路

（4）中小型自然村不建设主要道路和次要道路，只建设宅间道路；

（5）中型行政村仅建设次要道路和宅间道路；

（6）只有中心村才应该建设主要道路、次要道路、宅间道路（表5-1）。

表5-1　村镇内部道路系统组成

村镇层次	村镇规模分级	道路等级		
		主要道路	次要道路	宅间道路
中心村	大型	○	○	○
	中型	○	○	○
	小型	△	○	○
行政村	大型	○	○	○
	中型	△	○	○
	小型	—	△	○
自然村	大型	△	△	○
	中型	—	—	○
	小型	—	—	○

注：表中○为应设道路，△为可设道路。

二、村镇道路系统规划

1. 对外交通规划

（1）村镇道路与农村公路以村镇规划区的边线分界，规划区以外的进出口道路可参照《农村公路建设指导意见，2004年》和《农村公路建设暂行技术要求》等有关规范选用适当标准进行设计，按照公路等有关规范执行。

（2）区域高速公路和一级公路的用地范围应与村镇建设用地范围之间预留发展所需的距离；规划中的二、三级公路不应穿越村镇内部，对于现状穿越村镇的二、三级公路应在规划中进行调整；以货运为主的道路不应穿越村镇中心地段。

2. 内部交通规划

（1）村镇道路交通规划

应根据村镇用地的功能、交通的流量和流向，结合村镇的自然条件和现状特点，确定村镇内部的道路系统，并应有利于村镇的发展建设和管线敷设要求。

（2）村镇道路及交通设施规划

建设应遵循安全、适用、环保、耐久和经济的原则，利用现有条件和资源，重点放在恢复或改善村镇道路的交通功能上，并使道路规划布局科学合理。

（3）村镇道路等级规划

村镇道路等级分为主要道路、次要道路、宅间道路三级。各级道路的规划技术指标应符合表5-2的规定。

表 5—2　村镇内部道路等级规划

规划技术指标	道路等级		
	主要道路	次要道路	宅间路
计算行车速度(km/h)	30~20	20~15	15~10
道路红线宽度(m)	8~15	5~10	3~5

主要道路的道路红线宽度为 8~15 m,路面宽度不宜小于 6.0 m。

主要道路的道路红线宽度为 5~10 m,次要道路路面宽度不宜小于 4 m。

主要道路的道路红线宽度为 3~5 m,宅间道路路面宽度不宜大于 2.5 m。

(4)村镇规模与道路等级配置

村镇道路系统的组成应根据村镇的规模和发展需求按表 5—3 确定。

表 5—3　村镇规模与道路等级配置

规划规模分级(人)	道路级别		
	主要道路	次要道路	宅间路
1 000 以上	●	●	●
600~1 000	●	●	●
200~600	○	●	●
0~200	○	●	●

三、村镇道路设计及施工

1. 村镇道路路基设计及施工

(1)道路路基设计

根据村镇内部地形的不同,路基一般采用路堤和路堑两种基本断面结构形式。

① 路堤:当铺设路面的路基面高于天然地面时,路基以填筑的方式构成,这种路基称为路堤。路堤通常由路基面、边坡、护道和排水沟等几部分组成。如果已有路堤缺少哪个部分,就填筑哪个部分(图 5—4)。

② 路堑:当铺设路面的路基面低于天然地面时,路基以开挖的方式构成,这种路基称为路堑。路堑通常由路基面、侧沟、边坡和截水沟等几部分组成。如果已有路堑缺少哪个部分,就填筑哪个部分(图 5—5)。

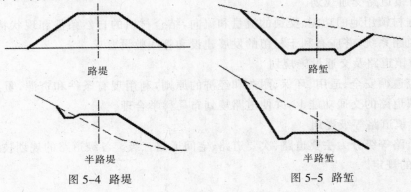

路堤　　　　　　　　　　　　路堑

半路堤　　　　　　　　　　　半路堑

图 5-4　路堤　　　　　　　　图 5-5　路堑

　　路堤和路堑的横断面形式如图 5－6 和 5－7 所示,它告诉我们需要填筑部分的位置。

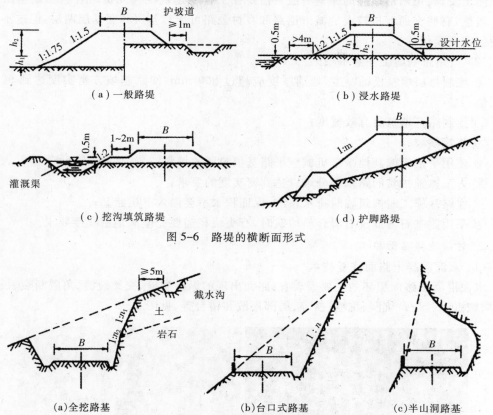

（a）一般路堤　　　　　　　　　　　　　　　（b）浸水路堤

（c）挖沟填筑路堤　　　　　　　　　　　　　（d）护脚路堤

图 5-6　路堤的横断面形式

（a）全挖路基　　　　　　　　（b）台口式路基　　　　　　（c）半山洞路基

图 5-7　路堑的横断面形式

　　在山区,通常采用的是半挖半填的路基断面形式,如图 5－8 所示。在平原地区,路基是以不挖不填的方式建设的。两种基本断面形式的路基有着不同的排水工程和挡土边坡设施。

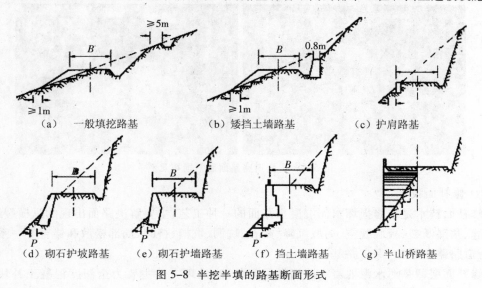

（a）一般填挖路基　　　　　（b）矮挡土墙路基　　　　（c）护肩路基

（d）砌石护坡路基　　　（e）砌石护墙路基　　　（f）挡土墙路基　　　（g）半山桥路基

图 5-8　半挖半填的路基断面形式

　　路基基本构造：村镇内部道路路基由基层、底基层和土基叠加构成。从村镇内部道路的功能出发，村镇内部道路的路基一般只需要在土基上建筑一种无机结合料稳定基层就够了。当然，有些交通流量较大的城市道路和乡村公路可能有基层和底基层两层，但这不一定是我们需要模仿的。

　　（2）道路路基施工注意事项

　　① 控制每层填料松铺厚度，松铺厚度应超过 800 mm，使路基填方密实度达到 90% 的低限值；

　　② 控制路基填筑的有效宽度；

　　③ 修筑横坡；

　　④ 使用平地机或其他平整机械整平路基填筑层的填料；

　　⑤ 人工摊铺拍实的路基部分难以达到密实度的要求；

　　⑥ 在路基施工时修筑临时排水系统，保证积水不会渗入下层路基；

　　⑦ 采用路基石方或土石混合料填筑时，石头块径需要完全满足密实度要求。

　　2. 村镇道路路面施工

　　（1）水泥混凝土路面修复技术

　　水泥混凝土路面损坏的主要表现有：路面出现的纵横裂缝、交叉裂缝、角隅断裂、板底脱空、局域沉降、露石、坑洞、坑槽、挤碎、局部松散和错台等，见图 5—9。

图 5-9　主要道路路面通常损坏几例

　　① 修补面技术

　　修补面技术是维修损坏水泥混凝土路面的一种工艺，主要解决路面出现的纵横裂缝、交叉裂缝、角隅断裂、板底脱空、局域沉降、露石、坑洞、坑槽、挤碎、局部松散和错台等一系列问题，使道路路面平整，保护路基。

　　修补面层即是对水泥混凝土路面做局部处理，处理方法主要为全深度混凝土补块。其工艺流程为：

第一步，在水泥混凝土路面板去除前一天，沿指定的横向和纵向边界进行全深度切割；

第二步，去除水泥混凝土块；

第三步，垫层准备；

第四步，补块准备；

第五步，准备水泥混凝土材料；

第六步，摊铺水泥混凝土；

第七步，整平。

② 加铺层技术

加铺层技术是指当旧混凝土路面的损坏状况和接缝传荷能力评定等级为中级以上时，维修损坏水泥混凝土路面的一种工艺，主要解决路面出现的纵横裂缝、交叉裂缝、局域沉降、露石、坑洞、坑槽、挤碎、局部松散和错台等一系列问题，使道路路面平整，保护路基。其技术方法主要有：分离式混凝土加铺层、结合式混凝土加铺层、沥青加铺层和增强型沥青加铺层等几种。

（2）沥青铺装路面整治技术

沥青铺装路面整治技术是指对用沥青作结合料铺筑面层的路面进行整治的工艺。其主要解决路面出现的纵向或横向裂缝、网状裂缝、块状裂缝，沉陷、车辙、搓板、推移和拥起，剥落、松散、坑槽和泛油等一系列问题，使道路路面平整，保护路基。主要施工工艺有涂胶防水，裂缝灌热沥青，热烘、掺料和补强，挖补分层填筑等。

① 涂胶防水

路面出现网裂，没有明显变形，也未出现唧浆，可用修补胶薄薄涂一层，防止水的渗透。

② 裂缝灌热沥青

路面出现裂缝但未出现明显错台（在 5 mm 以内），也无啃边现象，可采用灌热沥青的办法作防水处理。

③ 热烘、掺料和补强

沥青面层上面层出现龟裂、蜂窝在 1～2 cm 以内车辙等路面变形不严重的点，可采用修路王热烘，适当添加新料，人工搅拌均匀，压实补强。

④ 挖补分层填筑

路面病害已经波及中下面层，乃至基层必须挖除，分层填筑。

（3）块石或碎（砾）石路面的修筑

① 块石或碎（砾）石铺装技术

无论使用哪种石块铺装道路，路面的石块依赖于路基的承载力和石块与石块之间的摩擦力；适用于坚实、稳定和平整的地基；采用的石料应为坚硬和没有风化的块（片）石；修筑石头路面的常规施工工艺采用浆砌法和干浆法，其工艺流程为：

选材——石材通常有花岗石、石灰岩及砂岩等。石块最好有两个大面，最小边长应大于 12 cm，厚度与路面厚度大致相等；选用合格的普通水泥或矿渣水泥，煅烧均匀的生石灰，质地坚硬、洁净的天然中粗砂。

画线——确定铺筑路面中线的位置、路面宽度，定桩，挂出顶面砌筑线。

砌筑——整理基层顶面，清理浮上，并洒水湿润。

砂浆拌合,砂浆水泥与砂参考比例为 1∶3～1∶7;砂浆干拌均匀后,再加水湿拌均匀。

先砌筑两边导向石,以控制标高、宽度,保证路面整齐、顺直。

纵坡路段从低处往高处依次砌筑,弯道路段从内侧向外侧依次砌筑。

分段砌筑,分段长度以 5m 为宜。

石块大面朝下、下面空隙较大的要用小石块支垫牢固;上面平整、下面稳定;厚度不够的石块可竖放,嵌挤紧密,边砌边填缝。

砌筑时必须坐浆,摆一块砌一块,石块错缝,不得有通缝,随砌随填缝;填缝砂浆饱满密实。

石块之间用水泥砂浆填充空隙,用木棒插实,较大空隙用铁锤将小的石头敲实。

水泥砂浆填缝。地势较高的路段可采用白灰砂浆填缝,也可用白灰掺红胶泥填缝,推荐比例为 1∶3～1∶5;或采用钛铁粉渣灌缝或矾石粉渣拌石灰灌缝等。

铺砌之后要禁止车辆通行,水泥砂浆填缝后的块石路要进行一个星期的养护,用洒水或土覆盖的办法,保证潮湿,确保块石路面的整体强度。

路面两侧设路肩,宽度不小于 0.5 m;路肩可用砂砾配黄土或当地可利用的其他材料,不要使用腐殖土、黏土填筑。

② 碎石铺筑技术

对于那些生产石材、砂材的村镇,通过村镇整治,把散落四处的碎石收集起来,利用它们铺筑路面,更便捷便宜。其铺筑工艺流程为:

选材——要求用材质坚硬,抗压强度不得小于 300 MPa 的天然石料;碎石料长、宽、高一般分别采用(10～15) cm×(7～12) cm×(12～14) cm 的规格,顶面积约 90～150 cm^2,底面积约 60～130 cm^2,相对均匀;

画线——在铺砌前,沿路中线每隔 5～10 cm 定横断面各点桩,桩高应较路面标高高 3～4 cm。确定铺筑路面中线位置,挂出顶面砌筑线;其碎石路面基层一般采用级配碎石。

路沟:碎石路面应保证排水通畅,避免发生积水现象;对潮湿路基地段要设横向排水盲沟,加深排水沟深度。

修筑——用坚硬的、级配良好的中、粗砂摊铺砂垫层;垫层砂原料以中、粗砂为主,细砂含量不大于 15%,含泥量控制在 10% 以内,不能使用细砂、粉砂、黏土,砂垫层压实厚度一般为 3～5 cm;在铺砌碎石工作前 10～20 min 摊铺,完成后用轻型压路机略加滚压。

碎石路面的平整度是靠拉线来控制,较大石块作缘石,中心用小块石,石块大面朝上,垂直嵌入砂垫层中,长边垂直于路中心线,弹石间错缝铺砌。在纵坡大于 1% 时,由低端向高端铺砌。

碎石路向铺好后,即撒布粒径为 1～5 mm、级配良好的中砂于其上。随后进行碾压,碾压遵循先轻后重、先慢后快的原则,在缝内未塞嵌缝料时,决不允许滚压;

撒铺粒径为 5 mm 以下中砂或石屑一层,厚度为 1～2 cm,即可放车通行,不需养护期。

(4)砖路面铺筑

使用砖铺装村镇次要道路路面旨在增加水资源的涵养,保护生态环境。

图 5-10 砖铺筑而成的路面

图 5-11 各种铺装图案

标准与做法如下：

路基应做到平整、稳定、密实、排水良好。路基的横坡应和路面横坡相同,路基施工采用推土机,碾压时其虚铺厚度不大于 15 cm。

每平方米砖用量大约为 74 块,运输、施工损耗为 5%,因此,每平方米用砖数量约为 77 块。

铺装分为 12 个步骤(以铺成"人"字形路面为例):

第一步,摆砖时,应以路中心为基准线向两边摆放。摆放第一趟时,第一块砖顶角与路中心线成 45°,第二块砖侧立面与第一块砖立面垂直连接而形成"人"字形,第一块砖侧立面与第二块砖立面为同一平面。

第二步,中线先摆放第一趟"人"字形砖约 30~50 m,摆放时,每块砖的侧面与前一块砖的侧面应紧密连接。

第三步,第一趟砖摆放后,在两边同时摆砖。新摆放砖的侧立面与已摆放好砖的立面连接而形成两趟倒"人"字形。

第四步,继续在两侧摆砖,形成三趟"人"字形。

第五步,一个"人"字形摆放后的宽度为 0.372 m,横向"人"字形的个数为 N,砖砌路面施工宽度等于 0.372 加上 2 倍边线砖宽度。

第六步,砖在摆放时,砖的立面和侧立面与其他砖连接要紧密,尽量减小砖面之间的间隙。

第七步,砖砌路面在摆放时,如局部路基不够平整而影响砖砌路面的平整度,应用沙土进行调平,并用木槌夯实。

第八步,在砖砌路面达到宽度后,应在两侧铺筑边线砖。边线砖铺筑时,砖与砖之间应密实,边线砖的横坡、平整度与路面相同。

第九步,为了控制路面宽度,一般可先摆好两侧砖 30～50 m。

第十步,砖砌路面边缘与边线砖、构造物衔接处的三角形空隙,应根据空隙大小用相同规格的砖填实。

第十一步,砖砌路面铺筑结束后,在路面上均匀铺撒 0.3～0.5 cm 沙土,用扫帚将沙土均匀扫到砖缝中,同时开放交通。待沙土全部灌到砖的缝隙内,再重新均匀铺撒沙土,继续将沙土扫到砖缝内。一般铺撒 2～3 次,即可将砖缝灌满。

第十二步,铺筑结束后铺好路肩,以保证边线砖的稳定。

(5) 预制水泥混凝土块路面铺筑

标准与做法如下:

水泥混凝土块一般为正六边形,厚度在 10 cm 以上,借助块件之间的嵌挤作用扩散荷载。

路面结构为混凝土块、嵌挤缝、垫层、卡边路缘石。水泥混凝土块路面具有铺筑简单、利于修补的特点。

预制混凝土块铺装路面施工分为 4 个步骤(以铺成"人"字形路面为例):

第一步,预制混凝土块应满足强度和厚度要求,平面几何尺寸符合设计要求,铺面平整、嵌缝密实。

第二步,基层应坚实、平整。

第三步,垫层厚度通常为 2.5～3.5 cm,一般用砂作垫层材料。铺设前过筛,去掉 5 mm以上粒径的砂,且砂的含泥量不得大于 5%。关于车行部分的垫层,采用 1:3 干拌水泥砂浆铺设。

第四步,嵌缝用砂应过筛去掉 2.5 cm 以上粒径的砂,采用小型振动器灌砂,嵌缝灌砂直至密实为止。

(6) 现浇水泥混凝土块路面铺筑

① 具体做法

模具和材料:首先制作六边形模板,其边长在 15～25 cm 之间、厚度在 10～16 cm 之间;考虑日常养护方便,其边长不宜大于 25 cm,模具采用钢板与角钢制作,也可采用木板包铁皮形式。模板为正六边形半块状,弯道段的变形模板为滑动式正三角形。嵌缝板根据六角块边长及厚度,采用纤维板、合成板、油毡、木板等加工成长方形,在现浇时嵌入混凝土块间;

密实的基层平台,有较好的封水性,基层采用水泥稳定砂砾结构,厚度为 10～15 cm;混凝土块抗压强度可选择控制在 20～25 MPa。同时,按选定的强度确定水泥、石子、砂、水的配合比;采用强制式搅拌机和振捣棒,也可以采用滚筒式搅拌机和振捣棒。

② 现浇工艺

第一步,清扫整平基层表面并洒水。

第二步,按路面施工图几何尺寸及技术要求放样画线做标记。

第三步,安置现浇混凝土块路面的专用工装模具;将专用模具的两个部件卡边模板和现浇模板用钢钎和夹紧工具固定在基层上,并在混凝土块形状的凹腔内壁上粘贴嵌缝板。

第四步,将搅拌好的混凝土混合料填充到已粘贴在嵌缝板的凹腔内。

第五步,用振捣器振捣混凝土浆料,使现浇的混凝土密实。

第六步,使用压面工具对混凝土块进行压面作业。

第七步,相邻混凝土块之间的高差不大于 3 mm。

第八步,使用保湿的防护帘(罩)对混凝土块进行养护。

第九步,对已按养护规范进行养护,并可卸走模具的混凝土块拆模,即移动现浇模板。

第十步,继续对已拆模的混凝土块按养护要求完成养护工作。

重复以上工艺步骤,即可完成现浇嵌挤式混凝土块路面。

(7) 拼合路面铺筑

在同一路面上采用柔性和刚性路面材料拼合铺筑路面的工艺。节约许多资金,特别是在公共工程设施需要改造时,刨开柔性路面,还是易于恢复;节约道路用材、降低道路整体造价,增加水资源的涵养。

① 技术特点与适用情况

次要道路上的实际车辆数目和荷载需要不同于主要道路;

② 适当分解次要路面的铺装面

·行车部分混凝土及其预制件构成的刚性路面。

·人行部分使用由砾石、砖头、沥青之类材料构成的柔性路面。

·使用花岗石材料,行车部分厚,人行部分薄。

(8) 铺设路缘及道牙技术

标准与做法:

在选择铺装道牙及路缘材料时,应尽可能考虑周围立面的特征,提高道路空间的乡村风貌。

竖立的道牙可以使用预制混凝土、砖块或地方材料,如花岗石、暗色岩、砂岩、再生石等。路缘可用卵石、小方形砌块、现浇混凝土、沥青和松散材料(包括砾石、较大石块和松散的卵石)等埋入混凝土。

在铺装道牙及路缘材料时,道牙基础宜与地床同时填挖碾压,以保证有整体的均匀密实度。结合层用 1∶3 的白灰砂浆 2 cm,使道牙平稳、牢固。再用 M10 水泥砂浆勾缝,道牙背后要用灰土夯实,其宽度为 50 cm,厚度为 15 cm,密实度为 90% 以上。我们也可以扩宽路缘和路牙之间的空间。在此空间内铺设柔性路面,再在柔性路面边缘铺设路牙。

(9) 砂石路面铺筑

① 标准与做法:砂石路面种类很多。5～10 mm 左右小砾石铺装的路面;铺撒砂砾、新白川砂等砂石铺装的路面;以火山砂石铺面的路面;使用粒径 50 mm 以下碎石铺装的路面。

② 铺装做法:清除路面的杂物,压实土基层;铺上透水层材料,如无纺布;再铺上 50 mm 厚的砂石或者先铺上一层 30 mm 厚、13～15 mm 直径的碎石,再铺上 20 mm 厚 5 mm 直径的第二层碎石;每铺一层,都要做碾压。

（10）草皮路面铺筑

草皮路面可以分草皮保护垫的路面和使用草皮砌块的路面两类：

草皮保护垫是一种保护草皮生长发育的开孔垫网，高密度聚乙烯制成，耐压性及耐候性强。这类保护垫可以保护草皮，不用担心少量行人践踏和车辆的碾压，所以，适合于宅间道路的铺装。

草皮砌块路面是在混凝土预制块或砖块的孔穴或接缝中栽培草皮，使草皮免受人、车直接踏压的路面。

规范的草皮路面铺装做法是：

第一步，压实土层；

第二步，铺装 100～130 mm 的级配石；

第三步，铺装薄薄的一层垫层；

第五步，铺上 70 mm 厚的优质土；

第六步，再铺上整片草皮，0.1 kg/m²；

第七步，最后铺上 10 mm 过筛的优质腐殖砂黏土。

规范的草皮砌块路面铺装做法是：

第一步，压实土层；

第二步，150 mm 密实碎石垫层；

第三步，铺装 20 mm 的砂垫层；

第四步，放置水泥预制块；

第五步，向水泥预制块中填充混合有有机肥料的优质土；

第六步，在土上铺整片草皮，0.1 kg/m²；

第七步，铺上 10 mm 过筛的优质腐殖砂黏土。

四、村镇道路附属设施介绍

在村镇里，路基和路面只是道路的一部分，即用于车辆交通和人通行的带状空间。实际上，村镇内部道路还有另外的一部分，即用于满足社会生活需要的空间带。

步行带：承担人际交流功能的人行通道；

设施带：设置村镇公共工程设施的道路退红空间；

种植带：夏天可以躲荫歇凉的树木，冬天可以堆雪的位置；

路缘石：人行道与路面之间的分界。

1. 人行道

（1）人行道宽度

村镇只需要在进入村口以后和有人居住段落上的主要道路两旁修筑人行道。那些没有规划主要道路的村镇，就不要建设城市型的人行道。如果村民有聚会聊天的习惯，可以在次要道路旁建设若干段乡村型、兼做公共场所的人行道。

村镇主要道路两旁城市型人行道的宽度是根据道路规划退红宽度、村镇人口数、公共设施的布局等要求而设置的。规划退红宽度可能要比人行道宽，但是，不一定全部铺装成为人行道。规划退红中的一部分可以用于植树，而另一部分可以用于设置公共工程设施。

实际上,人口数量在500～1 000的村镇,村镇内部主要道路旁的人行道宽度一般为1 m才比较合理。因为,即使在通行最繁忙的一个小时里,也很难达到250～500人同时使用一条人行道,同时,人行道宽与路面宽度之间的合理比例为1：5。

（2）人行道修筑

① 结构组合

人行道的铺面结构一般由基层、垫层和面层构成,也可以根据土基条件、面层和基层材料的特性,采用面层、基层的结构形式。

基层:可以采用柔性、刚性或半刚性基层,如土质、碎石、水泥混凝土等,以扩散面层荷载应力。柔性地面采用刚性地基;反之,刚性地基采用柔性地面。

垫层:可以采用级配碎石、矿渣、路面旧料等,以调整地基水温、排水、降温和稳定地基。

面层:采用石材、砖块,透水砖块、水泥预制块等材料,达到坚实、平整、抗滑的要求。

整平层:在使用石材、砖块,透水砖块、水泥预制块等材料做面层时,需要整平层调平。

② 结构层厚度

土基:人行道土基需要先期清理,填筑碾压,达到压实、均匀和稳定的程度,即轻型击实标准的90%。如果地基下有管道系统,管线顶部厚度不要小于700 mm。

基层:基层分为柔性基层、刚性基层、半刚性基层三类。柔性基层适用于土基好、能够充分碾压或要求具有透水功能的路段,可以使用柔性地基,而使用石材或砖头做人行道的路面,不要采用柔性基层。基层材料为砂石、级配石及碎石。刚性基层适用于土基软、有地下管线、不能充分压实的地段。使用石材、砖头铺面时,应采用刚性基层。刚性基层使用水泥混凝土,水泥混凝土强度等级为C15～C25,横向缩缝间距4～6 m。半刚性基层适用于各类土基,使用水泥稳定碎石,石灰粉、煤灰、水泥稳定碎石作为基层材料。但是,不要用于使用石材、砖头铺面的人行道。

透水性水泥稳定碎石基层:地处规划的水源涵养和生态保护地区的村镇。当然,在地下水位高,路基排水不好的土基条件下,不要适用透水性水泥稳定碎石基层。透水基层应当与透水面层配合使用,同时做好内部排水设计。

垫层:一般柔性面层无需垫层,但是,地下水位高、地基通常处于潮湿状态的路段,应当铺设垫层,保证人行道铺面的稳定和结实。垫层一般使用级配石、矿渣或旧路面材料。

面层:应当更多地考虑使用地方材料来做人行道的面层,如石材、砖块,透水砖块。在没有适当地方材料的情况下,才考虑使用水泥预制块。在使用石材和砖块铺装时。可以参考路面章中有关章节,铺出图案来。特别是要注意地面色彩与周围建筑物色彩的协调性,提高村镇整体的乡土风格。

整平层:使用干拌水泥、黄沙、砂、水泥砂浆及水泥净浆做整平层。使用石材、砖头铺面时,采用水泥砂浆或水泥净浆。

2. 道路照明

《村庄整治技术规范》的规定,村镇内部道路分为三级:村镇内部主要道路以车辆交通功能为主,同时兼顾步行、服务和村民人际交流的功能;村镇内部次要道路在担当交通集散功能的同时,承担步行、服务和村民人际交流的功能;村镇内部宅间道路以步行、服务和村民人际交流功能为主。参照《国家城市照明设计标准》中有关居住区照明的条款和国际照明委员会对各级道路照明的建议:

① 在村镇内部次要道路和宅间道路上采用住宅道路照明标准,在村镇内部主要道路上采用主要街道照明标准。

② 村镇内部主要道路的路面平均亮度为 $2B(cd/m^2)$,均匀度 U 为 $0.4\sim0.5$,不舒适眩光控制指标 G 为 4。

③ 村镇内部次要道路和宅间道路亮度为 $1B(cd/m^2)$,均匀度 U 为 $0.4\sim0.5$,不舒适眩光控制指标 G 为 5。

④ 当驾驶员前方 $40\sim160$ m 距离间的路面平均亮度为 $1\sim2$ cd/m² 时,适合于驾驶的,而当路面亮度均匀度为 $0.4\sim0.5$ 时,原则上也是安全的,尽管路面可能还会出现一块暗和一块亮的状况。

所以,本书的建议如下:

① 村镇道路照明原则是使行人能发现路面上的障碍物,相遇时能彼此识别面部,有助于行人确定方位和辨别方向。

② 村镇内部主要道路的路灯在道路两侧交叉布置,每边路灯间距为 14 m。

③ 村镇内部次要道路和宅间道路的路灯在道路一侧布置,每边路灯间距也为 14 m。

④ 村镇内部主要道路路灯灯高为 $5\sim6$ m,村镇内部次要道路路灯灯高为 $4\sim5$ m,一条道路上采用统一的路灯灯高。

⑤ 村镇内部主要道路的路灯采用单叉式悬臂式路灯,悬臂长 2.5 m;村镇内部次要道路的路灯也采用单叉式悬臂式路灯,悬臂长 1.5 m。只要照度达到上述要求,也可以考虑在村镇次要道路上安装庭院灯。

⑥ 丁字路口布置 $1\sim2$ 盏路灯。

⑦ 十字路口布置一盏 15 m 杆高路灯,使用光束比较集中的泛光灯。

⑧ 不要把没有遮挡的裸灯设置在视平线上。

⑨ 采用节电的小功率高压钠灯或小功率高压汞灯,不应采用白炽灯(表 5—4)。

⑩ 村镇十字路口采用全夜灯,其余路灯可采用半夜灯,或采用下半夜能自动降低灯泡功率的镇流器。

⑪ 宅间道路一般不设路灯;但是当宅间道路过长,出现盲点时,可以考虑动员相关住户在大门上安装户外灯,每夜短时照明。

表 5—4　常用电光源技术参数

光源	功率(W)	平均光通(lm)	平均寿命(h)	总长	灯头型号
金卤灯	250	19 000	20 000	226	E40
金卤灯	400	30 000	20 000	290	E40
高压汞灯	125	5 000	5 000		E27
高压汞灯	250	11 025	6 000		E40
高压钠灯	150	15 000	24 000	211	E40
高压钠灯	250	28 000	24 000	257	E40
高压钠灯	400	48 000	24 000	283	E40

第二节　危房修缮工程

一、村镇危房鉴定标准

1. 危险房屋的定义

危险房屋(简称危房)是指结构已严重损坏,已承重构件已属危险构件,随时可能丧失稳定和承载能力,不能保证居住和使用安全的房屋。

房屋基础、墙柱、梁板、屋盖等基本构件严重损坏,已属危险构件,不能保证居住和使用安全的房屋已属危房。

2. 危险房屋的鉴定标准

对危险房屋进行鉴定要依据建设部于 2000 年 3 月 1 日实施的《危险房屋鉴定标准》进行。

(1) 检查鉴定的目的和原因

房屋在长期使用过程中,由于自然老化及人为损坏会出现失稳、变形、裂缝等破坏,事故随时可能发生,要解决这种"潜伏的危险性",就要对房屋进行检查鉴定,检查的原因和目的为以下几方面:

① 房屋经过长期使用(超过或未超过使用年限)会不同程度老化;

② 由于某种原因发生失稳、脱落事故;

③ 房屋发生了异常变形或产生了裂缝;

④ 由于改建扩建,使用条件发生了变化;

⑤ 房屋受自然灾害、突发性的外加荷载作用,造成了严重破坏。

(2) 鉴定程序

① 受理委托

一般由房屋的产权单位、产权人或使用单位、使用人提出鉴定的原因和目的,并提出申请,委托鉴定单位进行鉴定。

根据委托人的要求,确定房屋危险性鉴定内容和范围。

② 初始调查

鉴定机构收到"房屋安全鉴定申请书"后,对被鉴定的房屋做初步调查并收集有关资料,并进现场查勘,做好鉴定准备工作。

③ 检测验算

由两名以上鉴定人员到现场进行查勘,对房屋现状进行检测,必要时,采用仪器测试和结构计算,必须认真查阅有关技术资料,详细检查、测算、记录各种损坏数据和情况。

④ 鉴定评级

对调查、查勘、检测、验算的数据资料进行全面分析,整理技术资料,综合评定,确定其危险等级。

⑤ 处理建议

全面分析情况资料,论证定性,作出综合判断,提出原则性处理建议。

⑥ 出具报告

鉴定结论及处理建议由鉴定人员使用统一的专业用语签发鉴定文书,并向委托人做出说明。

（3）房屋危险范围的判定

房屋危险性鉴定应以整幢房屋的地基基础、结构构件危险程度的严重性降低为基础,结合历史状态、环境影响以及发展趋势,全面分析、综合判断。在地基基础或结构构件发生危险的判断上,应考虑它们的危险是孤立的还是相关的。当构件的危险是孤立的时,则不构成结构系统的危险;当构件的危险是相关的时,则应联系结构的危险性判定其范围。全面分析、综合判断时,应考虑下列因素:结构老化的程度;周围环境的影响;设计安全度的取值;有损结构的人为因素;危险的发展趋势等。

① 整幢危房

因地基基础产生的危险,可能危及主体结构,导致整幢房屋倒塌的;因墙、梁、柱、混凝土板或框架产生的危险,可能构成结构破坏,导致整幢房屋倒塌的;因屋架、檩条产生的危险,可能导致整个屋盖倒塌并危及整幢房屋的;因筒拱、扁壳、波形筒拱产生的危险,可能导致整个拱体倒塌并危及整幢房屋的。

② 局部危险房

因地基基础产生的危险,可能危及部分房屋,导致局部倒塌的;因墙、梁、柱、混凝土板或框架产生的危险,可能构成部分结构破坏,导致局部房屋倒塌的;因屋架、檩条产生的危险,可能导致部分屋盖倒塌但不危及整个房屋的;因筒拱、扁亮、波形筒拱产生的危险,可能导致部分拱体倒塌但不危及整幢房屋的;因悬挑构件产生的危险,可能导致梁、板倒塌的;因搁栅产生危险,可能导致整间楼盖倒塌的。

二、危房修缮基本知识

1. 地基与基础的修缮改造

（1）地基的维修加固方法

房屋地基维修加固有如下几种常用的方法:

① 换土法。换土法是将基础以下一定厚度的软弱土层挖除,然后回填砂、碎石、黏土等承载力较高、低压缩性的土作为房屋地基的持力层,达到提高地基土承载力的目的（图 5—12）。

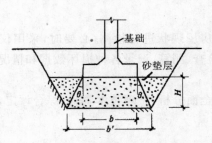

图 5-12 换土法加固软弱地基

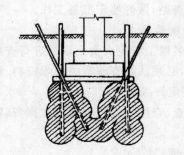

图 5-13 地基灌浆加固

② 灌浆法。灌浆法是通过钻孔,将水泥浆、黏土浆、化学浆液注入地基土中,将地基土胶结固化,以达到提高地基土承载力的目的(图 5—13)。

③ 高压喷射注浆法。高压喷射注浆法是一般灌浆法的发展,施工时,将注浆的压力提高至 20 MPa 左右,使浆液以极高的速度从注浆管中喷射出,冲击破坏土体,并使浆液与土体混合,凝结后固化成加固体,从而使地基土承载力显著提高(图 5—14)。

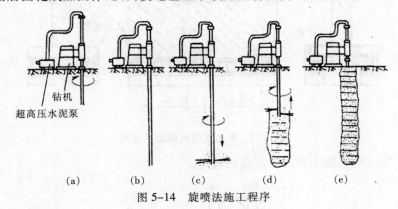

图 5—14　旋喷法施工程序

④ 挤密桩加固法

挤密桩加固法是在基础四周布桩,桩占据地基土体的部分体积并压迫地基土体,使基础下及基础周围的地基土被挤密,地基土的承载力就得到提高。成桩可以采用锤击成桩、螺旋钻成桩等施工方法。桩的材料可以用灰土、石灰和砂等。采用灰土时称为灰土挤密桩;采用石灰时称为石灰挤密桩(图 5—15)。

(2) 基础的维修加固

当房屋基础承载不足或出现损坏时,要及时进行维修加固。下面介绍几种基础维修加固的方法。

① 基础的灌浆维修加固

当基础由于荷载作用、地基的不均匀沉降、冻胀、有害介质的侵蚀、施工缺陷等原因开裂、破损时,可以采用灌浆的方法进行维修。图 5—16 为对砌体基础进行灌浆加固的施工情况。

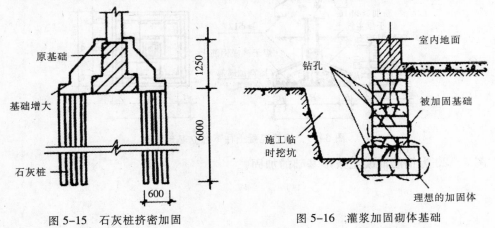

图 5—15　石灰桩挤密加固　　　　　　　图 5—16　灌浆加固砌体基础

② 扩大基础加固法

当既有房屋由于地基承载力和基础底面积所限制,基础承载力不能达到设计要求时,可以采用扩大基础底面积的方法来增大基础的承载力。图5-17为条形基础两侧分别增设基础以扩大基础底面积的加固方法。

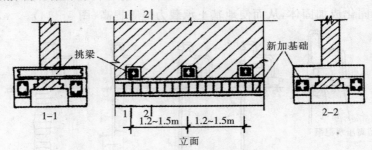

图5-17 条形基础两侧增设基础

图5-18为采用混凝土套加固原基础的情况。

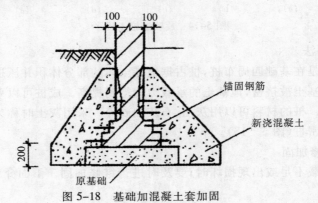

图5-18 基础加混凝土套加固

图5-19为钢筋混凝土柱下独立基础的加固方法。

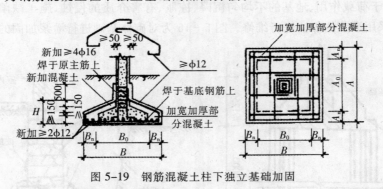

图5-19 钢筋混凝土柱下独立基础加固

图5-20为钢筋混凝土条形基础的加固。

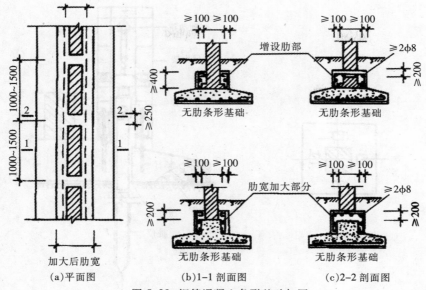

图 5-20 钢筋混凝土条形基础加固

浅基础的扩大基础加固还可以采用将单独基础改为条形基础、条形基础扩大为筏形基础的方法。图 5—21 为将原有条形基础改造为钢筋混凝土筏形基础的情况。

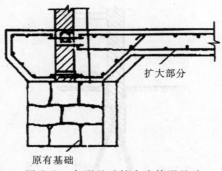

图 5-21 条形基础扩大为筏形基础

③ 基础的桩托换加固

当基础的承载力不足时,还可以用各种桩来进行托换加固。常用的有锚杆静压桩托换(图 5—22)和树根桩托换的加固方法(图 5—23)。

2. 砌体结构修缮改造

砌体结构具有取材方便、耐腐蚀性、耐火性能好的优点,但在不良环境及不利工作条件下,砌体结构易开裂,并会受到腐蚀,影响外观美及房屋的安全。由于砌体强度较低,结构出现错位、过大变形、局部倒塌事故也时有发生。

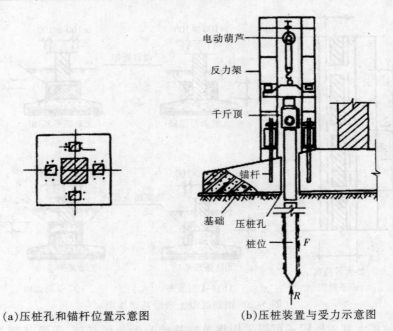

(a)压桩孔和锚杆位置示意图　　　　(b)压桩装置与受力示意图

图 5-22　锚杆静压桩工作示意图

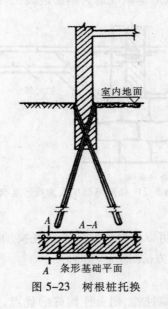

图 5-23　树根桩托换

（1）砌体结构的维修

砌体出现损坏，应及时进行维修，以免损坏进一步恶化。下面介绍砌体裂缝和砌体受腐蚀的维修方法。

① 砌体裂缝的维修方法

砌体裂缝的维修，一般都应在裂缝稳定以后进行，以免维修后又出现新的裂缝。在维修沉降裂缝和温度裂缝时，要首先考虑消除产生裂缝的隐患，否则即使进行了修补，裂缝还可能再次出现。对强度裂缝则必须进行适当的维修，严重时还要采取加固措施或拆除重砌。

砖砌体上的一般裂缝,可采用以下几种维修方法:

·水泥砂浆嵌缝法。这种方法比较经济、简单。修补施工时,先用勾缝刀、刮刀等工具,将缝隙清理干净,然后用1∶3水泥砂浆或比原砌体砂浆提高一个强度等级的水泥砂浆,将缝隙嵌实,亦可将107胶拌入水泥砂浆嵌抹。当缝宽较小时,可用两份水泥、一份苯乙烯二丁醋乳液,配成乳液水泥浆,刷进缝中。嵌缝后,对砌体的美观、使用、耐久性等方面可起到一定作用,但对加强砌体强度和提高砌体整体性方面的作用不大。

·块体嵌缝法。块体嵌缝法的做法见图5—24。砖砌体若有较宽的斜裂缝,可采用预制钢筋混凝土块嵌入裂缝处砖墙内,其间距为400~600 mm,内外交替放置。未嵌块体的斜裂缝凿槽,嵌入107胶水泥砂浆并抹平。

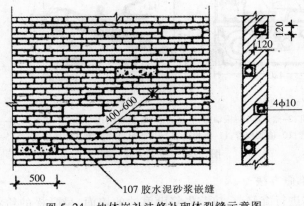

图 5-24 块体嵌补法修补砌体裂缝示意图

·密封法。若裂缝随温度变化而张合时,宜采用下面两种密封法进行修补。

简单密封。将裂缝的裂口开槽,槽口宽度不得小于6 mm,然后清除槽内的污物碎屑,并保持槽口干燥。再嵌入聚氯乙烯胶泥或环氧胶泥,或聚醋酸乙烯乳液砂浆等密封材料。

弹性密封。用丙烯树脂、硅树脂、聚氨酯或合成橡胶等弹性材料嵌补裂缝。施工步骤是先沿裂缝裂口凿出一个矩形断面的槽口,槽两侧凿毛,以增加槽两侧面与弹性密封材料的黏结力。再在槽底设置隔离层,使密封材料不直接与底层墙体黏结,避免弹性材料撕裂。槽口宽度至少为裂缝预期张开量的4~6倍,使密封材料在裂缝张口时不致破坏,如图5—25所示。

·压力灌浆法。压力灌浆法是施加一定的压力,将某种浆液灌入裂缝内,把砌体重新胶结成为整体,以达到恢复砌体的强度、整体性、耐久性及抗渗性的目的。这种方法的优点是设备简单、施工方便、价格便宜,适用于砌体裂缝不严重时的修复。

·抹灰法。抹灰可用作裂缝处理,也可用于砌体表面酥松等缺陷的处理及作防水、防渗的措施。

抹灰时应先清除或剔除墙体上松散部分,用水冲干净后再做抹灰处理。抹灰处理所用灰浆类型应根据墙体部位和抹灰层应起的作用而选用水泥砂浆、水泥混合砂浆、防水砂浆等。抹灰处理后对砌体的整

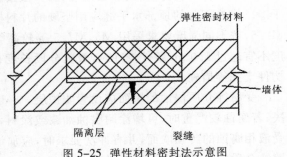

图 5-25 弹性材料密封法示意图

体性、强度均能起到一定的作用。

• 喷浆法。喷浆是把拌好的砂浆，经过筛过滤后倾入砂浆泵，用管道送入喷枪，再借助压缩空气的压力，均匀地喷涂在建筑物的抹灰底层上，最后搓平压实，完成全部面层的喷涂程序。喷浆的主要机械设备由组装车（图5－26(a)）和输浆管（图5－26(b)）及喷枪（图5－26(c)）等组成。用喷浆代替抹灰处理裂缝及因受腐蚀而酥松的砌体，具有更好的强度、抗渗性和整体性，特别是对裂缝的处理效果更佳。

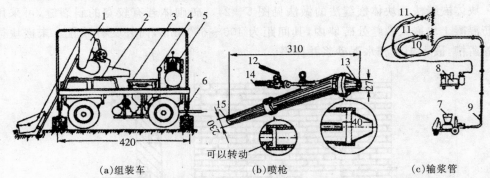

(a)组装车　　　　　　(b)喷枪　　　　　　(c)输浆管

1-砂浆机；2-储浆罐；3-振动筛；4-压力表；5-空压机；6-支架；7-送浆泵；8-空压机；
9-输浆钢管；10-输浆胶管；11-喷枪头；12-调节阀；13-抢嘴；14-接送气管；15-接送浆管

图5-26　喷浆机械示意图

② 砌体腐蚀的维修方法

对腐蚀的砖砌体进行维修前，应首先将已腐蚀的墙面、呈酥松的粉状腐蚀层清除干净。可用人工凿除，以钢丝刷清除浮灰、油污和尘土等，然后用压力水冲洗干净。

一般砖砌体受腐蚀的基本维修方法有如下三种。

剔碱：剔除表面受腐蚀部分后，及时用1：3石灰黄沙灰浆或M2.5混合水泥砂浆修补，防止腐蚀继续发展。当剔碱面较大，面积超过1 cm² 时，应有间隔地掏通几块砖再进行粉补；剔碱后砌复的砖墙最上一道水平缝，除灌足灰浆外，还要用铁片等楔紧。此法适用于砖墙轻度腐蚀的情况。

掏碱：是对受腐蚀较严重的局部砖墙采取局部挖换的处理方法。所掏补的墙身使用丁砖处理，必须用整块的丁砖，补砌的墙身应搭接牢固，咬槎良好，灰浆饱满，掏补所用灰浆与剔碱相同。

架海掏砌：对受腐蚀较严重的房屋底部墙身，采用钢、木支撑上部结构后，对受腐蚀的墙带或大片墙体进行分段拆掏，留出接槎，分段接槎掏砌，连续施工直至把腐烂部分全部掏换干净。掏换部分的顶部水平缝应用坚硬的片料楔紧并灌足砂浆。掏砌灰浆强度等级至少为M2.5，按不同强度要求采用M5、M7.5等较高等级的砂浆。应该注意，架海掏砌时分段长度不宜超过1.0 m；条件较好时，最大分段长度也不要超过1.2 m，否则应采取特殊支撑和构件支托等措施。

受腐蚀介质侵蚀的墙面应设置防护层。一般墙面受气相腐蚀时，采用水泥砂浆抹灰解决；若腐蚀较严重时，可增涂耐腐蚀油漆或涂料，如醇酸漆、过氯乙烯漆、环氧漆等。对于遭受液相腐蚀的砖砌墙面，并有冲洗要求时，应加设不低于1 m的墙裙；墙裙面层材料可根据腐蚀介质的性质选用耐腐蚀材料。

（2）墙、柱强度不足的加固方法

墙、柱强度不足，加固时应进行强度核算，确定承载力不足的数值，从而选择加固材料、加固方案和确定加固构件应有的截面，其加固方法主要有以下几种。

① 增大墙、柱的截面

在墙上增砌扶壁柱。利用增砌的扶壁柱与原墙体组合（图 5-27），使承载截面增大。在独立柱或扶壁柱外围包砌体，增大受力截面。

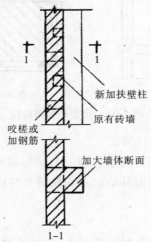

图 5-27　增砌扶壁柱方法示意图

② 用钢筋混凝土加固

常用加固方式有三种，如图 5-28、图 5-29 和图 5-30 所示。

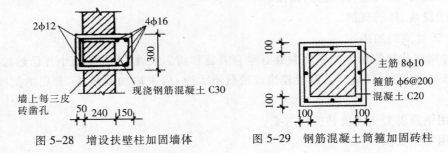

图 5-28　增设扶壁柱加固墙体　　　　图 5-29　钢筋混凝土筒箍加固砖柱

孔径 φ30，放入 φ8 箍筋后用砂浆填满

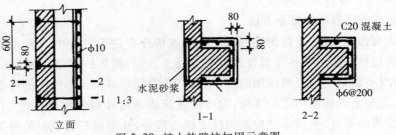

图 5-30　扩大扶壁柱加固示意图

③ 用型钢加固

具体做法是在砖柱外围贴附角钢,并用扁铁或小型钢把贴附的角钢分段焊接成为格构柱(如图 5—31)。

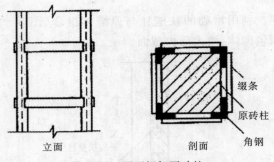

图 5-31　用型钢加固砖柱

④ 用托梁换柱或托梁加柱进行加固

当建筑物的独立砖柱、窗间墙等的承载能力与实际需要相差很大,砌体已严重开裂,并有倒塌的危险,而采用增大砌体断面补墙已不能取得良好的效果时,应采用托梁换柱或托梁加柱的方法进行加固。

(3)墙、柱稳定性不足的加固

墙、柱稳定性不足的加固原则是加强支承连接、减小高厚比,因而其加固措施有加大构件截面尺寸、加强锚固和补加支撑等。

① 加大墙、柱的截面尺寸;

② 加强墙、柱与楼(屋)盖的锚固;

③ 增设墙、柱的支撑。

(4)砖过梁的加固

砖过梁在荷载作用下的破坏裂缝有垂直裂缝和斜向裂缝,当裂缝较小并已趋稳定时,一般做勾缝处理。当裂缝较大、发展较快或荷载很大时,应采取加固措施,常用的加固措施如下:

① 用钢筋混凝土过梁替换砖过梁;

② 用型钢加固;

③ 增设钢筋砖过梁。

3. 钢筋混凝土结构修缮改造

(1)混凝土表面损坏的维修方法

混凝土表面损坏,主要是指钢筋混凝土结构或构件在建造过程中产生的缺陷及在使用过程中形成的侵蚀破损。这些缺损仅发生在混凝土表层,损坏的深度一般未超过混凝土保护层,并且缺损不影响结构近期使用的可靠性,但其发展对结构长期使用的可靠度会产生影响。因而,对混凝土表面损坏进行维修,除可使建筑物满足外观使用要求外,主要是防止风化、侵蚀、钢筋锈蚀等,以免损害结构或构件的核心部分,从而提高建筑物的耐久性。常用维修方法有以下几种:

① 涂刷水泥浆面层修补;

② 抹水泥砂浆修补,如图 5－32 所示;

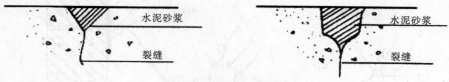

图 5-32　V 形或 U 形沟槽

③ 环氧树脂配合剂修补;

④ 喷射水泥砂浆修补;

⑤ 表面粘贴修补。

(2) 混凝土深层损坏的维修方法

混凝土结构构件的深层损坏,是指损坏深度已超过了构件的混凝土保护层,这种损坏削弱了构件的有效截面,并会影响构件的强度和结构近期使用的可靠性。因而对深层缺损进行维修,不仅要有表层维修的外观要求,更重要的是要达到补强的效果。这就要求修补材料必须具有足够的强度(应采用比原构件混凝土强度高一级的材料),并且具有良好的黏结性能,与原构件的混凝土基层黏结在一起,形成整体共同工作;另外,还要采用有效的补强工艺技术,保证结构构件维修部分的密实性及定位成型。下面介绍几种常用的维修方法。

① 细石混凝土修补

对混凝土结构构件中较大或较集中的蜂窝、孔洞、破损、露筋或较深的腐蚀等,可采用比原混凝土高一个强度等级的细石混凝土嵌填。为了加强新旧混凝土的黏结,也可使用膨胀水泥拌制的细石混凝土。

② 环氧混凝土修补

环氧混凝土指用环氧树脂做胶结材料的混凝土。

③ 喷射混凝土修补

④ 灌浆修补

用于结构补强的化学浆液主要有:环氧树脂浆液、甲基丙烯酸酯类浆液材料(表 5－5)。用于防渗堵漏的化学浆液主要有:水玻璃、丙烯酰胺、聚氨酯、丙烯酸盐等,这些浆液凝固产生的不溶物可充填缝隙,使之不透水并增加强度。

表 5－5　主要化学灌浆材料表

类别	主要成分	起始浆液黏度/(MPa·s)	可灌入裂缝宽度/mm	聚合体或固沙体的强度/MPa
环氧树脂	环氧树脂、胺类、稀释剂	10	0.1	40.0～80.0 1.2～2.0(黏结强度)
甲基丙烯酸酯类	甲基丙烯酸甲酯、丁酯	0.7～1.0	0.05	60.0～80.0 1.2～2.2(黏结强度)

环氧树脂浆液灌浆工艺流程及设备如图 5－33 所示。

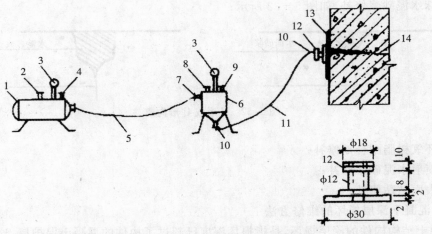

1-空气压缩机或手压泵；2-调压阀；3-压力表；4-送气阀；5-高压风管；6-压浆罐；7-进气嘴；
8-进浆管；9-出气阀；10-铜活接头；11-高压塑料透明管；12-灌浆嘴；13-环氧封闭带；14-裂缝

图 5-33　环氧树脂浆液灌浆工艺流程及设备

（3）钢筋锈蚀的维修

① 锈蚀尚不严重的维修方法

若钢筋锈蚀还不严重，混凝土表面仅有细小裂缝，或个别破损较小，则可对裂缝或破损处的混凝土保护层进行封闭或修补。

② 锈蚀严重时的维修方法

若钢筋锈蚀严重，体积膨胀，构件沿钢筋长度方向出现纵向裂缝，并可引起混凝土保护层脱落，当保护层剥离较多时，应焊接钢筋加固。必要时先采取临时支撑加固，凿去混凝土腐蚀松散部分，并彻底清除钢筋上的铁锈，再焊接相应面积钢筋补强，然后用高一级的细石混凝土填补捣实，必要时加钢筋网补强。

4．木结构修缮改造

（1）木构架的整体维修与加固

① 木构架的整体维修与加固，应根据其残损程度分别采用下列的方法：

落架大修，即全部或局部拆落木构架，对残损构件或残损点逐个进行修整、更换残损严重的构件，再重新安装，并在安装时进行整体加固。

打牮拨正，即在不拆落木构架的情况下，使倾斜、扭转、拔榫的构件复位，再进行整体加固。对个别残损严重的梁枋、斗拱、柱等应同时进行更换或采取其他修补加固措施。

修整加固，即在不揭除瓦顶和不拆动构架的情况下，直接对木构架进行整体加固。这种方法适用于木构架变形较小，构件位移不大，不需打牮拨正的维修工程。

② 落架大修的工程，应先揭除瓦顶，再由上而下分层拆落望板、椽、檩及梁架。在拆落过程中，应防止榫头折断或劈裂，并采取措施，避免磨损木构件上的彩画和墨书题记。

③ 拆落木构架前，应先给所有拟拆落的构件编号，并将构件编号标明在记录图纸上。

④ 对木构架进行打牮拨正时，应先揭除瓦顶，拆下望板和部分椽，并将擦端的榫卯缝隙清理干净；如有加固铁件应全部取下；对已严重残损的檩、角梁、平身科斗等构件，也应先行拆下。

⑤ 木构架的打牮拨正,应根据实际情况分次调整,每次调整量不宜过大。施工过程中,若发现异常音响或出现其他未估计到的情况,应立即停工,待查明原因,清除故障后,方可继续施工。

(2)木柱

① 对木柱的干缩裂缝,当其深度不超过柱径(或该方向截面尺寸1/3)时,可按下列嵌补方法进行修整:

当裂缝宽度不大于3 mm时,可在柱的油饰或断白过程中,用腻子勾抹严实。

当裂缝宽度在3～30 mm时,可用木条嵌补,并用耐水性胶粘剂粘牢。

当裂缝宽度大于30 mm时,除用木条以耐水性胶粘剂补严粘牢外,尚应在柱的开裂段内加铁箍2～3道。若柱的开裂段较长,则箍距不宜大于0.5 m。铁箍应嵌入柱内,使其外皮与柱外皮齐平。

② 对柱的受力裂缝和继续开展的斜裂缝,必须进行强度验算,然后根据具体情况采取加固措施或更换新柱。

③ 当木柱有不同程度的腐朽而需整修、加固时,可采用下列剔补或墩接的方法处理:

当柱芯完好,仅有表层腐朽,且经验算剩余截面尚能满足受力要求时,可将腐朽部分剔除干净,经防腐处理后,用干燥木材依原样和原尺寸修补整齐,并用耐水性胶粘剂粘接。如系周围剔补,尚需加设铁箍2～3道。

当柱脚腐朽严重,但自柱底面向上未超过柱高的1/4时,可采用墩接柱脚的方法处理。墩接时,可根据腐朽的程度、部位和墩接材料,选用下列方法:

· 用木料墩接先将腐朽部分剔除,再根据剩余部分选择墩接的榫卯式样,如"巴掌榫"、"抄手榫"等。施工时,除应注意使墩接榫头严密对缝外,还应加设铁箍,铁箍应嵌入柱内。

· 钢筋混凝土墩接仅用于墙内的不露明柱子,高度不得超过1 m,柱径应大于原柱径200 mm,并留出0.4～0.5 m长的钢板或角钢,用螺栓将原构件夹牢。混凝土强度不应低于C25,在确定墩接柱的高度时,应考虑混凝土的收缩率。

· 石料墩接可用于柱脚腐朽部分高度小于200 mm的柱。露明柱可将石料加工为小于原柱径100 mm的矮柱,周围用厚木板包镶钉牢,并有与原柱接缝处加设铁箍一道。

④ 若木柱内部腐朽、蛀空,但表层的完好厚度不小于50 mm时,可采用高分子材料灌浆加固。

⑤ 当木柱严重腐朽、被虫蛀或开裂,而不能采用修补、加固方法处理时,可考虑更换新柱,但更换前应做好下列工作:

确定原柱高:若木柱已残损,应从同类木柱中,考证原来柱高。必要时,还应按照该建筑物创建时代的特征,推定该类木柱的原来高度。

复制要求:对需要更换的木柱,应确定是否为原建时的旧物。若已为后代所更换与原形制不同时,应按原形制复制。若确为原件,应按其式样和尺寸复制。

⑥ 在不拆落木构架的情况下墩接木柱时,必须用架子或其他支承物将柱和柱连接的梁枋等承重构件支顶牢固,以保证木柱悬空施工时的安全。

(3)梁枋

① 当梁枋构件有不同程度的腐朽而需修补、加固时,应根据其承载能力的验算结果采取不同的方法。若验算表明,其剩余截面面积尚能满足使用要求时,可采用贴补的方法进行

修复。贴补前,应先将腐朽部分剔除干净,经防腐处理后,用干燥木材按所需形状及尺寸,以耐水性胶粘剂贴补严实,再用铁箍或螺栓紧固。若验算表明,其承载能力已不能满足使用要求时,则须更换构件。更换时,宜选用与原构件相同树种的干燥木材,并预先做好防腐处理。

② 对梁枋的干缩裂缝,应按下列要求处理:

当构件的水平裂缝深度(当有对面裂缝时,用两者之和)小于梁宽或梁直径的 1/4 时,可采取嵌补的方法进行修整,即先用木条和耐水性胶粘剂,将缝隙嵌补粘结严实,再用两道以上铁箍或玻璃钢箍箍紧。

若构件的裂缝深度超过上述的限值,则应进行承载能力验算,若验算结果能满足受力要求,仍可采用上述方法修整。

③ 当梁枋构件的挠度超过规定的限值或发现有断裂迹象时,应按下列方法进行处理:

· 在梁枋下面支顶立柱;

· 更换构件;

· 若条件允许,可在梁枋内埋设型钢或其他加固件。

④ 对梁枋脱榫的维修,应根据其发生原因,采用下列修复方法:

榫头完整,仅因柱倾斜而脱榫时,可先将柱拨正,再用铁件拉结榫卯。

梁枋完整,仅因榫头腐朽、断裂而脱榫时,应先将破损部分剔除干净,并在梁枋端部开卯口,经防腐处理后,用新制的硬木榫头嵌入卯口内。嵌接时,榫头与原构件用耐水性胶粘剂粘牢并用螺栓固紧。榫头的截面尺寸及其与原构件嵌接的长度,应按计算确定。并应在嵌接长度内用玻璃钢箍或两道铁箍箍紧。

⑤ 对承椽枋的侧向变形和椽尾翘起,应根据椽与承椽枋搭交方式的不同,采用下列维修方法:

椽尾搭在承椽枋上时,可在承椽枋上加一根压椽枋,压椽枋与承椽枋之间用两个螺栓紧固;压椽枋与额枋之间每开间用 2～4 根矮柱支顶。

椽尾嵌入承椽枋外侧的椽窝时,可在椽底面附加一根枋木,枋与承椽枋用 3 个以上螺栓连接,椽尾用方头钉钉在枋上。

⑥ 角梁(仔角梁和老角梁)梁头下垂和腐朽,或梁尾翘起和劈裂,应按下列方法进行处理:

梁头腐朽部分大于挑出长度 1/5 时,应更换构件。

梁头腐朽部分小于挑出长度 1/5 时,可根据腐朽情况另配新梁头,并做成斜面搭接或刻榫对接。接合面应采用耐水性胶粘剂粘接牢固。对斜面搭接,还应加两个以上螺栓或铁箍加固。

当梁尾劈裂时,可采用胶粘剂粘接和铁箍加固。梁尾与檩条搭接处可用铁件、螺栓连接。

仔角梁与老角梁应采用 2 个以上螺栓固紧。

5. 屋面工程修缮改造

(1) 坡屋面防水工程修缮

屋面渗漏的维修,首先找出渗漏的部位及原因,一般可先由室内开始,从渗漏的水痕大致可判断渗漏部位,并了解渗漏情况后加以记录,然后到屋面相应部位仔细查看,确定渗漏原因,才能制定合理的整治方案。维修方法主要有:

① 瓦屋面的实际坡度若小于30％,又经常有大面积渗漏时,应将屋面全部拆除,调整屋面坡度后重铺屋面。

② 因房屋承重结构或屋面基层结构有缺陷造成屋面局部下陷时,应彻底翻修,要维修有缺陷的结构构件,使坡度顺直,屋面平整后翻铺瓦面。

③ 因天沟、檐沟、水落管断面不足造成排水不畅,或因破损、变形造成渗漏时,应将排水断面加大,对破损的应予更换。

④ 屋面与突出屋面的墙体或烟囱连接处的泛水开裂,应及时修复。

⑤ 因瓦片破损造成渗漏,应更换新的瓦片。

⑥ 对脊瓦搭接过小造成渗漏,应揭下脊瓦,按规定尺寸搭接,重新铺挂。

⑦ 对平瓦屋面,若因瓦面下滑,造成上下脱节,可将下滑瓦片向上推移,使瓦片底面的后爪钩住挂瓦条。若挂瓦条因刚度不足变曲严重或挂瓦条高度偏差大,致使平瓦下滑,应更换挂瓦条。

(2) 屋面卷材防水工程修缮

卷材防水屋面使用的防水卷材有石油沥青卷材、高聚物改性沥青卷材、合成高分子防水卷材等三大类,其中以沥青卷材(油毡)应用最普遍,约占90％。

① 防水层开裂的维修

常用的维修方法有三种:干铺油毡贴缝法(图5-34)、油膏或胶泥嵌缝法(图5-35)和用防水涂料维修(图5-36)。

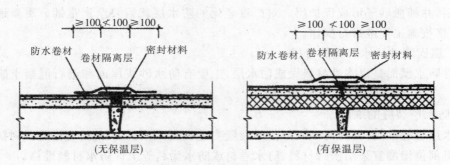

图5-34 干铺油毡贴缝修补防水层裂缝

② 防水层起鼓的维修

造成卷材防水层起鼓的主要原因是卷材粘贴不实的部位窝有水分或气体,受热时因水气和气体膨胀而起鼓(图5-36)。

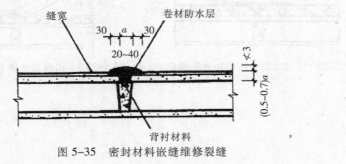

图5-35 密封材料嵌缝维修裂缝

　　根据鼓泡的大小及严重程度,可采取不同维修方法。对直径在 100 mm 以下的鼓泡,可采用抽气灌油法来修补。对直径 100~300 mm 的鼓泡,把在其周围的砂粒、沥青胶刮掉,割破鼓泡或在泡上钻眼,排出泡内气体,使卷材覆平。在鼓泡范围面层上铺贴一层卷材,外露边缘应封严,最后做保护层。对直径 300 mm 以上的鼓泡,可按斜十字形将鼓泡切割,翻开晾干,清除原有沥青胶,将切割翻开部分的油毡重新分片,按屋面流水方向用沥青胶粘贴,并在面上增铺贴一层油毡(其边长应比切开范围大 100 mm),将切割翻开部分卷材的上片压贴、粘牢封严(图 5—37),最后做保护层。

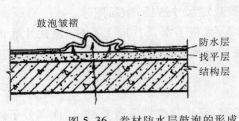
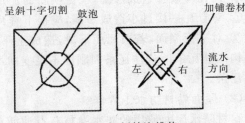

图 5-36　卷材防水层鼓泡的形成　　　图 5-37　切割鼓泡维修

　　③ 油毡老化的维修

　　油毡老化是不可避免的,防水层因老化而出现龟裂、收缩、发脆、腐烂等现象时,应及时维修。对局部的轻度老化防水层,可进行局部修补或局部铲除重铺,然后在整个屋面上涂刷沥青一层,并铺撒砂子形成保护层。对严重老化的防水层就需要全铲重铺。重新铺贴防水层,应严格按施工规范进行操作。

　　(3) 屋面刚性防水工程的修缮

　　刚性防水屋面是以刚性材料做成防水层,主要有防水砂浆屋面和细石混凝土防水屋面两种。

　　① 防水层裂缝的维修

　　防水层裂缝维修,要针对不同部位的裂缝变异状况,采取相应的治理措施。对防水层裂缝及节点部位渗漏宜采用密封材料、防水卷材或防水涂料等柔性防水材料维修。

　　防水层表面一般裂缝的修补方法有:贴盖法(图 5—38)、嵌缝法、干铺油毡法(图 5—39)。

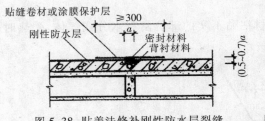
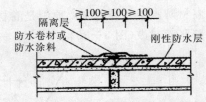

图 5-38　贴盖法修补刚性防水层裂缝　　　图 5-39　干铺油毡法修补刚性防水层裂缝

第三节 村镇园林绿化工程

一、园林绿化工程概述

园林绿化是指在一定的地域运用工程技术和艺术手段,通过改造地形(或进一步筑山、叠石、理水)、种植树木花草、营造建筑和布置园路等途径创作而成的美的自然环境和游憩境域。

图 5-40 广场绿化示意图

1. 园林绿化的作用

(1)平衡大气中二氧化碳和氧气。绿地植物在进行光合作用时能吸收二氧化碳,释放氧气,这对地球上氧气和二氧化碳平衡起着重要作用。在城市环境中,由于人口的增加,氧气消耗大,二氧化碳浓度高,这种平衡更需要绿色植物来维持。

(2)净化空气、吸烟滞尘。城市绿地对城市工业和交通所排放的大量污染气体有阻挡、吸收、滞留和过滤的作用。据有关专家测定,每 1 hm² 加拿大杨平均每年可吸收大气二氧化硫 46 kg,每 1 hm² 胡桃林每年可吸收二氧化硫 34 kg,因此,城市园林绿化具有净化空气的能力。

(3)减弱噪声。植物的叶与枝条轻而柔软能吸收声波,宽阔高大且浓密的树丛可以减弱噪音 5~10 dB;乔灌草结构带 30 m 宽可降低噪音 3~5 dB。

(4)美化环境。园林绿化一般以乔灌草相结合配置,这些花、草、树木不但具有显著的生态作用,而且具有较高的观赏价值;布局合理、设计美观的城市绿地不仅可改善城市环境,而且可美化城市,使人赏心悦目。一年四季五颜六色的花,千姿百态的造型,均可为城市增添几分自然美。

二、村镇园林绿化建设与管理

1. 园林绿化施工

绿化工程的对象是有生命的植物材料,种植的树木品种多样,习性各不相同,要求也不一样,所以必须制定详细的园林绿化工程施工技术方案,完美的设计效果,确保植物的成活率,才能达到预期的美化绿化效果。

常规的绿化工程施工基本程序如下:

第一步,绿化场地的准备和场地清理:换土——场地初平整——土壤消毒施肥;

第二步,苗木的准备:选苗——起苗、包装——苗木运输——临时假植;

第三步,苗木种植定位放线——挖种植坑——栽植——支撑保护——修剪——浇水;

第四步,草坪种植场地准备——土地的平整与耕翻——排水及灌溉系统——草坪种植施工——播后管理;

第五步,养护管理措施——浇水——除草——修剪——病虫害防治——防冻害——施肥——补植——绿地整理。

图 5-41　常见苗木图片

（1）场地准备

① 场地清理:人工清理绿化场地中的建筑垃圾,装车清理到运至指定地点。

② 换土:由于绿化对种植土的要求较高,所以需要富含有机质、肥沃、排水性能较好的土壤。

③ 场地初平整:经过换土的种植土,根据设计图纸,进行初平整,整理出符合设计意图的地形地貌。

（2）苗木准备

① 选苗：选苗应选符合设计图纸中的苗木品种树形、规格。要注意选择长势健旺、无病虫害、无机械损伤的苗木，对于大规格的乔、灌木，最好选择经过断根移栽的树木，这样苗木易成活。

② 起苗、包装：起苗前 1～2 天应灌水一次，采用人工起苗的挖裸根苗的起挖应注意根系的完整，尽量少损伤根系，并对其进行修剪，起出后用划草袋包扎，并喷水保温，带土球的苗木，土球直径应为苗木胸径的 6～8 倍，土球的厚度为其直径的 2/3，起苗用麻布绑扎，大苗起出后，宜对其根部作适当修复。其主要枝干，应用草绳或麻布缠缚以防损伤和脱水，并将全树树冠枝条进行剪修，用减少叶表面积的办法来降低全树的水分蒸发总量。

（3）苗木种植

① 定位放线：根据施工图和已知坐标的地形、地物进行放线，确定种植点，以使树木栽植准确、整齐、合理，种植效果明显。

② 挖种植坑：人工开挖，植穴的大小应满足设计要求，株行距符合设计的尺寸，开挖时，应将上层好土堆放在另一边，成片栽植的花灌木和地被植物，应全面深翻 30 cm，然后开沟栽植。种植时，树穴深度要比土球深 20 cm 左右，宽度大 80 cm。并要在树穴内填入约 20 cm 厚的营养土。在种植时，要选择树形优美的一面朝向主要观赏方向。树穴要用种植土回填并夯实。

③ 栽植：种植穴按一般的技术规程挖掘，穴底要施基肥并铺设细土垫层，种植土应疏松肥沃，把树根部的包装取掉，将树苗立正栽好，填土后稍稍向上提一提，再插实土壤并继续填土至穴顶。最后，在树周围做出拦水的围堰。带土球苗木放入穴中校正后，应从边缘向土球四周培土，分层捣实，树木栽植后的深度，应以苗木根茎与地面平齐或稍深为度，栽植其他地被植物时，应根据其生物学特征，确定其栽植深度，捣土后，覆土，扶正，压实，平整地面，然后浇水。

④ 支撑：大苗、大树栽植后应设支撑架支撑，不能使其动摇，提高成活率，按设计要求，对特出苗木进行搭棚保护。

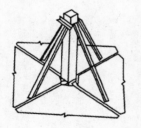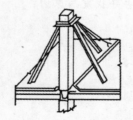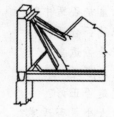

图 5-42　十字扁担绑扎示意图

⑤ 修剪：大苗、大树栽植后，应作适当修剪，剪去断枝、枯枝、部分树叶，保证树形，以防止水分过多散失，用乳胶或甘油涂抹保护。组成色块，绿篱的灌木栽植后，也应按设计要求，进行整形修剪。在修剪上，采用梳枝方法，剪去重叠枝，使树木层次错落、树冠匀称，在修剪程度上，只要突出美化效果即可，不能重剪。

⑥ 浇水：苗木栽植后，应立即浇水，小苗可一次浇透；大苗、大树栽植后，应分多次向里充分灌水直至水满，应重复浇水一次。对于大树，因温度较高，所以要注意降温保温，每天定

期对其树干、树枝、叶面进行喷水,降低温度,提高成活率。在树木种植好后,立即浇水,浇时不可太急,要多次浇,直至浇透,并培土。在水浇好后,马上用"十"字扁担桩绑扎,树桩采用统一粗细的竹桩,桩应深入土层 60 cm。这样可以有效防止树木位移、倒伏。

2. 园林绿化养护

苗木草坪栽种后,需要有丰富经验的专门的园艺人员进行栽后的养护管理、了解情况、及时发现问题、制定更可行管养计划,做到双层的管养监督,保证树木的成活率及达到设计效果。俗话说"三分种,七分养",这句话形象地说明了养护在园林方面的重要性。

(1)园林养护管理必需的基本要素

① 水分。任何生物都需要水,植物同样需要水,但不同种类的植物对水分的要求不同,同种植物不同时间、不同季节对水分要求也不同,一般室内观赏植物需水量不大,如果淋太多水就会烂根,一般工程用苗需要较多水,每次都要淋透。

② 营养。营养是植物生长的必需条件之一,营养元素包括 C、H、O、N、P、K、P、S、Mn、Zn、Cu 等,一般土壤和自然界可以提供,但植物对 N、P、K 三种元素的需求量较大,土壤和自然界提供不足,所以需要及时补充氮肥、磷肥、钾肥、复合肥等。它们含有多种营养元素,氮肥主要提供营养生长,磷肥、钾肥主要提供生殖生长,一开花植物需肥量较大,需要勤施肥、多施肥,这样花朵长得才大又好看,花期才长。不同种类的植物或同种植物的不同时期需肥量和种类都不同。

③ 光照。按对光照强度要求可分为喜光性植物、中性植物、阴生植物;按对光照长短要求可分为长日照植物、短日照植物、中性植物。

④ 土壤。土壤是植物生长的基础,一般植物都喜欢中性土壤,如果土壤的酸碱性不适合植物的生长,应设法改变土壤 pH 值,石灰粉和稀盐酸都是改变土壤 pH 值的良好药剂。

⑥ 病虫害。由于自然和本身因素处在不断的变化之中,产生了自身、外界的改变,从而引起了病虫害,病虫害应以防为主,综合治理。一般常见防虫的药有:乐果、氧化乐果、敌敌畏、呋喃丹等。

【案例 5-1】如何查找植物病因。

一旦植物发病,可从以下几点去寻找发病原因:

- 浇水量是否适中?
- 施肥是否合适?
- 光照是否适当?
- 温度是否适 当?
- 湿度是否正好?
- 花盆大小是否适度?
- 盆土是否适合?

叶病害

① 症状:叶退绿,萎蔫

原因:水太多?是否红蜘蛛为害?植物缺乏养分?植株太脏?

治疗:将植株移置较阴处,看叶背是否有红蜘蛛细白网;将病患部分切除,喷杀虫剂,确定有规则的喷雾,或用盆浸法提高湿度;检查生长期是否给予充足的养分供应;以软质雨水喷灌。

②　症状：上部叶发黄

原因：植物是否忌石灰质？

治疗：以酸性介质翻盆；始终用软质雨水浇灌。

③　症状：植株叶片上有斑点或杂色斑块。

原因：水滴积存灼伤叶面？盆土有害虫？植株有虫害？

治疗：不在直射光照下对植株浇水；检查盆土中和植株上的害虫，以适当杀虫剂杀灭。如需要即翻盆，看是否有病菌，如茎干生长受阻或将畸形病株舍弃。

④　症状：下部叶干枯脱落

原因：太热？缺乏光照？缺水？

治疗：检查栽培环境，如需要移动植株；如确定温度和光照都适合增加水。

（2）园林养护管理必需的基本措施

①　浇水：若遇天旱，应对苗木进行浇水养护，每次应浇透，次数根据天气及各类苗木的需水情况确定，对其枝干、叶表进行喷水。

②　除草：在生长季节，应对杂草进行及时清除，以防杂草对苗木、草坪所需的水分、养分的竞争。中耕除草是绿地养护中的一项重要组成部分。通过中耕除草可保持根部土壤的疏松，利于根部的吸水和呼吸。松土可一月一次。中耕除草应选在晴朗天气，土壤不过分潮湿的时候，中耕深度以不影响根系生长为限。

③　修剪：对移植的大树、大苗，在其根系恢复前，应控制树冠的大小和枝叶数量，以新梢进行适当地修剪，也可用其他办法。对地上植物，应定期进行整形修剪；对草坪的修剪，应保持草坪的剪留高度在 3cm 左右，修剪时应遵循 1/3 修剪的原则。

④　病虫害防治：根据实际情况，不同品种苗木所处季节的不同，对可能发生的病虫害进行检测工作，并以防为主，一旦发生病虫害，应及时用药物进行防治。要加强绿地的养护管理，清除植物落叶，合理修剪。冬季气候，利用植物处于休眠期的特点，可适量减小修剪程度，使植物景观能够早日成形。在修剪时，保持透光通风。适时施肥促进植物生长健壮，减少病虫害侵害，一旦发现病虫害，采用物理或化学方法防治，及时治理。

⑤　防冻害：对当年栽植苗木，因其对外界的抵抗力未达到良好状态，在冬季要对其进行防寒处理，对大苗、大树要用石硫合剂将主干涂白，避免树干冻裂，还可杀死在树皮内越冬的害虫。涂白要均匀，不可漏涂。还可对大苗、大树用稻草或草绳将不耐寒的主干包起来，以达到保暖的目的。

⑥　施肥：在树木种植一段时间后，根据土壤的肥沃度，及各种苗木所需的养分适当进行施肥，但不宜施肥过多。在种植时，应一次补足氮肥，具体剂量及种类要由土质测定结果出来后再相应确定。如果是秋季施工，应注意多施磷、钾肥，以提高植物抗冻和抗病虫害的能力，确保植物正常的生理状态。

⑦　补植：如发现有植株死亡，应及时用相同品种，规格的苗木进行补植，并加强对新栽苗木的养护管理。

⑧　绿地管理：在养护期内，应经常对绿地进行清理，保持绿地的整洁。

第四节　村镇水利工程

一、村镇水利工程概述

水是生命之源、生产之要、生态之基,水利是经济社会发展的基本条件、基础支撑、重要保障,兴水利、除水害历来是治国安邦的大事。根据国家发展改革委、水利部、住房城乡建设部编制的《水利发展规划(2011—2015年)》,"十二五"时期是我国全面建设小康社会的关键时期,是深化改革开放、加快转变经济发展方式的攻坚时期,是可以大有作为的重要战略机遇期。新形势下,我国经济社会发展和人民生活改善对水提出了新的要求,发展和水资源的矛盾更加突出,水对经济安全、生态安全、国家安全的影响更加突出,成为制约可持续发展的重要因素。特别是2010年西南地区发生特大干旱、多数省区市遭受洪涝灾害、部分地方突发严重山洪泥石流,充分反映了上述问题的严重性,加快水利改革发展刻不容缓。

图5-43　某水库展示图

二、村镇水利工程建设与管理

1. 村镇防洪工程

什么是洪水?

洪水是指江河水量迅猛增加及水位急剧上涨的自然现象。洪水的形成往往受气候、下垫面等自然因素与人类活动因素的影响。按地区可分为河流洪水、暴潮洪水和湖泊洪水等;按成因可分为暴雨洪水、融雪洪水、冰川洪水、冰凌洪水、雨雪混合洪水、溃坝洪水等六种。

湖南省主要洪水灾害是暴雨洪水。山区山洪暴发、泥石流、滑坡。由较大强度的降雨形成的灾害,不论强降雨时间长短,降雨范围大小都可能形成灾害。山区、丘陵区由于强降雨引发的山洪、泥石流灾害,平原区由于强降雨引发的洪涝灾害,长时间、大范围的强降雨还会导致洪水灾害等均属此种灾害。暴雨灾害的主要成因为自然因素,但是,人类的不良活动可能使灾害的损失加重。

要加强村镇防洪工作的建设,必须在研究流域洪水特性及其影响的基础上,根据流域自然地理条件、社会经济状况和国民经济发展的需要,确定防洪标准,通过分析比较,合理选定防洪方案,从而确定工程和非工程措施。

下面从河道整治、堤防工程、小型水库这几种常见的防洪工程体系,向读者介绍村镇防洪工程的一些基本知识。

(1)河道整治规划工程

图 5-44　村镇河道整治示意图

河道整治规划,是指根据河道演变规律和兴利除害要求,为治理、改造河道所进行的水利工程规划及航道整治规划。河道在挟移泥沙的水流作用下,常处于变化状态;在流域治理开发过程中,某些工程的实施也常改变河道的水文情势,并影响其上下游、左右岸。河道整治规划通常要在流域规划的基础上进行,并成为流域治理工作的一部分。

① 河道整治规划分类

按水利枢纽对河道的影响,河道整治规划又可分为库区河段整治规划、坝区河段整治规划和坝下游河段整治规划。

库区河段整治规划主要是研究水库回水变动区的整治。水库回水变动区具有天然河道和水库的两重特性。汛期受回水影响的河段发生累积性泥沙淤积,使原河床边界对水流的控制作用减弱,局部河段河势发生变化,河道向单一、规顺、微弯方向发展,航道、港口码头和取水口的条件将有所改善;某些港口码头和取水口可能因泥沙淤积而受到影响。规划中可以采取修建整治建筑物、疏浚等工程措施。

坝区河段整治规划是配合水利枢纽工程设计,研究枢纽上下游局部河段的整治措施,控制枢纽上游近坝段的河势,保证泄水建筑物、电站的正常运行和通航建筑物引航道的畅通,充分发挥水利枢纽的防洪、航运和发电等效益。这项规划对于具有综合利用效益的径流式枢纽或航运枢纽尤为重要。

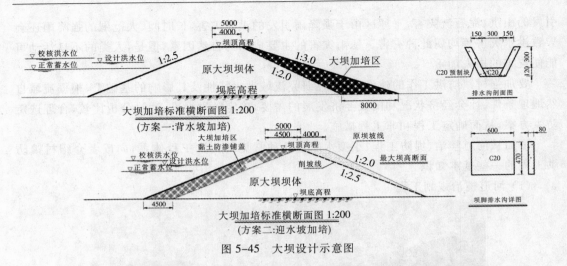

图 5-45　大坝设计示意图

按整治程序,分为河势控制规划和局部河段整治规划。对于整治工程量大,或情况比较复杂的河道,特别是大江大河,整治工程只能分阶段实施。河势控制规划是通过分析河段的演变过程,研究促成和稳定有利河势的工程措施,通常采用护岸工程,辅以其他措施。局部河段整治规划是在有利河势基本稳定的基础上,研究对局部河段进一步整治的方案,以满足防洪、航运、工农业取水以及港口码头建设的要求。

②　河道整治规划内容

河道基本特性及演变趋势分析包括对河道自然地理概况、河道来水、来沙特性、河岸土质、河床形态、历史演变、近期演变等特点和规律的分析,以及对河道演变趋势的预测。对拟建水利枢纽的河道上下游,还要尽量就可能引起的变化作出定量估计。

(2)　堤防工程

我国堤防种类繁多,按抵御水体类别分为河堤、湖堤、海堤;按筑堤材料分为土堤、砌石堤、土石混合堤、钢筋混凝土防洪墙等。工程建设性质又有新建堤防及老堤的加固、扩建、改建之分。

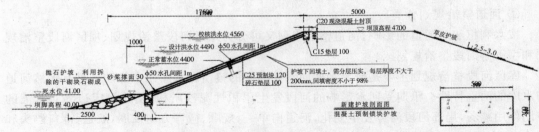

图 5-46　提防工程护坡设计示意图

①　堤基处理

软弱堤基处理:软弱堤基采用铺垫透水垫层的很多,单独或综合使用铺垫透水材料、在堤脚外加压载、打排水井和控制填土加荷速率等是我国海堤和土石坝软基处理的常用方法,并普遍取得较好效果。单独使用一种措施的如:福建大官板围垦工程海堤用排水砂井,浙江湖陈港高 13 m 的堆石坝用砂石排水垫层,浙江宁波大目涂围海工程海堤和北仑港电厂灰坝用土工织物排水垫层,浙江溪口水库高 22 m 的土坝和英雄水库土坝用压载,苏北里运河土堤用控制填土速率措施。

透水堤基处理:铺盖防渗是国内外常用的。长江无为大堤中的惠生堤是用长度为 30 m 的粘土铺盖防渗,经多次洪水考验,卓有成效。黑龙江省齐齐哈尔等城市堤防中的砂基砂堤有用复合土工膜或编织涂膜土工布防渗的,效果很好。在深厚透水的堤基上采用截渗墙防渗的堤段近年来逐渐增多。山东黄河河务局 1986 年在济南市西郊常旗屯附近的黄河大堤上,用该局研制的联合回转钻机矩形造孔设备建造地下连续截渗墙,墙厚 0.6 m,穿过强透水层进入下卧相对不透水层 1.0 m,平均深度 10.74 m,造孔尺寸 0.6 m×2.4 m,共建造截渗墙 7 214.8 m²。

多层堤基处理:国内堤防中双层地基普遍存在。有各种处理措施,如用减压井处理的有安徽长江同马大堤,透水层厚 100 m,表层为弱透水层,为确保同马堤在设计洪水位下防渗安全,在汇口、乔墩、朱墩、甘家桥四段用减压井处理,共设 67 口减压井,已运用多年。安徽省淮河和长江堤防多有采用盖重的,肇庆市西江堤防有一段也是采用盖重处理。

② 堤身填筑与砌筑

堤防工程大部分为土堤,少部分为土石复合堤,城市防洪还有混凝土防洪墙,故筑堤材料主要是土料,其次是复合堤的砌石墙和防浪墙及块石护坡用的石料,护坡垫层或复合堤过渡层用的沙砾料。下面以土料碾压筑堤施工为主,介绍筑堤施工工艺要点。

• 填筑作业施工要点:地面起伏不平时,应按水平分层由低处开始逐层填筑,不得顺坡铺填;堤防横断面上的地面坡度陡于 1：5 时,应将地面坡度削至缓于 1：5。

分段作业面的最小长度不应小于 100 m;人工施工时段长可适当减短。作业面应分层统一铺土、统一碾压,并配备人员或平土机具参与整平作业,严禁出现界沟。在软土堤基上筑堤时,如堤身两侧设有压载平台,两者应按设计断面同步分层填筑,严禁先筑堤身后压载。已铺土料表面在压实前被晒干时,应洒水湿润。

用光面碾碾压实粘性土填筑层,在新层铺料前,应对压光层面作刨毛处理。填筑层检验合格后因故未继续施工,搁置较久或经过雨淋干湿交替使表面产生疏松层时,复工前应进行复压处理。

若发现局部"弹簧土"、层间光面、层间中空、松土层或剪切破坏等质量问题时,应及时进行处理,并经检验合格后,方准铺填新土。

施工过程中应保证观测设备的埋设安装和测量工作的正常进行,并保护观测设备和测量标志完好。在软土地基上筑堤,或用较高含水量土料填筑堤身时,应严格控制施工速度,必要时应在地基、坡面设置沉降和位移观测点,根据观测资料分析结果,指导安全施工。对占压堤身断面的上堤临时坡道作补缺口处理,应将已板结老土刨松,与新铺土料统一按填筑要求分层压实。堤身全断面填筑完毕后,应作整坡压实及削坡处理,并对堤防两侧护堤地面的坑洼进行铺填平整。

• 铺料作业施工要点:应按设计要求将土料铺至规定部位,严禁将砂(砾)料或其他透水料与粘性土混杂,上堤土料中的杂质应予清除;土料或砾质土可采用进占法或后退法卸料,沙砾料宜用后退法卸料;沙砾料或砾质土卸料时如发生颗粒分离现象,应将其拌和均匀;铺料厚度和土块直径的限制尺寸,宜通过碾压试验确定;在缺乏试验资料时,可参照表 5—6 的规定取值。

表 5—6　铺料厚度和土块直径限制尺寸表

压实功能 类　　型	压实机具种类	铺料厚度 （cm）	土块限制 直径（cm）
轻　型	人工夯、机械夯	15～20	≤5
	5～10 t 平碾	20～25	≤8
中　型	12～15 t 平碾	25～30	≤10
	斗容 2.5 m³ 铲运机		
	5～8 t 振动碾		
重　型	斗容大于 7 m³ 铲运机	30～50	≤15
	10～16 t 振动碾		
	加载气胎碾		

　　铺料至堤边时，应在设计边线外侧各超填一定余量：人工铺料宜为 10 cm，机械铺料宜为 30 cm。施工前应先做碾压试验，验证碾压质量能否达到设计干密度值。

　　③ 防渗工程施工

　　粘土防渗体施工应符合下列要求：在清理过的无水基底上进行；与坡脚截水槽和堤身防渗体协同铺筑，并尽量减少接缝；分层铺筑时，上下层接缝应错开，每层厚以 15～20 cm 为宜，层面间应刨毛、洒水；分段、分片施工时，相邻工作面搭接碾压应符合规范中的相关规定。

　　④ 防护工程施工

　　堤（岸）坡防护包括护脚、护坡、封顶三部分，一般施工时先护脚、后护坡、封顶，护脚施工和湖泊施工为防护工程的重点。

　　护脚施工要点：护脚形式多样，包括抛石、抛土袋、抛柴枕、抛石笼、混凝土沉井和土工织物软体沉排等方式。

　　采用抛石护脚时：石料尺寸和质量应符合设计要求；抛投时机宜在枯水期内选择。抛石前，应测量抛投区的水深、流速、断面形状等基本情况；必要时应通过试验掌握抛石位移规律。抛石应从最能控制险情的部位抛起，依次展开；船上抛石应准确定位，自下而上逐层抛投，并及时探测水下抛石坡度、厚度；水深流急时，应先用较大石块在护脚部位下游侧抛一石埂，然后再逐次向上游侧抛投。

　　采用抛土袋护脚时：装土（砂）编织袋布的孔径大小，应与土（砂）粒径相匹配，编织袋装土（砂）的充填度以 70%～80% 为宜，每袋重不应少于 50 kg，装土后封口绑扎应牢固；岸上抛投宜用滑板，使土袋准确入水叠压；船上抛投土（砂）袋，如水流流速过大，可将几个土袋捆绑抛投。土工织物软体沉排护岸剖面如图 5—47 所示。

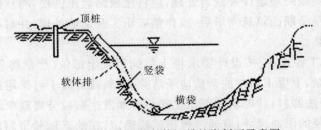

图 5-47　土工织物软体沉排护岸剖面示意图

采用抛柴枕护脚时:应先进行捆枕,将柴枕下的捆枕绳依次用力(或用绞杆)绞紧系牢;捆枕绳双股、单股相间,枕头处应以双股盘扎好,见图5—48。

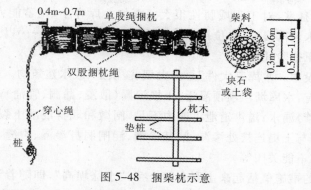

图 5-48 捆柴枕示意

柴枕抛枕应考虑流速因素,准确定位。抛枕前,将穿心绳活扣拴在预先打好的拉桩上,并派专人掌握穿心绳的松紧度。抛枕人要均匀站在枕后,同时推枕、掀垫桩,确保柴枕平衡滚落入水,见图5—49。

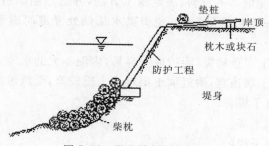

图 5-49 抛柴枕剖面示意图

采用抛石笼护脚时:石笼大小视需要和抛投手段而定,石笼体积以 $1.0\sim2.5$ m³ 为宜;应先从最能控制险情的部位抛起,依次扩展,并适时进行水下探测,坡度和厚度应符合设计要求;抛完后,须用大石块将笼与笼之间不严密处抛填补齐。

护坡施工要点:护坡一般采用砌石、现浇混凝土、预制混凝土板、植草皮、植防浪林等方式进行。采用砌石护坡时,按设计要求削坡,并铺好垫层或反滤层;干砌石护坡,应由低向高逐步铺砌,要嵌紧、整平,铺砌厚度应达到设计要求;灌砌石护坡,要确保混凝土的质量,并做好削坡和灌入振捣工作。采用现浇混凝土或预制混凝土板护坡时,应符合有关标准的规定。采用草皮护坡,应按设计要求选用适宜草种,铺植要均匀,草皮厚度不应小于 3 cm,并注意加强草皮养护,提高成活率。采用植防浪林护坡,护堤林、防浪林应按设计选用林带宽度、树种和株距、行距,适时栽种,保证成活率,并应做好消浪效果观测点的选择。

(3)水库保安工程

村镇修建水库,多以小型水库工程为主。总库容大于 10 万 m³,小于 1 000 万 m³ 的水库。总库容 100 万~1 000 万 m³ 为小㈠型;10 万~100 万 m³ 为小㈡型;总库容小于 10 万 m³ 的为塘坝。由于小型水库面广量大,且工程基础较薄弱,必须分工负责,落实各级行政首长负责制,加强对防汛工作的领导,确保工程安全。

小型水库多为土、石坝,其挡水建筑物绝大多数采用当地土、沙、石等材料筑成。这些材料在高水位长期的作用下容易渗漏,而且不耐冲刷。因此,土、石坝的险情要比其他材料坝多,抢险任务大。小型水库多处于河流的上游。控制流域面积小,河道坡降较大,一旦遇到暴雨集中,洪水迅速猛涨,对工程威胁性很大。再加上库容小,调蓄能力差,坝内涵管断面小,泄洪能力小,洪水消落慢,高水位持续时间长,库区洪进库快,……以上这些不利因素,加重了小型水库的防汛抢险任务。

在水库工程建设中,"水库三大件"是指大坝、溢洪道、放水建筑物。

水库常见险情有:水库塘坝坝顶漫溢,土坝渗漏(散浸、漏洞、管涌),裂缝,跌窝;坝下涵洞(管)断裂、涵洞(管)漏水;溢洪道泄洪能力不足,闸墩和堰身混凝土裂缝,陡坡底板掀起,消能设施冲毁;涵闸与土堤连接处渗漏、闸基渗漏、涵闸洞身渗漏、裂缝、淘刷;闸门事故;启闭机螺杆折断、闸门不能关闭等。

防止土坝漫顶的措施概括起来主要有四个字:"水涨坝高",即随着洪水的上涨,不断加高坝顶,使其拦住洪水,不致浸溢。为了防止大坝漫溃,而在时间上又来不及把坝身全部加高培厚的情况,只能先在坝顶抢筑子堰,拦住洪水,不使漫溢。子堰应在堤顶外侧抢做,至少要离开外坝肩 0.5 m,以免滑动。堰后留有余地,巡汛抢险时,可以往来奔走,无所阻碍。要根据土方数量及就地可能取得的材料,决定施工方法,并适当组织劳力。要全段同时开工,分层填筑,不能等筑完一段再筑另一段,免得洪水从低处漫进而措手不及。抢筑子堰的方法,一般有以下几种:

①　土料子堰,适用于坝顶较宽,附近取土容易,内浪不大的水库。

②　土袋子堰,适用于坝顶宽,附近取土困难或土质较差,受风浪冲击较大的水库。

③　利用防浪墙抢筑子堤。

④　单层木板或埽捆子堤。

⑤　双层木板或埽捆子堤。

其主要形式如下图 5－50～5－53 所示。

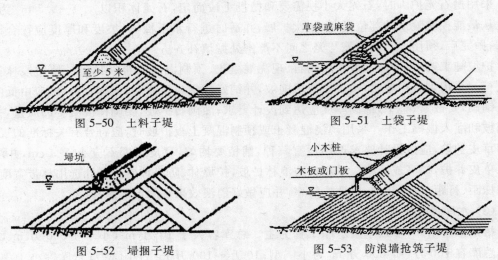

图 5-50　土料子堤　　　　　　　　图 5-51　土袋子堤

图 5-52　埽捆子堤　　　　　　　　图 5-53　防浪墙抢筑子堤

2.农田水利工程

2011 年我国中央一号文件明确提出:促进经济长期平稳较快发展和社会和谐稳定,夺取全面建设小康社会新胜利,必须下决心加快水利发展,切实增强水利支撑保障能力,实现水资源可持续利用。水利是现代农业建设不可或缺的首要条件,尤其对于水资源分布不平衡、浪费现象严重、对水利灌溉依赖性强的我国来说更具有极其重要的现实意义。

（1）渠道灌溉

渠道灌溉系统的组成包括:渠首工程、灌溉渠道(干、支、斗、农渠等固定渠道)、渠系建筑物、田间渠系工程等。

① 灌溉渠道的布置原则

·干渠布置在高处,以控制较大面积。对于局部高低存在的情况,可以考虑采用其他灌水方法解决。

·布置使得工程量和工程费用最低。渠道顺直、减少建筑物数量和规模;渠道填方和挖方量尽可能接近;大部分需要进行方案比较才能确定。

·灌溉渠系布置必须和排水系统布置相结合。尽量利用原有的水系;尽量避免沟、渠交叉,减少交叉建筑物。

湖南省地形多山地和丘陵,其水利特点是:排水比较通畅,但干旱问题比较突出。山丘灌溉渠道布置的关键是布置干渠。山区丘陵地带,干渠的两种布置形式为干渠沿等高线布置和干渠垂直于等高线布置。支渠垂直于干渠,其间距由地形条件决定。斗渠间距一般为400～800 m;农渠间距一般为100～200 m。山丘区渠道可采用"长藤结瓜"式布置。多水源,充分利用蓄水能力(小塘坝)和当地径流,提高灌溉工程的利用效率。提前补水到沟塘,可减少泵站规模(淳东灌区),多水源供水,减少渠道规模。

平原地区,干渠大多沿等高线布置,处于较高位置;并非严格平行等高线,支渠大体和等高线垂直。

② 渠系建筑物

渠系建筑物指与渠道或排水沟配套的水闸、涵洞、桥梁、渡槽、倒虹吸、跌水、陡坡等建筑物。

渠系建筑物选型与布置的原则有:

·满足使用要求。如渠道切断了道路,那么该处需设涵洞或桥梁;渠道水位不够则需建节制闸抬高水位。

·尽量采用联合枢纽布置的形式。目的是节省投资和管理方便:如闸与桥常联合修建,分水闸与节制闸常联合修建。

·尽量采用定型设计和装配式建筑物。由于渠系建筑物数量很多,同一类建筑物工作条件常相近。如斗农渠上的分水闸,采用定型设计和装配式结构,对简化设计、加速施工进度非常有利。

·尽量考虑采用当地材修建。如在山丘区建渡槽、农桥可用砌石建筑(句容的北山水库石拱渡槽),在平原地区则宜用钢筋混凝土排架渡槽。

③ 田间渠系工程

田间渠系工程是最末一级固定渠道和固定沟道中间的条田范围内的农田建设工程,包括临时渠道、排水小道、田间道路、小型建筑物(进、排水口)、土地平整等。田间渠系指条田内部的灌溉网,包括毛渠、输水垄沟和灌水沟、畦等,主要有有纵向布置与横向布置两种形式。

纵向布置如图 5—54 所示。

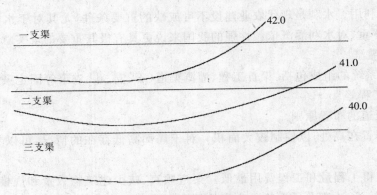

图 5-54　田间渠道纵向布置图

水流流向:农渠→毛渠→输水垄沟→灌水沟、畦。其特点是毛渠(临时渠道)方向与灌水沟方向一致。纵向布置时,输水垄沟间距等于灌水沟、畦的长度,一般为 30~50 m。输水垄沟的长主等于毛渠的间距,一般为 50~70 m。毛渠的间渠等于输水垄沟的长度。毛渠的长度与条田宽度相近。

横向布置如图 5-55 所示。

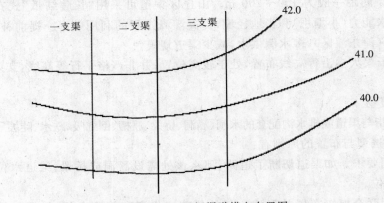

图 5-55　田间渠道横向布置图

水流流向:农渠→毛渠→灌水沟、畦。其特点是无输水垄沟;毛渠垂直灌水沟、畦。灌水沟、畦长度一般为 30~50 m。单向控制时,毛渠间距等于灌水沟、畦的长度;双向控制时,毛渠的间距是灌水沟、畦长度的两倍。毛渠长度与条田宽度相近。

(2)喷灌技术

喷灌是把由水泵加压或自然落差形成的有压水通过压力管道送到田间,再经喷头喷射到空中,形成细小水滴,均匀地洒落在农田,以达到灌溉的目的。一般说来,其明显的优点是灌水均匀,少占耕地,节省人力,对地形的适应性强。主要缺点是受风力影响大,设备投资高。经过二十多年的努力,现在我国已有喷灌面积 80 多万公顷。喷灌系统的形式很多,其优缺点也就有很大差别。

① 喷灌系统的组成

喷灌系统是由水源取水并输送、分配到田间进行喷洒灌溉的水利工程设施,按其设备组成可分为管道式和机组式两大类。一个完整的管道式喷灌系统一般应包括水源、机泵、压力管道和田间喷灌设备。

水源：喷灌水源要符合灌溉水质要求，除高含沙水及一些劣质水质外，河流、渠道、库塘和井泉等都可作为喷灌水源。

机泵：喷灌系统常采用离心泵、潜水泵、深井泵等作为提水加压工具，其配备的动力为电动机、柴油机、汽油机等，其配套功率根据水泵要求确定。

压力管道：喷灌使用有压水，一般采用压力管道进行输配水。喷灌管道一般分为干管、支管两级，干管起输配水作用，支管是工作管道。

田间喷灌设备：包括喷头、竖管、支架等。喷头是喷灌专用设备；竖管是连接支管和喷头的专用管道，其高度要满足作物生长需要；支架主要用于支撑竖管、减少竖管及喷头的振动。

② 喷灌工程施工

沟槽开挖：沟槽深度应同时满足外部承压、冬季泄水和设备安装的要求。在满足设备安装的前提下，沟槽应尽量窄些。沟内不应有坚硬杂物，如坚硬杂物难以清除，应回填 10 cm 厚沙土。过路沟槽的深度应符合路基承压要求。

管道安装：安装应对管材和管件进行外观检查，排除有破损、裂纹和变形的产品。横管和槽床应良好结合，避免悬空；竖管的安装角度应符合要求；多管同沟时，应避免管道之间直接搭接交叉。根据管网工作压力的大小，较大规格管道的弯头、三通等部件，做好混凝土墩加固。

水压试验：管道水压试验的目的是检验管道连接的密实性。必须按照喷灌工程管道水压试验要求进行水压试验，做好试压记录。管道安装工作中最重要的一个环节是水压试验。应严格按照有关技术规范进行管道水压试验，做好试压记录。在管道水压试验过程中安全问题值得重视，应根据系统设计的工作压力确定试验压力；在打压和恒压过程中，应尽量远离阀门或管件部位。

沟槽回填：管道的水压试验合格后，便可以进行沟槽回填。回填时，首先应回填 10 cm 厚沙土，然后分层夯填。如果挖出的土是分层堆放的，回填时也应按顺序分层回填。

喷头安装：安装喷头之前，应对所有干、支管注水冲洗，清除管内的泥沙和异物，避免杂物堵塞喷头。喷灌区域边界和特殊点喷头的安装位置应考虑定位的合理性，防止出现边界漏喷或喷洒出界现象。喷头安装高度应与地面平齐，避免过高或过低。

系统调试：系统调试标志着喷灌系统的施工工作进入了尾声。加压型喷灌系统的调试工作首先从加压设备开始；自压型喷灌系统的调试可直接按轮灌区顺序进行；程控型喷灌系统的调试工作则应将水路和电路分开进行。

（3）微灌技术

① 微灌的种类

微灌：利用微灌设备组装成微灌系统，将有压水输送分配到田间，通过灌水器以微小的流量湿润作物根部附近土壤的一种灌水技术。微灌按灌水器及出流形式的不同，主要有滴灌、微喷灌、小管出流、渗灌等形式。

滴灌：利用安装在末级管道（称为毛管）上的滴头，或与毛管制作成一体的滴灌带（或滴灌管）将压力水以水滴状湿润土壤，在灌水器流量较大时，形成连续细小水流湿润土壤。通常将毛管和灌水器放在地面上，也可以把毛管和灌水器埋入地面以下 30 cm 左右。前者称为地表滴灌，后者称为地下滴灌。滴灌灌水器的流量通常为 1.14～10 L/h。

图 5-56　滴灌系统示意图

微喷灌:利用直接安装在毛管上或与毛管连接的微喷头将压力水以喷洒状湿润土壤。微喷头有固定式和旋转式两种。前者喷射范围小,水滴小;后者喷射范围较大,水滴也大些,故安装的间距也比较大。微喷头的流量通常为 $20\sim250$ L/h。另外,还有微喷带也属于微喷灌系列,微喷带又称多孔管、喷水带,是在可压扁的塑料软管上采用机械或激光直接加工出水小孔,进行微喷灌的设备。

图 5-57　微喷灌系统示意图

小管出流:利用 $\phi4$ 的小塑料管与毛管连接作为灌水器,以细流(射流)状局部湿润作物附近的土壤,小管出流的流量常为 $40\sim250$ L/h。对于高大果树通常围绕树干修一渗水小沟,以分散水流,均匀湿润果树周围土壤。在国内,为增加毛管的铺设长度,减少毛管首末端流量的不均匀,通常在小塑料管上安装稳流器,以保证每个灌水器流量的均匀性。

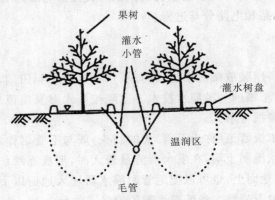

图 5-58　小管出流系统示意图

渗灌：利用一种特别的渗水毛管埋入地表以下 30 cm 左右，压力水通过渗水毛管管壁的毛细孔以渗流的形式湿润其周围土壤。由于渗灌能减少土壤表面蒸发，从技术上来讲，是用水量很省的一种微灌技术，但目前使用起来，渗灌管常埋于地下，由于作物根系有向水性，渗灌管经常遭受堵塞问题困扰。渗灌管的流量常为 $2\sim3$ L/(h·m)。

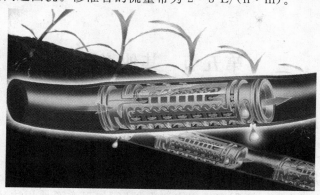

图 5-59　渗灌出流系统示意图

② 微灌工程施工

微灌工程必须严格按设计施工。施工前应检查图纸、文件等是否齐全，设计是否与灌区地形、水源、作物及首部枢纽位置等相符；检查现场，制定必要的安全措施，严防发生事故；严格按照工期要求制订计划，确保工程质量，并按期完成。施工中应随时检查质量，发现不符合要求的应坚决返工，不留隐患；注意防洪、排水、保护农田和林草植被，做好弃土处理；做好施工记录，隐蔽工程必须填写《隐蔽工程记录》表，出现工程事故应查明原因，及时处理，并记录处理措施，验收合格后才能进入下道工序施工；工程施工完毕应及时绘制竣工图，编写竣工报告。

施工过程包括施工放样，基坑开挖、排水及基础处理，建筑物砌筑、回填，水源工程与首部枢纽施工等。

施工放样：小型微灌工程可根据设计图纸直接测量管线纵断面，大型微灌工程现场设置施工测量控制网，并保留到施工完毕。放线从首部枢纽开始，定出建筑物主轴线、机房轮廓线及干、支管进水口位置，用经纬仪从干管出水口引出干管轴线后再放支管线，并标明各建筑物设计标高。主干管直线段宜每隔 30 m 设一标桩；分水、转弯、变径处应加设标桩；地形起伏变化较大地段要根据地形条件适当增设标桩。在首部枢纽控制室内，应标出机泵及专用设备，如化肥罐、过滤器的安装位置。

基坑开挖、排水及基础处理：开挖时必须保证基坑边坡稳定，若不能进行下道工序，应预留 $15\sim30$ cm 土层不挖，待下道工序开始前再挖至设计标高，必要时可在基坑内设置明沟或井点排水系统，排走坑内积水。山丘地区开挖上石方，按 GBJ201《土方及爆破工程施工规范》有关规定执行。基础处理应按设计要求进行。

建筑物砌筑：混凝土、砌石、砖石建筑物施工可参照 GBJ141《给水排水构筑物施工及验收规范》有关规定执行。

回填：砌筑完毕应待砌体砂浆或混凝土凝固达到设计强度后再回填，回填土应干湿适宜、分层夯实与砌体接触紧密。

水源工程与首部枢纽施工：机井、大口井、泉水蓄水池、水塔工程施工按 GB141《给水排水构筑物施工及验收规范》有关规定执行。机井、大口井施工也可按 SD199《农用机井技术规范》第四章规定执行。水处理建筑物施工按 GBJ13《室外给水工程技术规范》有关规定执行。

第五节　其他工程

一、村镇饮用水安全工程

1. 饮用水安全处理对策

要保证农村饮用水安全，应采取水源保护与水质净化相结合，防治并重。保障饮水安全，首先要保护好饮用水源。要划定供水水源保护区，加强水源地周边环境的保护，防止污染，防止乱打井超采地下水造成水量不足，或引起不同含水层水质混合，造成饮用水中氟砷等有害物质超标。要采取有效措施，保护好饮用水源。

常见的水质净化措施有：

（1）澄清和消毒

这是以地表水为水源的生活饮用水的常用处理工艺。但工业用水也常采用澄清工艺。

澄清工艺通常包括混凝、沉淀和过滤。处理对象主要是水中悬浮物和胶体杂质。原水加药后，经混凝使水中悬浮物和胶体形成大颗粒絮凝体，而后通过沉淀池进行重力分离。过滤是利用粒状滤料截留水中杂质的构筑物，常置于混凝和沉淀构筑物之后，用以进一步降低水的浑浊度。完善而有效的混凝、沉淀和过滤，不仅能大大降低水的浊度，对水中某些有机物、细菌及病毒等的去除也是有一定效果的。

消毒是灭活水中致病微生物，通常在过滤以后进行。主要消毒方法是在水中投加消毒剂以灭致病微生物。当前我国普遍采用的消毒剂是氯，也有采用漂白粉、二氧化氯及次氯酸钠等。另外，臭氧消毒也是一种消毒方法。

"混凝→沉淀→过滤→消毒"可称之为生活饮用水的常规处理工艺。我国以地表水为水源的水厂主要采用这种工艺流程。如前所述，根据水源水质不同，尚可增加或减少某些处理构筑物。

（2）除臭、除味

这是饮用水净化中所需的特殊处理方法。当原水中臭和味严重而采用澄清和消毒工艺系统不能达到水质要求时方才采用。除臭、除味的方法取决于水中臭和味的来源。例如，对于水中有机物所产生的臭和味，可用活性炭吸附或氧化法去除；对于溶解性气体或挥发性有机物所产生的臭和味，可采用曝气法去除；因藻类繁殖而产生的臭和味，可采用微滤机或气浮法去除藻类，也可在水中投加除藻药剂；因溶解盐类所产生的臭和味，可采用适当的除盐措施等等。

（3）除铁、除锰和除氟

当地下水中的铁、锰的含量超过生活饮用水卫生标准时，需采用除铁、锰措施。常用的除铁、锰方法是自然氧化法和接触经法。前者通常设置曝气装置、氧化反应池和砂滤池;后者通常设置曝气装置和接触氧化滤池。工艺系统的选择应根据是否单纯除铁还是同时除铁、除锰,原水中铁、锰含量及其他有关水质特点确定。还可采用药剂氧化、生物氧化法及离子交换法等。通过上述处理方法(离子交换法除外),将溶解性二价铁和锰分别转变成三价铁和四价锰沉淀物而去除。

当水中含氟量超 1.0 mg/L 时,需采用除氟措施。除氟方法基本上分为两类,一是投入硫酸铝、氯化铝或碱式氯化铝等使氟化物产生沉淀;二是利用活性氧化铝或磷酸三钙等进行吸附交换。目前使用活性氧化铝除氟的较多。

(4) 软化

处理对象主要是水中钙、镁离子。软化方法主要有离子交换法和药剂软化法。前者在于使水中钙、镁离子与阳离子交换剂上的阳离子互相交换以达到去除目的;后者系在水中投入药剂如石灰、苏打等以使钙、镁离子转变成沉淀物而从水中分离。

二、村镇人工湿地及化粪池程

农村生活污水构成。农村居民排放的生活污水包括人粪尿及洗涤、洗浴和厨用废水等。相对城镇生活污水,农村生活污水具有分布散、污染物浓度相对较高、水量差异大等特点。

农村污水处理技术简介如下。

1. 人工湿地技术

人工湿地是由人工建造和控制运行的与沼泽地类似的地面,将污水、污泥有控制的投配到经人工建造的湿地上,污水与污泥在沿一定方向流动的过程中,主要利用土壤、人工介质、植物、微生物的物理、化学、生物三重协同作用,对污水、污泥进行处理的一种技术。其作用机理包括吸附、滞留、过滤、氧化还原、沉淀、微生物分解、转化、植物遮蔽、残留物积累、蒸腾水分和养分吸收及各类动物的作用。

图 5-60　人工湿地工艺流程图

人工湿地与传统污水处理厂相比具有投资少、运行成本低等明显优势,在农村地区,由于人口密度相对较小,人工湿地同传统污水处理厂相比,一般投资可节省 1/3—1/2。在处理过程中,人工湿地基本上采用重力自流的方式,处理过程中基本无能耗,运行费用低,污水处理厂处理每吨废水的价格在 1 元左右,而人工湿地平均不到 2 毛。

人工湿地的施工,初始需要进行平整基础、开挖、回填和整坡,主要的施工要点如下所述。

(1) 水池施工

　　人工湿地的主体结构是隔堤和衬砌,场地的布局基本上决定了池体的外形结构,如在一定长的斜坡上修建湿地,可大大减少整坡的工程量。如施工现场表层是农田种植土,应剥离表寸土后贮存以备后用。为达到预计效果,要保持水流均匀的流过整个湿地系统,根据衬砌的需要,确定整坡和压实的程度,一般池底做到1‰或稍小的坡度即可。

　　(2)隔堤

　　水体在湿地隔堤范围以内以一定形态流动,外部围堤用于防止水流流出湿地,内部隔堤用于增强湿地导流。外部围堤一般有0.6～1.0m高,宽度至少在3.0m以上。

　　(3)衬砌

　　湿地系统的衬砌类似于氧化塘和一般水池,主要材料包括:聚乙烯、聚氯乙烯、聚丙烯。大多数系统采用聚乙烯或高密度聚乙烯,它们可预制后直接用于小型湿地,但通常他们是现场连合、粘结、固定。有时候用土工织物做衬砌层,但造价比较高。

　　(4)进出口结构

　　通过进出口结构可为湿地配水,控制湿地中水流路径以及水深。

　　湿地两端多布置进出口结构可为湿地均匀配水和控制水流路径,这些结构有利于防止湿地内水体交换不够充沛形成的"死角"。

　　(5)基质

　　无论是表流湿地还是浅流人工湿地,都需要利用土壤或者细小石子作为湿地基质以利于挺水植物的生长。作为表流湿地,在衬砌基础上铺设15cm厚的土作为植物生长的基质,这些土壤采取表层土或者适宜植物生长的农田土。

　　(6)湿地植物

　　湿地植物多选生命力旺盛,根茎粗壮,根系发达的植物。

　　人工湿地植物的栽种方法实在合适的季节种植植物的嫩芽,湿地植物的购置渠道一般为:苗圃购买和野外采集后转苗。对于一块湿地来说,不能确定究竟那种植物更合适,但最好还是能从当地野外采集,因为当地植物更适合生存。

　　2.化粪池工程

　　化粪池是污水处理系统的重要组成部分,污水经化粪池沉淀出水后进入市政污水管道,减轻了管道堵塞问题,减少了管道清淤量;使管道坡度、埋深、管径比较合理经济;减少管道沼气和其他有害有毒气体的产生,有利于管道的安全运行和集镇的环境保护;减小了集镇污水处理厂预处理负荷和管理费用,提升了人工湿地的污水处理效果。我省区域内农村人口数量、村镇数目、人口密度均较大,很多行政村位于重要水系(如湘江、浏阳河、洞庭湖等)流域,大量未经任何处理的村镇生活污水直排,对水环境影响较大。在农村建设化粪池,污水经化粪池初步处理后再排放能够减少对水环境的污染。

图5-61　砖砌化粪池工艺流程图

　　化粪池技术成熟、结构简单、易施工,造价低。在集镇排水管网、污水处理设施不完善的情况下,化粪池的设置对截留生活废弃固体、初级处理生活污水、缓解水体污染发挥着巨大作用。可广泛应用于我省集镇和农村居民生活污水的初级处理。

三、村镇垃圾处理工程

农村生活垃圾是指在农村居民的日常生活中或为农村生活提供服务的活动中产生的固体废物。由于认识、管理的不足，长期以来农村生活垃圾未得到妥善的处理处置，造成了突出的环境问题。《民生指数 2005 年度报告》指出，农村生活垃圾问题是农村最急需解决的环境问题。随着生态文明村建设、社会主义新农村建设、农村小康环保行动计划的先后实施，农村生活垃圾的管理成为今后我国政府的工作重点。

1. 垃圾分类及收集概念

垃圾分类收集是整个垃圾处理系统的起点是决定后续垃圾处理方式的重要因素。进行农村生活垃圾分类收集，首先要确定垃圾分类收集方式，其次要优化垃圾收集容器及收集点位。

2. 农村生活垃圾分类收集方式的确定

农村生活垃圾与城市生活垃圾的基本构成相似，各种组分所占的比例有所差异。由于农村刚刚开始分类收集的实践，而且国家也没有制定统一的农村生活垃圾分类标准，因此，农村生活垃圾的分类方式应借鉴城市生活垃圾分类标准。我国城市较早地开展了垃圾分类收集的实践，各地建立起了多种分类方式，有的分为可燃垃圾和不可燃垃圾；有的分为干垃圾和湿垃圾；有的分为无机垃圾和有机垃圾。为了实现城市生活垃圾的分类规范、收集有序、有利处理，建设部颁布了《城市生活垃圾分类及其评价标准》（ CJJ/T 102 － 2004 ），将生活垃圾分为可回收物、大件垃圾、可堆肥垃圾、可燃垃圾、有害垃圾和其他垃圾六个类别。

3. 垃圾中转站建设简介

转运站的选址应符合城市总体规划和城市环境卫生行业规划的要求，转运站的位置宜选在靠近服务区域的中心或垃圾产量最多的地方，条转运站应设置在交通方便的地方。在具有铁路及水运便利条件的地方，当运输距离较远时，宜设置铁路及水路运输垃圾转运站。

转运站不应设在下列地区：立交桥或平交路口旁。大型商场、影剧院出人口等繁华地段；邻近学校、餐饮店等群众日常生活聚集场所。若必须选址于此类地段时，应对转运站进出通道的结构与形式进行优化或完善。

转运站的规模，应根据垃圾转运量确定。

垃圾转运量，应根据服务区域内垃圾高产月份平均日产量的实际数据确定。无实际数据时，可按下式计算：

$$Q = \delta n q / 1\,000$$

式中，Q——转运站的日转运量（t/d）。

n——服务区域的实际人数。

q——服务区域居民垃圾人均日产量（kg/人·d），按当地实际资料采用；无当地资料时，垃圾人均日产量可采用 $1.0 \sim 1.2$ kg/人·d，气化率低的地方取高值，气化率高的地方取低值。

δ——垃圾产量变化系数。按当地实际资料采用，如无资料时，δ 值可采用 1.3。

四、村镇沼气池建设与利用

1. 沼气池的修建面积

沼气池容积的大小（一般指有效容积，即主池的净容积），应该根据每日发酵原料的品种、数量、用气量和产气率来确定，同时要考虑沼肥的用量及用途。

在农村，按每人每天平均用气量 $0.3 \sim 0.4 \, \mathrm{m}^3$，一个四口人的家庭，每天煮饭、点灯需用沼气 $1.5 \, \mathrm{m}^3$ 左右。如果使用质量好的沼气灯和沼气灶，耗气量还可以减少。

根据科学试验和各地的实践，一般要求平均按一头猪的粪便量（约 $5 \, \mathrm{kg}$）入池发酵，即规划建造 $1 \, \mathrm{m}^3$ 的有效容积估算。池容积可根据当地的气温、发酵原料来源等情况具体规划。在南方地区，一般家用池选择 $6 \, \mathrm{m}^3$ 左右。按照这个标准修建的沼气池，管理得好，春、夏、秋三季所产生的沼气，除供煮饭、烧水、照明外还可有剩余。虽然冬季气温下降，产气减少，但仍可保证煮饭的需要。

有的人认为，"沼气池修得越大，产气越多"，这种看法是片面的。实践证明，有气无气在于"建"（建池），气多气少在于"管"（管理）。沼气池子容积虽大，如果发酵原料不足，科学管理措施跟不上，产气还不如小池子。

2. 沼气池选址规划

（1）沼气池的建设应与房屋及周围环境相协调，以利于保持环境的优美与卫生。

（2）为缩短沼气的输送距离，沼气池应尽量靠近厨房，距离不宜超过 $30 \, \mathrm{m}$。

（3）沼气池应远离公路与铁路，并避开竹林与树林，以免对沼气池造成震动与损害。

（4）尽量选择地基好、地下水位较低和背风向阳的地方建池。

（5）沼气池应当与猪栏、厕所连通修建，做到"三结合"，便于粪便自流入池。

（6）建池技工应经过沼气技术培训，须持有沼气行政部门颁发的上岗证，并要按国家标准进行施工与验收。

3. 水压式沼气池的建造方法

（1）现浇沼气池施工工艺

① 备料

$10 \, \mathrm{m}^3$ 池所需材料为：425 标号水泥 26 袋，中沙 $2.5 \, \mathrm{m}^3$，石子 $3 \, \mathrm{m}^3$，直径 $30 \, \mathrm{cm}$、长 $1 \, \mathrm{m}$ 的水泥管 2 根，$10 \, \mathrm{m}^3$ 的专业钢模 1 套。

水泥：优先选用硅酸盐水泥，也可以用矿渣硅酸盐水泥和火山灰质硅酸盐水泥。水泥标号选用 425 号。结块水泥不准使用。

砂：宜采用中砂，要求不含有有机杂物，水洗后含泥量不大于 3%；云母含量小于 0.5%。

石子：采用粒径 $0.5 \sim 2.0 \, \mathrm{cm}$ 碎石或卵石，级配合理，孔隙率不大于 45%；针状、片状小于 15%；压碎指标小于 $10\% \sim 20\%$；泥土杂质含量用水冲选后小于 2%；石子强度大于混凝土标号 1.5 倍。

水：选择饮用水。

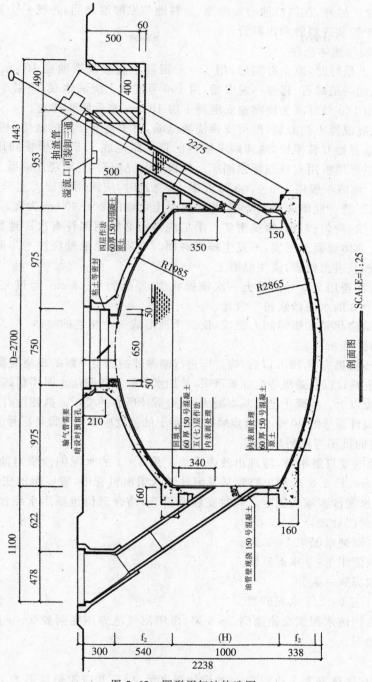

图 5-62 圆形沼气池构造图

② 沼气池的开挖

发酵池直径为 3.2 m、深 2.3 m。进料池和出料池的位置没有固定要求,以方便为原则,但两池边缘应与发酵池的边缘保持 15 cm 的距离。发酵池是沼气池的主体,开挖时应在离池底 1.3 m 处的池壁上及池底边缘挖一圈地梁,宽深均为 10 cm。使池底成微凹面,以加强池体的坚固性。另外,在进料池与发酵池、出料池与发酵池之间,各挖一个直径 30 cm、斜度 40°的洞,用于安装进料管和出料管。

③ 模板安装与池体浇注

池底施工:土质好时,原土夯实后,用 150 号混凝土直接浇灌池底 10 cm。如遇土质松软和沙土时,先铺一层碎石,轻夯一遍以后,用 100 号混凝土浇灌池底,垫层厚 8 cm,振插以后即可在其上用 150 号混凝土浇灌池底混凝土层 10 cm,然后原浆抹光。

支模:待池底混凝土初凝后,即可支模浇灌池墙,对于直壁开挖的池坑,利用池坑壁作外模。先从发酵池开始安装模板,池顶拱形模板的顶端距池底 1.8 m,模板间用螺钉固定,池体模板与池顶拱形模板用双铁丝缠紧固牢。模板安装完毕后,就可浇注混凝土。

池墙施工:池墙一般用 150～200 号混凝土,浇筑时,应采用螺旋式上升的方式一次浇捣成型,不留施工缝。池墙应分层浇捣,每层混凝土高度以 20～30 cm 为宜。最好采用机械振捣,浇捣要连续、均匀、对称,振捣密实。手工浇捣时必须用钢钎有次序地反复捣插,直到泛浆为止,保证池体混凝土密实,不发生蜂窝麻面。在发酵池池壁浇注一半时,安装进料池和出料池的模板及进出料管,浇注混凝土。

池盖施工:池盖用 200 号混凝土一次浇捣成型,厚度为 6～8 cm,经过充分拍打、提浆、抹平后,再用 1∶3 的水泥砂浆粉平收光。

混凝土浇筑应尽量在短时间内完成,使三个池形成一个相连的整体。

④ 养护和拆模

池体混凝土浇捣完毕 12 h 以后,应立即进行潮湿养护。对外露的现浇混凝土,如池盖、蓄水圈、水压间、进料口以及盖板等应加盖草帘,并加水养护。硅酸盐水泥拌制的混凝土,应连续潮湿养护 3 昼夜以上。混凝土已经基本凝固,就可拆掉所有的模板。拆侧模时,混凝土强度应不低于混凝土设计标号的 40%;拆承重模时,混凝土的强度应不低于设计标号的 70%。

⑤ 沼气池的批荡与密封层处理

拆模后,池壁要打磨平整,清理出池内废渣。用 1∶1 的水泥细沙浆对池壁进行一次批荡,把直径 16 cm、长 1.8 m 细出料管从发酵池装入粗出料管中,管底距池底 5～8 cm,两根出料管之间用水泥沙浆填实固定。同时安装进料管,结合部位也要用水泥沙浆填实。对池体内壁进行密封层处理:

基层刷浆:刷纯水泥浆 1～2 遍。

底层抹浆:使用 1∶3 水泥砂浆。

刷浆:刷水泥浆一遍。

面层抹浆:用 1∶2.5 水泥砂浆。

表面处理:用纯水泥浆交错涂刷 3～5 遍,再用沼气池专用密封胶 3～4 遍,重点批荡接口部位,防止渗漏。

⑥ 回填土

回填土应在池体混凝土达到 70% 的设计强度后进行,并应避免局部冲击荷载。回填土的湿度以"手捏成团,落地开花"为最佳。回填土质量要好,回填要对称。

参考文献

[1] 孙培祥. 新农村住宅设计. 北京：中国铁道出版社，2012

[2] 朱昌廉. 住宅建筑设计原理（第三版）. 北京：中国建筑工业出版社，2011

[3] 张凯，张光明. 新型农村住宅设计与建筑材料. 北京：中国农业科学技术出版社，2007

[4] 邱灶松. 浅谈道路桥梁施工中应注意的问题. 科技风，2010

[5] 周国华，张羽，李延来，赵国堂. 基于前景理论的施工安全管理行为演化博弈. 系统管理学报，2012

[6] 赵惠珍，王秀兰，程飞，金玲. 建筑业发展统计分析. 工程管理学报，2011

[7] 周建亮，方东平，王天祥. 工程建设主体的安全生产管理定位与制度改进. 土木工程学报，2011

[8] 王欣，赵挺生，丁丽萍. 业主建筑施工安全管理模式探讨. 华中科技大学学报（城市科学版），2010

[9] 黄所存. 浅谈如何做好施工现场安全监理工作. 中国招标，2010

[10] 住房和城乡建设部. 村内道路. 北京：中国建筑工业出版社，2010

[11] 何勇，等. 道路交通安全技术. 北京：人民交通出版社，2007

[12] 兰德尔·阿兰特，等著，叶齐茂译. 乡村设计. 北京：中国建筑工业出版社，2009

[13] 张亚. 村镇道路工程. 北京：中国铁道出版社，2012

[14] 王怀珍. 房屋修缮基础. 北京：中国建筑工业出版社，2006

[15] 曾祥延. 房屋结构与房屋修缮. 北京：中国轻工业出版社，2009

[16] 刘群. 房屋维修与管理. 北京：高等教育出版社，2003

[17] 卜良桃，王济川. 建筑结构加固改造设计与施工. 长沙：湖南大学出版社，2002

[18] 赵立欣. 农村沼气工程技术问答. 北京：化学工业出版社，2009

[19] 吴旷怀. 道路工程. 北京：中国建筑工业出版社，2008

[20] 刘旭灵. 建设工程招投标与合同管理. 长沙：中南大学出版社，2014

[21] 刘旭灵，李建新. 法律法规及相关知识、专业通用知识（建筑业企业专业技术人员岗位资格考试指导用书）. 北京：中国环境出版社，2013

图书在版编目(CIP)数据

农房建造管理与综合 / 湖南省住房和城乡建设厅,
湖南城建职业技术学院主编. — 湘潭:湘潭大学出版
社,2014.9
　　ISBN 978-7-81128-766-0

Ⅰ.①农… Ⅱ.①湖… ②湖… Ⅲ.①农村住宅—
建筑工程 Ⅳ.①TU241.4

中国版本图书馆 CIP 数据核字 (2014) 第218765号

责任编辑:王亚兰
封面设计:闪电书装工作室
出版发行:湘潭大学出版社
社　　　址:湖南省湘潭市　湘潭大学出版大楼
　　　　　电话(传真):0731-58298966 0731-58298960
　　　　　邮　　编:411105
　　　　　网　　址:http://press.xtu.edu.cn/
印　　刷:长沙宇航印刷有限公司
经　　销:湖南省新华书店
开　　本:787×1092 1/16
印　　张:17.5
字　　数:426 千字
版　　次:2014 年 9 月第 1 版　2014 年 11 月第 1 次印刷
书　　号:ISBN 978-7-81128-766-0
定　　价:39.00 元